# FDS火灾数值模拟

李胜利　李孝斌　编著

化学工业出版社

·北京·

《FDS火灾数值模拟》是国内首部介绍FDS软件的图书，本书全面介绍了火灾动力学模拟软件FDS及其建模工具Pyrosim的使用方法。FDS部分包括全局参数设置、建筑结构建模、火源设置、输出变量设置及等值线图的绘制方法，消防设施模拟包括通风系统、水喷淋系统、火灾自动报警系统及逻辑控制的数值模拟方法。Pyrosim建模软件的介绍分为两部分，一是介绍FDS命令的同时给出Pyrosim操作步骤；二是通过工程案例展示Pyrosim的建模功能。本书最后给出火灾模拟技术在消防设计、建筑防火性能化评估、火灾调查及灭火指挥方面的应用。

《FDS火灾数值模拟》通俗易懂、深入浅出，可供广大消防安全领域工程技术人员参考，也可作为高等院校消防工程、安全工程及相关专业的教材。

**图书在版编目（CIP）数据**

FDS火灾数值模拟/李胜利，李孝斌编著．—北京：化学工业出版社，2019.11（2025.1重印）

ISBN 978-7-122-34989-7

Ⅰ.①F… Ⅱ.①李…②李… Ⅲ.①火灾-数值模拟-应用软件 Ⅳ.①X928.7-39

中国版本图书馆CIP数据核字（2019）第166283号

---

责任编辑：高　震　杜进祥　　　　装帧设计：韩　飞

责任校对：张雨彤

---

出版发行：化学工业出版社（北京市东城区青年湖南街13号　邮政编码100011）

印　　装：北京科印技术咨询服务有限公司数码印刷分部

710mm×1000mm　1/16　印张15¾　字数306千字　2025年1月北京第1版第8次印刷

---

购书咨询：010-64518888　　　　售后服务：010-64518899

网　　址：http://www.cip.com.cn

凡购买本书，如有缺损质量问题，本社销售中心负责调换。

---

**定　　价：58.00元**

# 前言

人们在生产生活中经常遭受各种灾害，如旱灾、洪涝、台风、地震、海啸和火灾等。在这些灾害中，火灾之所以受到广泛关注，主要是因为除森林火灾、草原火灾及雷电引发的火灾外，其他火灾均归结为人为灾害。天灾意味着不可抗拒，而人为灾害在某种程度上是可以避免的。另外，火灾造成的人员伤亡比其他灾害之和还大。正因为这样，各国政府都十分重视火灾的防治工作，成立专门机构承担灭火救援任务。

为更好防治火灾，必须研究火灾的发生、发展及蔓延规律。火灾的研究方法分为理论研究、试验研究和数值模拟研究。理论研究即借助自然科学规律研究火灾问题，消防燃烧学及火灾动力学即为研究火灾规律的学科，理论研究曾为人类探索火灾规律发挥了重要作用，遗憾的是当需要解决某些具体工程问题时，因影响火灾因素复杂，有关理论便失去了成立的条件。试验研究是较为直观的科学研究方法，利用不同规模的火灾试验，研究者得出了许多实用经验公式并指导防火设计。试验研究的缺点是可重复性差且费用高昂。随着计算机的普及，数值模拟技术在各行各业蓬勃开展，计算机辅助设计改变了传统的产品设计流程，节约了设计费用，缩短了设计周期，且取得了非凡成就。火灾的数值模拟工作开始于 20 世纪 80 年代，现已在建筑防火设计、火灾原因调查及灭火指挥等方面广泛应用。

火灾数值模拟软件可以分为两类，通用 CFD（Computational Fluid Dynamics）软件和专业火灾模拟软件。前者如 Fluent、CFX、PHOENICS、STAR-CD、OpenFOAM 等，后者如 FDS（Fires Dynamics Simulator）、FireFOAM、Smartfire 等。通用 CFD 软件的优势是计算流体动力学模型久经考验，前后处理功能完善。21 世纪初，由于 FDS 建模软件匮乏，大型模型难以建立，因此通用 CFD 软件在火灾模拟领域有不少应用。由于该类软件不是专为火灾模拟开发，因此对消防系统的模拟比较困难，如喷淋系统、报警系统等，以 Fluent 而言，即便是设定非恒定功率的火源这种火灾模拟的常见设置，也要依靠自己编制 UDF 文件来实现，这就是说只是想模拟火灾，还要熟悉 C 语言编程，这无疑提高了软件使用的门槛，使得广大技术人员望而却步。因此，随着 FDS 建模工具的完善，通用 CFD 软件应用越来越少。就专业火灾模拟软件而言，无论从应用的广泛性、简便性还是实用性，美国国家标准技术研究院（NIST）开发的 FDS 无疑居首位。然而遗憾的是，国内外尚无这方面的教材，使用者只能通过查阅 300 多页的英文用户手册进行学习。在授课过程中，和与消防工程技术人员的交流中，深深感受到学生乃至技术人员对火灾模拟教材的需求。因此，我们觉得有责任与义务把自己多年来使用和讲授火灾模拟，尤其是 FDS 的使用经验进行总结，在授课讲义的基础上，适当增加火灾模拟的理论基础和应用部分，形成本著作，以供消防工程、安全工程及相关专业的学生和工程技术人员参考。降低 FDS 使用门槛，缩短掌握 FDS 的时间是本书编写的最大目标。

本书以火灾模拟的工程应用为出发点和目的，主要介绍 FDS 软件的基本假设、使用方法、火灾模拟技巧及火灾模型的简化方法，而且是将火灾模型的简化方法融入 FDS 具体模拟方法之中。在使用方法上，不仅介绍了 FDS 的基本建模方法，包括建筑结构布局设置、火源设置、输出结果设置和全局参数设置，还重点阐述了消防工程的机械通风系统、水喷淋系统、火灾自动报警系统和消防联动系统的模拟方法，较为全面地介绍了建筑火灾的模拟方法。为示范火灾模拟技术的工程应用，最后一章提供了火灾模拟在防火设计、性能化评估、火灾调查和灭火指挥方面的应用。

Pyrosim 是工程中广泛使用的 FDS 建模软件并具有丰富的后处理功能。该软件提供命令对话框、绘图工具绘制和导入工程图纸三种建模方式，其中工程图纸可以是二维图纸，也可以是 DXF、DWG、FBX、DAE、OBJ 和 STL 格式的三维图纸。本书对 Pyrosim 的介绍也另辟蹊径，包括两部分内容：一是 FDS 命令对话框，不再单独列章节，而是和 FDS 命令合并介绍，即阐述完命令的功能后读者既可直接采用 FDS 命令建模，也可以使用 Pyrosim 的命令对话框建立模型；对于绘图工具和导入工程图纸两种建模方式，考虑到读者均具有一定的软件使用经验，不再逐个介绍绘图工具的使用方法，而是通过精心设计的第 4 章中 5 个工程案例，讲解 Pyrosim 的建模方法。相信这种处理方式，对于 Pyrosim 软件的学习能起到事半功倍的效果。即使是首次接触火灾模拟的技术人员，也能够通过火灾模拟案例，掌握火灾模拟的绝大多数内容。

本书由李胜利和李孝斌共同撰写，李胜利撰写第 1 章至第 3 章，李孝斌撰写第 4 章和第 5 章。我们在撰写过程中，参考了前辈和同行的不少资料，已列于参考文献。尤其感谢不断向我提出问题的学生们，这些问题是我在火灾模拟领域不断进步的动力。最后要感谢武警学院青年英才基金的支持，才得以使本著作出版。

我们水平有限、研究不足，再加上 FDS 和 Pyrosim 的使用主要参考英文使用手册，错误纰漏之处在所难免，恳请读者批评指正。

**编著者**

**2019 年 6 月**

# 目 录

# 第1章 绪论

火是人类进步的重要标志，然而火灾却给人民的生产生活造成了巨大的财产损失，甚至出现较多人员伤亡。因此，认识火灾规律并以技术手段对火灾进行防控是值得研究的重要课题。然而，由于火灾问题的复杂性，理论分析和火灾实验在研究火灾规律时遇到较大困难。随着计算机的普及，数值模拟技术在火灾规律研究中得到普遍认可和广泛应用。理论研究者或消防工程技术人员，都应该掌握火灾的数值模拟技术这一重要的研究手段。

## 1.1 火灾数值模拟方法

火灾动力学包括复杂的物理化学过程，主要有流体动力学、热动力学、燃烧学、辐射传热，甚至多相流动。火灾模拟须遵守质量守恒、动量守恒和能量守恒方程，这些方程被称为流体力学的控制方程。其中描述质量守恒的连续性方程，1755年由著名的数学力学家欧拉导出。描述动量守恒的方程，1827年由法国工程师纳维提出，1845年英国数学家斯托克斯加以完善，因此合称为纳维-斯托克斯方程。热传递和燃烧方程的确定可追溯到百年以前。然而由于火灾的复杂性，火灾模拟除控制方程外，还包括湍流模型、燃烧模型、辐射传热模型、网格生成和计算结果的图形绘制技术。网格生成属于前处理技术，控制方程、湍流模型、燃烧模型、辐射传热模型及模型的数值方法属于计算模型，计算结果分析及图形绘制则属于后处理技术。火灾模拟涉及的每一个子领域都值得投入毕生精力去研究，因此 Hoyt Hottel 曾说火灾是仅次于生命过程的最难研究的对象。

火灾模拟技术成熟的标志是系列火灾模型的出现。随着科学技术，尤其是计算工具和计算科学的发展，先后出现了经验模型、区域模型和场模型。这些模型也有其各自的适用场合。火灾发生后，根据室内温度随时间的变化特点，火灾的发展过程将经历三个阶段：首先为火灾初起阶段、发生轰燃后转为火灾全面发展阶段，可燃物燃尽后进入熄灭阶段。火灾发展初期，除火源位置附近外，火灾产生的热烟气主要在房间顶部聚集，随着火灾规模的增大，热烟气层逐渐变厚。对于这种具有清晰烟气层的火灾，可将建筑室内空间分为上部的热烟气层和下部的冷空气层两个区域，每个区域内状态参数假设是一致的，这种火灾模型称为双区域模型，如图 1-1 所示。火灾模拟时用常微分方程组分别描述各层的火灾特征，计算各区的温度及烟气层高度。双区域模型的优势是模型成熟且得到众多试验验证，计算速度快，计算结果可靠。常见的软件 CFAST、Branzfire 采用双区域模型。大空间或形状复杂的建筑，当火灾热释放速率较小时，火灾中烟气分层现象不明显，区域模型失去了成立的前提，必然结果有很大误差，这种情况下可采用场模型。场模型是将建筑室内划分成若干个单元，又称控制体，如图 1-2 所示，然后应用自然界普遍成立的质量守恒定律、动量守恒定律、能量守恒定律及化学反应定律建立描述烟气流动的方程，通过对所研究空间和时间进行离散，用数值方法求解出火灾各时刻的状态参数（烟气浓度、速度、温度等）在空间的分布。常见的软件 FDS、fluent 和 CFX 等均采用场模型。当然能用双区域模型模拟的场合同样可以采用场模型模拟。火灾发生轰燃后，室内温度迅速上升且绝大多数可燃物参与燃烧，此时室内各处温度差异较小，可认为室内温度均匀分布，这种模型称为单区域模型。规范规定的各种标准升温曲线实际上是默认采用单区域模型。

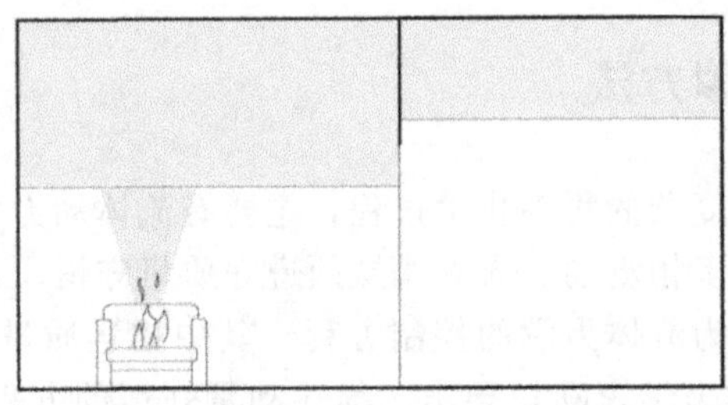

图 1-1　双区域模型

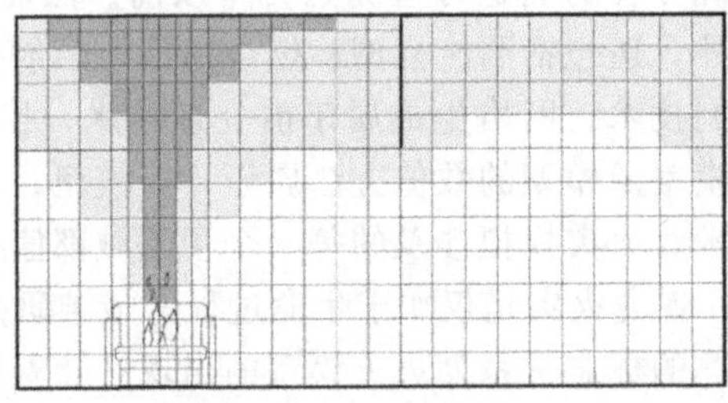

图 1-2　场模型

### 1.1.1　经验模型

火灾研究的早期阶段，研究人员主要是通过火灾实验及理论分析研究火灾行为，通过对火灾发展过程的观察和测量，归纳出描述火灾行为的经验公式，即为经验模型。对于普通建筑火灾，其室内主要可燃物为纤维类材料，可按 ISO 834

标准升温曲线计算室内温度，表达式为

$$T_g - T_{g0} = 345\lg(8t+1) \tag{1-1}$$

式中 $T_g$——$t$ 时刻的室内平均空气温度，℃；

$T_{g0}$——火灾发生前的室内平均空气温度，℃；

$t$——升温时间，min。

对于石油化工建筑及生产、存放烃类材料、产品的厂房等以烃类材料为主的场所，应考虑采用与其相适应的标准升温曲线，如 HC（烃类）火灾升温曲线、RABT 升温曲线等。HC 曲线的表达式为：

$$T_g - T_{g0} = 1080 \times (1 - 0.325e^{-t/6} - 0.675e^{-2.5t}) \tag{1-2}$$

RABT 升温曲线比 HC 升温曲线在相同时刻温度更高，火灾发生 5min 后，温度达到 1200℃。该温度一直保持 85min，然后温度下降，至 140min 时温度为 0。三种标准升温曲线如图 1-3 所示。

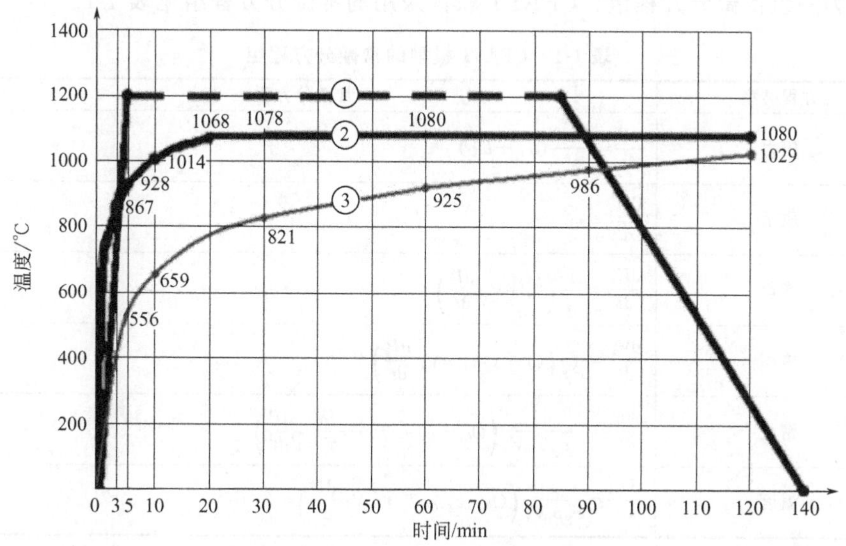


图 1-3　常用的标准升温曲线

1—RABT 曲线；2—碳氢化合物曲线；3—ISO 834 曲线

经验模型也可以包括更多的火场参数，比如可燃物数量、建筑面积、建筑开口状况以及建筑壁面的热物理参数等。李国强等针对高大空间建筑火灾的特点，通过对 120 个火灾场景的模型，考虑火源功率、建筑面积、建筑高度和距火源的距离等因素的影响，回归分析得出了高大空间的升温公式。

经验模型的最大优势是计算简单，使用方便，无需编制计算机程序即可预测建筑内的温度场。然而，经验模型具有很大的局限性，模型的得出主要依靠足尺寸的规模火灾实验，这些实验费用高昂且造成大气环境污染，而由缩尺寸模型得出的经验公式与实际火灾有较大区别。从应用层面看，经验模型考虑的因素较少，无法考虑诸多因素对火场温度的影响，且一般的经验公式只是计算温度的分布。经验模型一般用于结构的耐火实验及建筑结构抗火能力评估。

### 1.1.2 区域模型

随着计算机的日益普及，火灾数值模拟成为火灾研究的重要手段。最先在消防工程中应用的是区域模型，包括单区域模型和双区域模型。区域模型的研究开始于 20 世纪 70 年代中期，以 Quintiere 提出区域模型的基本方程为标志。在 Quintiere 基本方程的基础上，Pape 等人于 1981 年发布了第一款区域模拟软件 RFIRES。随后，Emmons、Mitler 及其合作者开发了系列模型，其他研究人员相继开发了 ASET、ASET-B、FPETOOL，美国标准技术研究院 1993 年发布 CFAST。单区域模型采用经验公式或迭代公式计算室内温度，双区域模型在数学上为一组常微分方程组，CFAST 软件采用的常微分方程组见表 1-1。

**表 1-1 CFAST 模型的常微分方程组**

| 方程类型 | 常微分方程 |
|---|---|
| 压力 | $\frac{dP}{dt}=\frac{\gamma-1}{V}(\dot{h}_L+\dot{h}_U)$ |
| 质量 | $\frac{dm_i}{dt}=\dot{m}_i$ |
| 能量 | $\frac{dE_i}{dt}=\frac{1}{\gamma}\left(\dot{h}_i+V_i\frac{dP}{dt}\right)$ |
| 体积 | $\frac{dV_i}{dt}=\frac{1}{P\gamma}\left((\gamma-1)\dot{h}_i-V_i\frac{dP}{dt}\right)$ |
| 密度 | $\frac{d\rho_i}{dt}=-\frac{1}{c_P T_i V_i}\left((\dot{h}_i-c_P\dot{m}_i T_i)-\frac{V_i}{\gamma-1}\frac{dP}{dt}\right)$ |
| 温度 | $\frac{dT_i}{dt}=\frac{1}{c_P\rho_i V_i}\left((\dot{h}-c_P\dot{m}_i T_i)+V_i\frac{dP}{dt}\right)$ |

注：1. $i$ 表示上层 U 或下层 L。

2. 表 1-1 各式中：

$P$—气压，Pa；

$t$—时间，s；

$\gamma$—定压比热容与定容比热容之比；

$V$—空气体积，$m^3$；

$h$—气体的焓，J；

$m$—气体质量，kg；

$E$—内能，J；

$\rho$—气体密度，$kg/m^3$；

$c_P$—定压比热容，J/(kg·℃)；

$T$—气体温度，℃。

区域模型的求解需要编制计算机程序，双区域模型除控制方程外，还应补充火灾分过程的经验公式。区域模型的优点是计算资源占用少，只要建筑火灾的发展符合区域模型假设，就能得出准确结果。区域模型虽然在火灾研究中发挥了重要作用，但其应用范围有限，无法准确计算火场温度、火灾产物在建筑空间的具体分布状况，无法适应建筑布局复杂的空间，而且囿于其模型假设，还无法从理论上提出解决这一问题的方法。区域模型用于结构布局简单的建筑，如住宅、宿舍等建筑的火灾模拟。

### 1.1.3 场模型

随着计算机技术的发展和计算流体动力学模型的成熟，火灾研究领域出现了以计算流体动力学为基础的场模型软件。场模型是将建筑空间划分成无数个控制单元，每一控制单元内假设物理参数相同，然后应用自然界普遍成立的物理学定律，推导火场需要满足的偏微分方程组，一般由以下方程组成

$$\frac{\partial\rho}{\partial t}+\nabla\cdot(\rho V)=0 \tag{1-3}$$

$$\begin{aligned}&\frac{\partial(\rho u)}{\partial t}+\frac{\partial(\rho u^2)}{\partial x}+\frac{\partial(\rho uv)}{\partial y}+\frac{\partial(\rho uw)}{\partial z}=-\frac{\partial p}{\partial x}+\frac{\partial}{\partial x}\left(\lambda\ \nabla\cdot V+2\mu\frac{\partial u}{\partial x}\right)+\\&\frac{\partial}{\partial y}\left[\mu\left(\frac{\partial v}{\partial x}+\frac{\partial u}{\partial y}\right)\right]+\frac{\partial}{\partial z}\left[\mu\left(\frac{\partial u}{\partial z}+\frac{\partial w}{\partial x}\right)\right]+\rho f_x\end{aligned} \tag{1-4}$$

$$\begin{aligned}&\frac{\partial(\rho v)}{\partial t}+\frac{\partial(\rho uv)}{\partial x}+\frac{\partial(\rho v^2)}{\partial y}+\frac{\partial(\rho vw)}{\partial z}=-\frac{\partial p}{\partial y}+\frac{\partial}{\partial y}\left(\lambda\ \nabla\cdot V+2\mu\frac{\partial v}{\partial y}\right)+\\&\frac{\partial}{\partial x}\left[\mu\left(\frac{\partial v}{\partial x}+\frac{\partial u}{\partial y}\right)\right]+\frac{\partial}{\partial z}\left[\mu\left(\frac{\partial v}{\partial z}+\frac{\partial w}{\partial y}\right)\right]+\rho f_y\end{aligned} \tag{1-5}$$

$$\begin{aligned}&\frac{\partial(\rho w)}{\partial t}+\frac{\partial(\rho uw)}{\partial x}+\frac{\partial(\rho vw)}{\partial y}+\frac{\partial(\rho w^2)}{\partial z}=-\frac{\partial p}{\partial z}+\frac{\partial}{\partial z}\left(\lambda\ \nabla\cdot V+2\mu\frac{\partial w}{\partial z}\right)+\\&\frac{\partial}{\partial x}\left[\mu\left(\frac{\partial u}{\partial z}+\frac{\partial w}{\partial x}\right)\right]+\frac{\partial}{\partial y}\left[\mu\left(\frac{\partial w}{\partial y}+\frac{\partial v}{\partial z}\right)\right]+\rho f_z\end{aligned} \tag{1-6}$$

$$\begin{aligned}&\frac{\partial}{\partial t}\left[\rho\left(e+\frac{V^2}{2}\right)\right]+\nabla\cdot\left[\rho\left(e+\frac{V^2}{2}\right)V\right]=\\&\rho\dot{q}+\frac{\partial}{\partial x}\left(k\frac{\partial T}{\partial x}\right)+\frac{\partial}{\partial y}\left(k\frac{\partial T}{\partial y}\right)+\frac{\partial}{\partial z}\left(k\frac{\partial T}{\partial z}\right)-\\&\frac{\partial(up)}{\partial x}-\frac{\partial(vp)}{\partial y}-\frac{\partial(wp)}{\partial z}+\frac{\partial(u\tau_{xx})}{\partial x}+\frac{\partial(u\tau_{yx})}{\partial y}+\frac{\partial(u\tau_{zx})}{\partial z}+\\&\frac{\partial(v\tau_{xy})}{\partial x}+\frac{\partial(v\tau_{yy})}{\partial y}+\frac{\partial(v\tau_{zy})}{\partial z}+\frac{\partial(w\tau_{xz})}{\partial x}+\frac{\partial(w\tau_{yz})}{\partial y}+\frac{\partial(w\tau_{zz})}{\partial z}+\rho f\cdot V\end{aligned} \tag{1-7}$$

$$p=\rho RT \tag{1-8}$$

$$e=c_{v}T \tag{1-9}$$

综合起来，控制方程组包括7个方程，即式(1-3)～式(1-9)，7个流场参量，分别是$\rho$、$u$、$v$、$w$、$p$、$e$、$T$，方程组为封闭方程组，可以通过式(1-3)～式(1-9)实现对变量的求解。

## 1.2 火灾模拟软件

由场模型为理论基础编制的软件即为CFD软件，常用的火灾模拟软件分为两类：通用CFD软件和专用火灾模型软件，前者如Fluent、CFX、PHOENICS、STAR-CD等；后者如FDS、FireFOAM等。

### 1.2.1 PHOENICS

PHOENICS（Parabolic Hyperbolic Or Elliptic Numerical Integration Code Series）含义为对抛物型、双曲型和椭圆型方程进行数值积分的系列程序，是第一款商业化的CFD软件。该软件所采用的一些基本算法，如SIMPLE方法、混合格式等，是由该软件的创始人，英国的Spalding和美籍印度学者Patankar等所提出的，SIMPLE算法在20世纪70年代已被广泛应用于热流问题求解，PHOENICS于1981年开始发布第一个版本，现由英国的CHAM公司开发，PHOENICS已经发展成为一款能够模拟流体流动、传质传热、化学反应、燃烧过程的通用CFD软件。

该软件对偏微分方程的求解采用有限容积法，离散格式可选择一阶迎风、混合格式及QUICK等，压力与速度耦合采用SIMPLEST算法；代数方程组可采用整场求解或点迭代、块迭代方法，同时纳入了块修正以加速收敛；在湍流模型上，可采用零方程模型、低Reynolds $k$-$\varepsilon$模型、RNG $k$-$\varepsilon$模型等。

PHOENICS应用流域及其广泛，软件自带了1000多个算例并附有完整的输入文件，一般的工程应用问题都可以从中找到相似案例，这给用户带来了极大的方便。CHAM公司把其应用范围总结为从A至Z，具体为：Aerodynamics（空气动力学）、Burner（燃烧器）、Cyclonic separation（分离器中的分离）、Duct flow（管道内流动）、Electnonic Cooling（电子器件冷却）、Fire engineering（消防工程）、Geophysical study（地球物理研究）、Heat exchange（换热器）、Imepeller（叶轮中的流动）、Jet（射流）、Kiln（炉室中的传热）、Lung（肺部中的流动）、Mould filling（浇铸中的充填过程）、Nozzle（喷嘴中的流动）、Oil slick（油膜运动）、Plume dispersal（尾流的扩散）、Quality of air（空气质量）、Rocker（火箭）、Stirred tank（搅拌箱中的流动）、Tundish（浇口漏斗中的场预测）、Urban pollution（城市污染预测）、Vistol aircraft（直升机流场分析）、Wet cooling tower（湿式冷却塔流场分析）、$NO_x$ reduction（降低燃烧中$NO_x$的分析)、*Yacht*（游艇四周流场分析)、*Zeppelin*（飞艇流场分析)。

### 1.2.2 FLUENT

FLUENT 是继 PHOENICS 之后美国 FLUENT Inc 于 1983 年推出的基于有限容积法的通用 CFD 仿真软件，具有广泛的物理模型，以及能够快速准确得到 CFD 分析结果，被广泛应用于航空航天、旋转机械、航海、石油化工、汽车、能源、计算机/电子、材料、冶金、生物、医药等领域。FLUENT 公司成为占有最大市场份额的 CFD 软件供应商。2006 年 5 月，FLUENT 被 ANSYS 公司收购并集成到 ANSYS Workbench 环境下，得以共享先进的 ANSYS 公共 CAE 系统。

FLUENT 采用基于完全非结构化网格的有限体积法，采用动/变网格技术主要解决边界运动的问题。其网格变形方式有三种：弹簧压缩式、动态铺层式以及局部网格重生式。其局部网格生成为 FLUENT 所独有，可用于非结构网格、大变形问题以及物体运动规律完全由流动所产生的力所决定的问题。在离散格式上，对流项差分格式纳入了一阶迎风、中心差分及 QUICK 等格式。湍流模型有标准 $k$-$\varepsilon$ 模型、Reynolds 应力模型、RNG $k$-$\varepsilon$ 模型等。FLUENT 可以计算的物理问题有：定常与非定常流动、不可压缩与可压缩流动，含有粒子/液滴的蒸发、燃烧的过程，多组份介质的化学反应等。

FLUENT 系列软件包括通用的 CFD 软件 FLUENT，基于有限元法的专用于黏弹性材料的层流流动模拟软件 POLYFLOW，基于有限元法的专用于传质传热分析的软件 FIDAP，高度自动化的流动模拟工具 FloWizard，专用于 CATIA 的软件 FLUENT for CATIA5，面向暖通空调工程的 AIRPAk 软件，专用于热控工程的 ICEPAK 和专业的搅拌槽模拟软件 MIXSIM。可以看出，FLUENT 最大的特点是功能强大。

### 1.2.3 CFX

CFX 是由英国 AEA Technology 公司于 1991 年推出的商用 CFD 软件。和大多数 CFD 软件不同的是，CFX 除了可以使用有限体积法，还采用了基于有限元的有限体积法，在保证有限体积法守恒特性的基础上，吸收了有限元法的数值精确性。在其湍流模型中，包括 $k$-$\varepsilon$ 模型、低 Reynolds 数 $k$-$\varepsilon$ 模型、低 Reynolds 数 Wilcox 模型、代数 Reynolds 应力模型、微分 Reynolds 应力模型、微分 Reynolds 通量模型、SST 模型和大涡模型。

CFX 可计算的物理问题包括可压与不可压流体、耦合传热、热辐射、多相流、粒子输送过程、化学反应和燃烧问题。还拥有诸如气蚀、凝固、沸腾、多孔介质、相间传质、非牛顿流、喷雾干燥、动静干涉、真实气体等使用的模型。目前，CFX 已经遍及航空航天、旋转机械、能源、石油化工、机械制造、汽车、生物技术、水处理、火灾安全、冶金、环保等领域。

作为世界上唯一采用全隐式耦合算法的大型商业软件。算法上的先进性，丰富的物理模型和前后处理的完善性使 CFX 在结果精确性，计算稳定性，计算速度和灵活性上具有优异的表现。

### 1.2.4 OpenFOAM

OpenFOAM（Open Source Field Operation and Manipulation）是 1989 年由英国帝国理工大学的学生采用 C++语言最早研发出来的一款面向对象的开源代码工具箱，采用有限体积法求解偏微分方程组，可采用大涡模拟或雷诺平均两种方式模拟可压缩流体的湍流流动。软件支持任意三维多面体网格，可以处理复杂的几何结构并且支持区域分解并行计算。OpenFOAM 包括很多预编译的标准求解器、辅助工具及模型库，可以对一系列复杂问题进行数值模拟，如复杂流体流动、湍流流动、化学反应、换热分析、多相流和燃烧等现象。OpenFOAM 是进行 CFD 技术研究和软件开发的优秀平台。研究者可以采用 OpenFOAM 为基础开发自己具有独特需求的 CFD 软件。

FireFOAM 是 FM Global 在 OpenFOAM 基础上开发的火灾模拟软件，该软件集成了流体力学、传热学、燃烧和多相流模型，是第一个包含水对火的详细抑制模型的软件。FireFOAM 不仅可以模拟火灾的发展和蔓延过程，还可应用于爆炸模拟。由于该软件没有提供使用文档，因此其应用仅限于少数研究机构和学者，鲜见于工程应用。与专业火灾模拟软件 FDS 的比较见表 1-2。

**表 1-2 FireFOAM 和 FDS 功能比较**

| 功能 | FireFOAM | FDS |
|---|---|---|
| 非结构网格 | √ | × |
| 区域分解并行计算 | √ | × |
| 详细喷淋模型 | √ | × |
| 液滴辐射屏蔽 | × | √ |
| 水表面流动 | √ | × |
| FED 计算 | × | √ |
| 逻辑控制 | × | √ |

综合比较，FireFOAM 的优势在于对非结构网格的支持和喷淋系统的模拟，但其计算速度慢且无帮助文档，而 FDS 则更适合消防工程的火灾模拟。

综上所述，通用 CFD 软件的优势是具有友好的用户界面和方便的前后处理系统，用户可以灵活方便地输入模型的有关信息，前处理系统能根据计算需求生成高质量的计算网格；可以导入各种格式的模型，如 ICEM CFD 支持的文件格式包括 ParaSolid、IGES、STEP、DWG 等标准交换文件，Catia、UG、Pro/E、SolidWorks、I-deas 等软件格式，STL、Nastran、Patran 等面网格数据。另外，通用 CFD 软件的求解功能强大，能计算稳态与非稳态流动，牛顿流体及非牛顿流体流动，亚音速及超音速流动，涉及导热、对流与辐射换热的流动问题，涉及化学反应的流动及多相流的数值分析。通用 CFD 软件的缺点是软件复杂、学习门槛高、周期长，且支持的火灾模拟功能有限。一般说来，学习通用 CFD 软件需要掌握计算流体力学、湍流模型、辐射数值计算、化学反应模型等领域的知识，否则面对模拟时的具体模型选项无所适从。通用 CFD 软件用于火灾模型时，目前最适宜的应用场合是模型复杂且只关注模拟区域的温度分布。

## 1.3 FDS 软件特点

FDS（Fire Dynamics Simulator，火灾动力学模拟器）是美国国家标准与技术研究院（NIST）与芬兰的 VTT 技术研究中心合作，专为火灾模拟开发的计算流体动力学软件。该软件最新版主要在燃烧模型、排烟系统模拟及逻辑控制等方面进行了改进。

### 1.3.1 FDS 的模型

FDS 是以火灾中烟气运动为主要模拟对象的计算流体动力学软件，该软件采用数值方法求解热驱动的低速流动 N-S 方程，主要用于火灾中烟气流动和热传递过程的数值模拟。FDS 具有并行计算功能，普通计算机计算时，采用 OpenMP 进行多核并行计算；集群计算机（Cluster Computer）计算时，使用 MPI 实施并行计算。

FDS 开发的主要目标是解决消防工程的实际问题，即大规模火灾模拟问题，同时它也可作为火灾动力学和燃烧学研究的基本工具。目前，FDS 主要应用于烟气控制设计、探测器启动时间研究和火灾重构。火灾模型主要包括流体动力学模型、燃烧模型、辐射模型及边界条件。FDS 的流体动力学模型是求解适于热驱动的低速流动 N-S 方程，具体数值方法是空间和时间上具有二阶精度的显式预测校正算法。由于方程离散方法的限制，计算区域及内部物体只能为长方体及其组合体，且必须与计算网格对齐。当没有对齐时，FDS 会自动调整设置的坐标强制对齐。当建筑模型较为复杂时，可使用多个网格组成计算区域。湍流模型默认采用大涡模拟，当网格划分精密时也可采用直接模拟。关于燃烧模型，一般情况下应采用单步混合控制反应模型，该模型采用三种混合气体，即空气、可燃性气体和燃烧产物，且后两种混合气体显式计算。复杂情况下，也可选用多步混合控制反应模型、多个反应模型及有限速率模型。FDS 采用求解灰色体的辐射传热方程计算辐射导热，其数值方法则类似于对流传热计算的有限容积法，具体计算时离散为100个辐射角。由于辐射计算的复杂性，辐射方程的求解时间约占总时间的20%。烟气混合气体的吸收系数使用RadCal窄带模型。在有水喷淋作用的情况下，液滴还具有吸收和散射热辐射能力，这是精确模拟水喷淋系统或细水雾系统对火的抑制作用的基本条件。在边界条件处理上，物体表面均赋予一定的热边界条件，当物体为可燃物时还需要定义热解条件。火灾中，物体表面发生的传热传质现象采用经验公式处理。当湍流模型采用直接模拟时，也可直接计算物体表面的传热传质现象。

### 1.3.2 FDS的假设

(1) 低速流动　FDS限用在速度小于100m/s的低速流场，主要用于火灾中的烟气蔓延及传热模拟。由于低速流速假设，FDS无法应用在流速接近声速的场景，如爆炸、爆轰和高速喷嘴射流。

(2) 矩形网格　FDS的高效性源于流场剖分仅采用矩形网格与对压力场的快速直接求解。对于外形为曲线的建筑，FDS在建模和计算精度上均有一定的局限性。尽管FDS设法减少了非矩形物体的锯齿边缘效应，但若模拟的目的是研究边界层效应，FDS难以得出令人满意的结果。对于多数大型场所，由于压力场计算的高效性，FDS能采用更精细矩形网格近似逼近曲线边界。

(3) 火灾增长和蔓延　由于FDS模型定位于大型火灾模拟，因此当火灾场景中设定热释放速率并且模拟的是热量及燃烧产物的扩散时，计算结果才较为可靠。上述情况下，若网格大小设置适当，FDS模型模拟得出的气流速度及温度与试验实测值比较，精度相差10%～20%。然而若热释放速率不是设定，而是由FDS计算得出，模型的不确定性较大，其主要原因为：①材料和燃料的热解性质通常难以获得；②燃烧、辐射和固相导热的物理过程比FDS采用的数值算法复杂得多；③计算结果对数值模拟参数和材料热解参数均很敏感。当然，目前FDS开发者正在改善这种状况。但客观地说，火灾模拟需要用户具有较高的使用技巧和工程经验。

(4) 燃烧　多数情况下，FDS采用混合分数燃烧模型。混合分数指流场中任一点某种气体占全部气体的比值，模拟过程中所有气体的混合分数之和遵守守恒定律。该模型假定可燃气体和氧气一旦混合便立即燃烧，且该过程与温度无关。对于燃料控制型火灾，混合分数模型与实际较为吻合。然而对于通风控制型火灾或者场景中含有水雾或$CO_2$时，虽然可燃气体和氧气混合在一起，但并不会立即发生燃烧反应。当然灭火剂对火的抑制作用目前还是燃烧界热门的研究课题，在考虑抑制作用的适用模型开发出来前，只能采用简单经验公式模拟这种现象。

(5) 辐射　FDS一般通过求解灰体的辐射输运方程计算辐射传热，少数情况下则采用宽带模型。FDS中辐射输运方程的求解方法类似对流换热的有限容积法，该模型具有以下限制：①烟气的吸收系数是成分和温度的复杂函数，由于燃烧模型的简化，烟气的组成，尤其是烟尘的含量，会影响热辐射的吸收和辐射；②默认情况下，辐射计算离散为100个辐射角，对于远离辐射源的物体，辐射能量会形成不均匀分布，可以通过可视化的物体表面温度观察这种现象，该误差称为射线效应。通过增大辐射角可以减少射线效应的影响，但会增加模拟时间。而多数情况下，辐射源远处的辐射热流远小于近处，因此保持默认值即可满足精度要求。

### 1.3.3 FDS的特点

FDS软件是火灾模拟领域应用最广泛的软件。从工程应用和科技文献看，90%甚至更多的火灾模拟均采用FDS完成，这是由FDS的固有特点决定的。该软件具有以下优点。

(1) 火灾模拟功能丰富　FDS是专业的火灾模拟软件，其功能包括消防工程常用的火源设置、热解模型、燃烧模型、水喷淋系统、报警器模型和逻辑控制，能计算输出诸多和火灾有关的计算结果，气体参数主要为温度、速度、浓度、能见度、压力、网格热释放速率、密度和网格水滴质量；固体表面参数主要为温度、辐射与对流热流、燃烧率和单位面积水滴质量；其他参数主要为热释放速率、喷头与探测器的启动时间、通过开口或固体表面的质量流与能量流。这些参数能完整描述火灾产物的空间分布，满足消防工程设计和评估。

(2) 后处理功能强大　FDS本身为DOS软件，计算后生产系列结果文件，这些文件可供其自带的后处理软件Smokeview读取并显示，必要时还可以生成结果动画。Smokeview可显示点、线、面和体的数据，尤其是云图动画和三维等值面数据的显示毫不逊色于商业软件。

(3) 开源免费　FDS及其后处理软件Smokeview不仅可以免费用于任何工程，两个软件的源代码也可自由下载并任意使用，高水平的用户可以进行二次开发。

(4) 学习门槛低　与通用软件不同，火灾模拟的目的是专一的，FDS针对火灾模拟进行了系列优化，涉及的模型参数均包括默认值，且这些默认值对多数情况是适用的。因此，用户可将更多的精力用于工程应用本身，而不用担心软件的具体参数。许多无流体力学背景的工程师同样应用FDS软件解决了实际问题。

当然，FDS软件也有其缺点，比如计算区域和物体的设置只能为长方体，这对复杂模型只能近似逼近。另外，本身不具备专业的前处理功能，可以通过建模软件Pyrosim等弥补这方面的不足。

# 第2章 FDS软件使用方法

FDS是专业的火灾模拟软件，其功能包括消防工程常用的火源设置、热解模型、燃烧模型、水喷淋系统、报警器模型和逻辑控制，并且具有丰富的后处理软件Smokeview。再加上FDS为开源免费软件，所以该软件得到消防技术人员的广泛应用。Pyrosim是FDS火灾模拟的前后处理软件，提供了FDS命令的图形对话框、模型绘制工具并能通过导入多种图形格式进行模型建立，后处理能绘制计算生成量的时间曲线，火灾模拟结果动态展示并能与疏散软件pathfinder的仿真结果同时显示，是工程常用的模拟工具。

## 2.1 火灾模拟过程

### 2.1.1 火灾模拟过程

FDS采用适合数值计算的Fortran语言进行开发的，但却是一个DOS软件。FDS软件可以运行于Windows、Linux/Unix和Mac OSX操作系统。在Windows操作系统中，FDS只能在Windows的DOS模拟器中运行。

采用FDS进行火灾模拟分为前处理、模拟计算和后处理三个过程，如图2-1所示。前处理主要是完成火灾模拟的前期准备工作，即建立场景文件。前处理的主要工作包括计算区域设置、网格尺寸选择、建筑布局构建、热解模型及燃烧模型设置和输出参数的确定。根据FDS的需求，场景文件必须是不带任何格式的纯文本文件，在场景文件中使用FDS规定的一系列命令描述火灾涉及的建筑布局、火源情况、消防设施和结果输出等信息。场景文件的编制应采用文本编辑

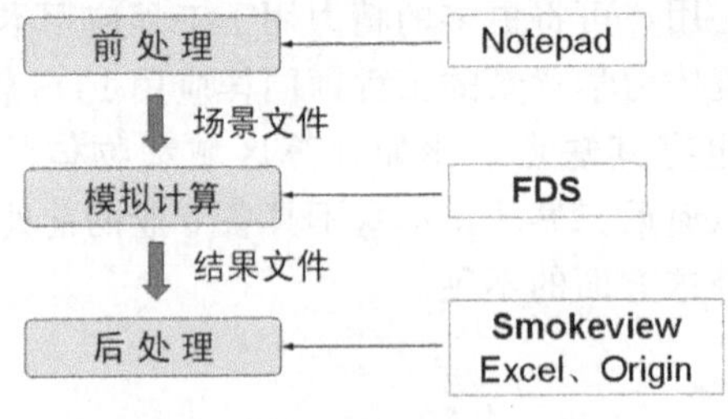


图2-1 火灾模拟过程及工具

器，如 Windows 系统附带的记事本、UltraEdit 和 EmEditor 等，而不能采用带格式的办公软件，如 Word 和 WPS。

场景文件也可采用其他建模软件导出，如商业建模软件 Pyrosim 和开源软件 BlenderFDS、ACad2FDS 等。

模拟计算是 FDS 的工作。FDS 在 Windows 下安装完毕后在开始菜单仅有参考手册和官网的快捷方式，实际上安装程序做了以下工作：

（1）若系统中存在老版本的 FDS 则加以删除；

（2）拷贝 FDS 的相关文件至指定目录；

（3）把扩展名为 smv 的文件和 Smokeview 关联以方便查看模拟结果；

（4）设置 FDS 的 DOS 路径，依靠该路径才能在命令提示符的任何目录下使用 FDS 程序。

若场景文件的名称为 test. fds，则运行 FDS 的方法为：fds　test. fds

Pyrosim 中运行 FDS 的方法为，鼠标点击工具栏的或点击菜单【Analysis→Run FDS...】。

模拟计算过程中，FDS 将显示计算的相关信息，如模拟时间和热释放速率等。

后处理的任务是查看模拟结果，整理分析计算数据。FDS 自带有显示计算结果的软件 Smokeview，该软件以图像和动画方式显示烟气、温度及燃烧产物在模拟场景内的分布状况，该软件的详细使用方法请参考其用户手册。若要进一步分析数据，绘制各参数随时间变化的关系曲线，需要借助其他数学软件。一般分析可采用微软 Office 系列软件的 EXCEL，预绘制较为美观的曲线或较复杂的图形时可采用 Tecplot、Origin 或 MATLAB 等专业数学软件。

### 2.1.2 最简单的场景文件

在火灾模拟过程中，场景文件的编制是火灾模拟最繁重、最重要的工作。一个简单的场景文件如下：

```
&HEAD  CHID='test',TITLE ='场景文件示例'/
&MESHXB=0.0,1.0,0.0,1.0,0.0,1.0,  IJK=10,10,10/
&TIME T_END=300./模拟时间
&VENT XB=0,1,1,1,0.5,0.9,SURF_ID='OPEN'/窗户
火源设置
&SURF ID='FIRE',HRRPUA=1000/
&OBST XB=0.4,0.6,0.4,0.6,0,0.2,SURF_ID='FIRE'/
燃烧模型
&REAC  FUEL          ='PROPANE'
         SOOT_YIELD=0.08
```

```
11        CO_YIELD    =0.02/
12    变量输出
13    &DEVC XYZ=0.5 0.5 0.5 QUANTITY='TEMPERATURE'/
14    &TAIL/
```

可以看出，场景文件由一系列命令（Namelists Group）组成，此场景中包含 HEAD、MESH、TIME、VENT、SURF、OBST、REAC、DEVC 和 TAIL 共 9 个命令，FDS6.1.1 的用户手册共给出了用于火灾模拟的 31 个命令。此外 FDS 还附带基于社会力模型的疏散软件，称为 FDS+EVAC，有 16 个用于疏散模拟的命令。一般说来，场景文件的开头为 HEAD 命令，见第 1 行；结尾为 TAIL 命令，见第 14 行。除 TAIL 命令无参数外，其他命令由一个或多个参数组成，命令和参数必须使用大写字母。每个命令以字符“&”开始，以字符“/”结束，两字符以外的部分为注释，如场景文件中的“模拟时间”、“火源设置”和“输出变量”等。一个命令可以占据一行或多行，命令无先后次序。

场景文件第 2 行的含义为计算区域为 1m×1m×1m，在 $x$、$y$、$z$ 三个方向均分成 10 个计算网格。第 3 行将火灾模拟时间设置为 300s，即 5min。第 4 行为在计算区域的边界上（$y$=1.0）设置 0.4m 高的通风口。第 6 行设置火源边界条件，火源单位面积的热释放速率大小为 1000kW/$m^2$，第 7 行设置火源的具体位置和大小。场景文件的第 9～11 行设置燃烧参数，燃烧气体为丙烷，烟气质量生成率为 8%，一氧化碳生成率为 2%。第 13 行在室内（0.5，0.5，0.5）位置处设置一测点，输出温度随时间的变化规律。

场景文件不同于程序设计中的源程序，两者虽然都是命令的集合，但程序的执行有顺序结构、选择结构和循环结构之分，而场景文件的命令并无次序之分。

命令各参数之间可用逗号或空格隔开，参数值为下列数值的一种：

(1) 整数，例如：&TIME T_END=30/；

(2) 整数组，例如：&MESH  IJK=30,45,60/；

(3) 实数，例如：&REAC  CO_YIELD=0.009/；

(4) 实数组，例如：&DEVC  XYZ=0.9,0.8,3.6/；

(5) 字符串，例如：&SURF  ID='FIRE'/；

(6) 字符串组，例如：&OBST  SURF_IDS='INERT','INERT','FIRE'/；

(7) 布尔数，例如：&MISC  NOISE=.TRUE./。

### 2.1.3 Pyrosim 概述

Pyrosim 是 Thunderhead engineering 公司为 FDS 开发的建模软件，具有可视化的图形界面，见图 2-2。软件界面由标题栏、菜单栏、命令工具栏、视图工具栏、过滤工具栏、绘图工具栏、导航视图和建模视图组成。其中导航视图方便

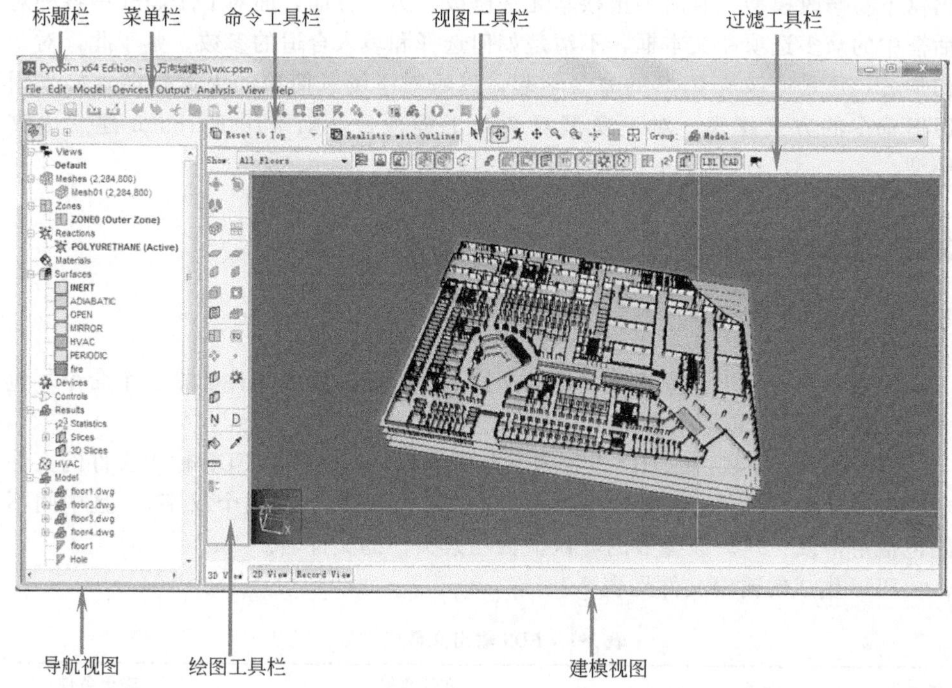


图 2-2 Pyrosim 界面

浏览建立的火灾模型，可选择局部模型和整体模型进行编辑操作。建模视图用于显示火灾模型，分为三维视图、二维视图和命令流视图，可通过建模视图底部的 3D View、2D View 和 Record View 按钮进行切换。对于 Pyrosim 不支持的 FDS 命令，可在命令流视图中的附件命令（Additional Records）区域直接手工输入。Pyrosim 可以帮助用户快速准确地建立复杂火灾模型，调用 FDS 进行模拟计算，并可采用 Smokeview 或 Pyrosim results 查看火灾模拟结果。其特点为：

（1）通过导入 CAD 文件建立并管理复杂模型；

（2）提供方便实用的 2D 和 3D 模型绘制工具；

（3）集成并行计算及后处理功能；

（4）提供网格管理工具；

（5）集成 FDS 的暖通空调系统模拟；

（6）支持导入现有的 FDS 模型文件；

（7）提供材料和燃烧数据库。

由于计算机软件技术的发展，软件界面应该更加人性化，以方便使用软件。一般而言，初学者往往喜欢通过图形界面进行火灾模拟，因为这样不需要记忆 FDS 模拟命令，显得简单易学。但以个人的经验看，直接通过 Pyrosim 学习火灾模拟不利于理解火灾模型的本质，以后对于复杂的问题通过 Pyrosim 建模一旦出错不易修改模型，有时甚至根本无法修改。另一方面，面对 Pyrosim 中各种对话框中的众多选项和文本框，不清楚如何选择和填入合适的参数。鉴于此，对于初学者，还是应该从 FDS 的命令学起，以后对于场景简单的火灾模型直接采用 FDS 命令的方式建模；对于模型复杂的工程项目，则采用 Pyrosim 建立火灾模型。

## 2.2 全局参数设置

### 2.2.1 HEAD 命令

该命令主要用于设置输出文件的文件名，一般为场景文件的第一个命令，包含 CHID 和 TITLE 两个参数。

(1) CHID 参数 CHID 参数为字符串类型，用于设置 FDS 输出文件的文件名，以区分运行结果。其长度不超过 30 个英文字符（或 15 个汉字），且中间不能包括空格或“.”。该参数的默认值为场景文件的文件名。

FDS 生成的输出文件见表 2-1。

**表 2-1 FDS 输出文件类型表**

| 序号 | 文件名 | 文件数据 | 输出条件 |
|---|---|---|---|
| 1 | CHID. smv | Smokeview 的模型引导文件 | 默认输出 |
| 2 | CHID. out | 输入参数、关键运行参数和 CPU 使用情况等 | 默认输出 |
| 3 | CHID_hrr. csv | 热释放速率、传热情况和燃烧率 | 默认输出 |
| 4 | CHID_devc. csv | DEVC 命令的输出数据 | 设置输出 |
| 5 | CHID_ctrl. csv | CTRL 命令的输出数据 | 设置输出 |
| 6 | CHID_mass. csv | 气体质量数据 | 指定输出 |
| 7 | CHID_state. csv | 完全燃烧时气体的质量分数 | 指定输出 |
| 8 | CHID_n. sf | SLCF 命令生成的云图动画数据 | 设置输出 |
| 9 | CHID_＊＊＊＊_＊＊. q | 5 个变量的 Plot3D 数据 | 默认输出 |
| 10 | CHID_n. bf | BNDF 命令的输出数据 | 设置输出 |
| 11 | CHID. prt5 | 示踪粒子、水滴和其他粒子数据 | 设置输出 |
| 12 | CHID_prof_nn. csv | PROF 命令的输出数据 | 设置输出 |
| 13 | CHID_01. s3d | 3D 烟气数据 | 默认输出 |
| 14 | CHID_02. s3d | 3D 热释放速率数据 | 默认输出 |
| 15 | CHID_＊＊. iso | 等值面数据 | 设置输出 |

注：1. 指定输出指 FDS 计算时已计算出来，可通过 DUMP 命令指定输出的文件；

2. 设置输出指只有通过有关命令进行设置，FDS 才进行计算并输出的文件。

CHID 主要用于区分同一工程的不同场景，如研究水喷淋系统对某电影院火灾的抑制情况，场景 1 为无水喷淋系统，场景 2 为采用普通喷头的水喷淋系统，场景 3 为采用快速响应喷头的水喷淋系统，此时可变化 CHID 参数以区分不同的输出文件，当然水喷淋系统的设置还要依赖其他命令。

（2）TITLE 参数　TITLE 参数为字符串类型，最多不超过 60 个字符，用于描述场景的情况，对火灾模拟没有任何影响。

HEAD 命令的示例如下：

```
&HEAD CHID='cinema2',TITLE='采用普通喷头的电影院火灾'/
```

Pyrosim 操作方法：将文件名作为 CHID 参数的值，不支持修改 CHID 参数，修改 TITLE 的方法为点击【Analysis】→【Simulation Parameters...】，弹出 Simulation Parameters 对话框，见图 2-3 最上面一行 Simulation Title 文本框。

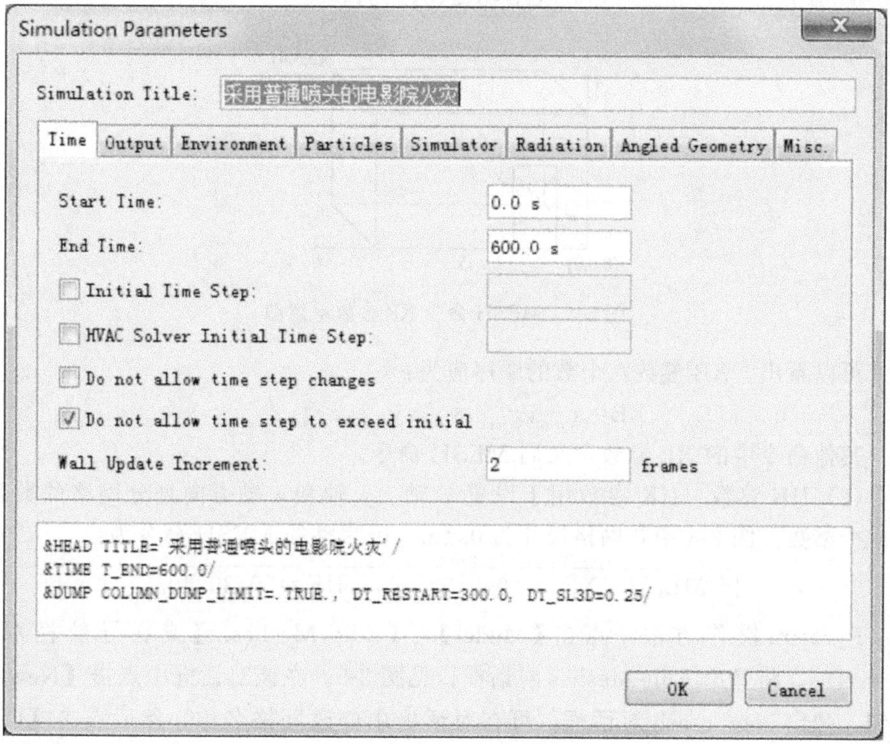

Simulation Parameters

Simulation Title: 采用普通喷头的电影院火灾

Time | Output | Environment | Particles | Simulator | Radiation | Angled Geometry | Misc.

Start Time: 0.0 s

End Time: 600.0 s

Initial Time Step:

HVAC Solver Initial Time Step:

Do not allow time step changes

Do not allow time step to exceed initial

Wall Update Increment: 2 frames

```
&HEAD TITLE='采用普通喷头的电影院火灾'/
&TIME T_END=600.0/
&DUMP COLUMN_DUMP_LIMIT=.TRUE., DT_RESTART=300.0, DT_SL3D=0.25/
```

OK　Cancel

图 2-3　模拟参数

### 2.2.2　MESH 命令

MESH 命令用于设定火灾的计算区域及网格划分，主要使用 XB 和 IJK 两个参数。计算区域由一个或多个长方体区域构成，一个 MESH 命令设置一个长方体区域。计算区域再细分成数个小长方体计算单元，即通常所说的矩形网格。对于模拟区域较简单的场景，仅需要一个 MESH 命令，当模拟场景复杂时往往需要多个 MESH 命令。比如，研究带裙房的高层建筑火灾的蔓延情况，可把主体高层建筑用一个 MESH 命令设置，而裙房部分用另外 MESH 命令设置。再如，研究地铁站内烟气的蔓延规律，可把站台站厅部分用一个 MESH 命令设置，而各个出口部分分别用一个 MESH 命令设置。

(1) XB 参数　XB 参数用于设定计算区域的范围，由 6 个实数组成，可以为负数。

如图 2-4 所示的某单室建筑，长 5m，宽 3m，高 4m。若把长度方向作为 $x$ 轴，宽度方向作为 $y$ 轴，高度方向作为 $z$ 轴，原点定在建筑的左下角，则其坐标为 (0, 0, 0)，右上角的坐标为 (5, 3, 4)，这样 XB 应为：

XB=0,5,0,3,0,4

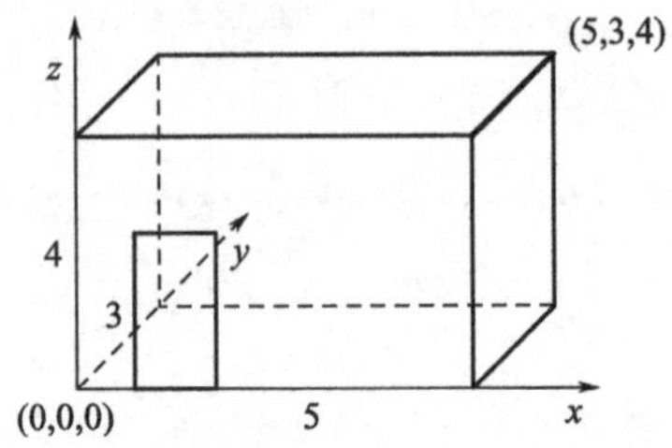


图 2-4　MESH 命令 XB 参数示意图

可以看出，XB 参数六个数的顺序应为：

$$XB=x_{min},x_{max},y_{min},y_{max},z_{min},z_{max}$$

其他命令中的 XB 参数含义同 MESH 命令。

(2) IJK 参数　IJK 参数用于设置 $x$ 轴、$y$ 轴和 $z$ 轴方向划分网格的数目，为三个整数。图 2-4 中若网格尺寸为 0.1m，则完整的 MESH 命令为：

```
&MESH  XB  =0,5,0,3,0,4,IJK=50,30,40/
```

Pyrosim 操作方法：点击【Model】→【Edit Meshes...】或在导航栏双击 Meshes，将弹出 Edit Meshes 对话框，见图 2-5。在该对话框中点击【New...】按钮，弹出 New mesh 对话框，可在对话框中修改网格名称，然后点击【OK】按钮。在 Properties 选项卡中，Mesh Boundary 下面的六个数分别对应 XB 参数，X Cells、Y Cells 及 Z Cells 分别对应 IJK 参数。

网格的大小对模拟结果具有决定性的影响。网格尺寸过大不能满足精度要求，网格尺寸过小则计算耗时太长，目前的个人计算机允许计算的规模为数百万网格。为此，网格尺寸选择时应注意以下几点。

① 网格应近似为方形，即长宽高三个方向基本相等。这是因为 FDS 默认采

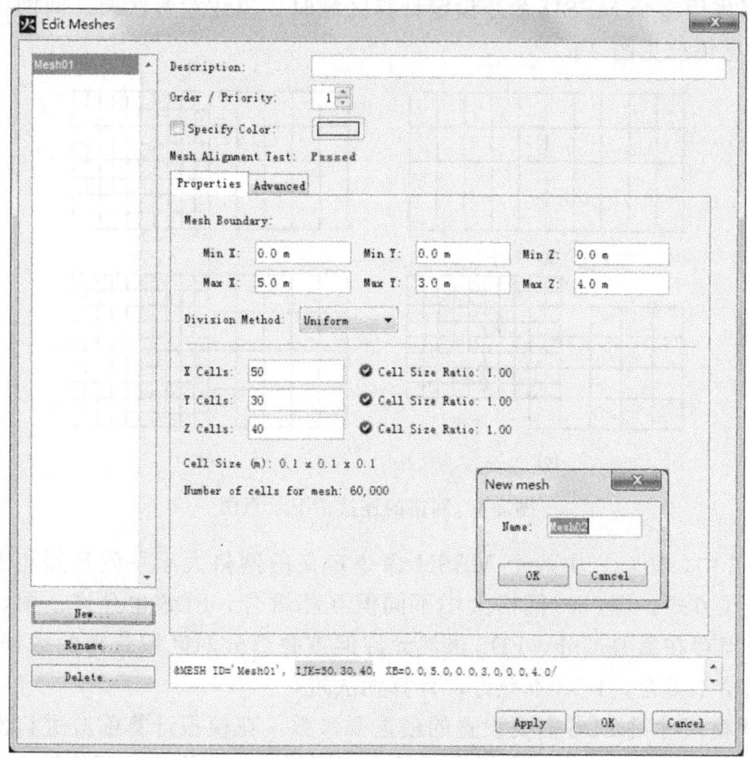


图 2-5　Edit Meshes 对话框

用大涡模拟（LES）技术，基于目前个人计算机的计算能力也只能采用默认设置。而涡的形成取决于网格的最长边大小，从这个意义上说，维持长边不变，减小另外两边的尺寸不会提高模拟精度。

② FDS 在 $y$ 轴和 $z$ 轴上的部分计算采用基于快速傅立叶变换（FFTs）的泊松求解器，这要求 IJK 的第二和第三个数值不能随意设置，而应采用 $2^k\times3^m\times5^n$ 的数，式中 $k$，$m$ 和 $n$ 为整数。1024 以内的可用数值见表 2-2。若不采用表 2-2 的数值，则会造成 FDS 的运行速度下降。$x$ 轴的网格数目无此限制。

**表 2-2　FDS $y$ 轴和 $z$ 轴常用网格数**

| | | | | | | | | | | | | | | |
|---|---|---|---|---|---|---|---|---|---|---|---|---|---|---|
| 2 | 3 | 4 | 5 | 6 | 8 | 9 | 10 | 12 | 15 | 16 | 18 | 20 | 24 | 25 |
| 27 | 30 | 32 | 36 | 40 | 45 | 48 | 50 | 54 | 60 | 64 | 72 | 75 | 80 | 81 |
| 90 | 96 | 100 | 108 | 120 | 125 | 128 | 135 | 144 | 150 | 160 | 162 | 180 | 192 | 200 |
| 216 | 225 | 240 | 243 | 250 | 256 | 270 | 288 | 300 | 320 | 324 | 360 | 375 | 384 | 400 |
| 405 | 432 | 450 | 480 | 486 | 500 | 512 | 540 | 576 | 600 | 625 | 640 | 648 | 675 | 720 |
| 729 | 750 | 768 | 800 | 810 | 864 | 900 | 960 | 972 | 1000 | 1024 | | | | |

③ 当采用多个 MESH 命令设定计算区域时，应注意各区域之间网格的连接情况，常见情况见图 2-6。

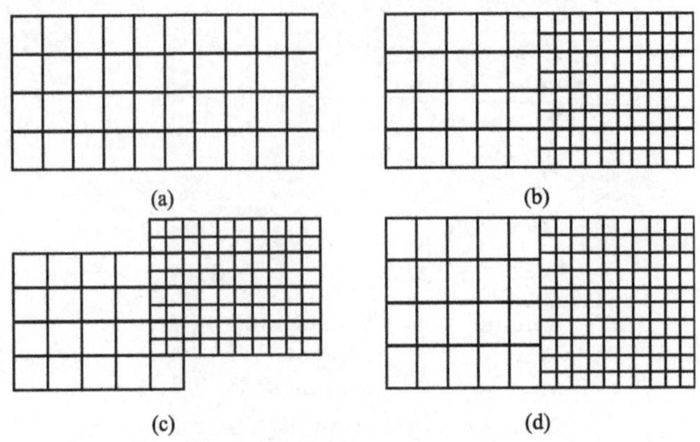


图 2-6 网格的连接情况示意图

图 2-6 中，图(a) 中两个 MESH 命令定义的网格大小一致且互相重合，是较好的连接方式；图(b) 网格大小不同但互相重合，FDS 也允许；图(c) 网格互相重合但存在重叠部分，FDS 虽然允许但重叠部分两区域获得的数据不一致；图(d) 网格不重合，FDS 不允许，计算无法进行。

④ 网格尺寸是 FDS 需要设置的最重要参数，在模拟计算前应进行网格敏感性验证，目的是寻找适合研究场景的最合理网格。一般说来，网格越小，计算精度越高。但试验结果表明，网格过大或过小均会引起较大的计算误差。FDS 计算应先使用较粗糙的网格，然后逐渐细化网格，直至两次模拟的结果比较接近，则可选择最后两次使用的网格尺寸之一作为网格尺寸。

网格敏感性分析表明，网格尺寸的经验值为特征火焰直径的 1/4～1/16 较为合适，应用中可取 1/8～1/12。特征火焰直径 $D^*$ 采用下式计算：

$$D^* = \left(\frac{\dot{Q}}{\rho_\infty c_p T_\infty \sqrt{g}}\right)^{\frac{2}{5}} \tag{2-1}$$

式中 $\dot{Q}$——火源的热释放速率，kW；

$\rho_\infty$——空气密度，取 1.2kg/m$^3$；

$c_p$——空气比热，取 1kJ/(kg·K)；

$T_\infty$——环境空气温度，取 293K；

$g$——重力加速度，取 9.81m/s$^2$。

若网格尺寸取火焰特征直径的 1/10，计算得出的不同火源功率的网格尺寸如图 2-7 所示。

⑤ MESH 命令设置的计算区域为封闭区域，即没有空气和外界流通，火灾

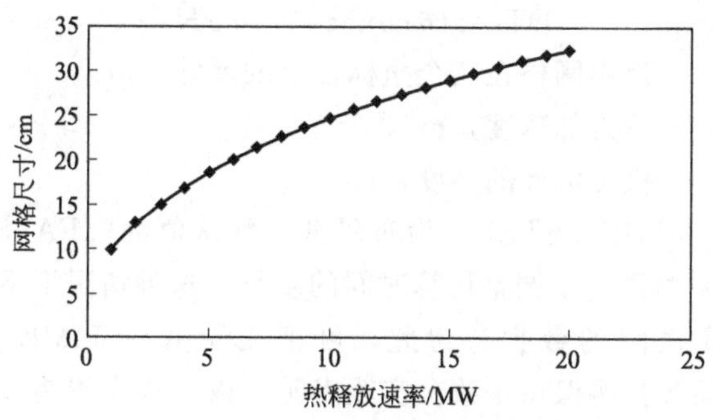


图 2-7 网格尺寸的建议取值

模拟时尚应使用 VENT 命令设置通风口。但两个 MESH 命令设置的计算区域的连接部位默认为连通状态。

⑥ 模拟计算中一般采用均匀网格。当计算区域较大时火源位置可局部加密，加密方法参见 FDS 用户手册；也可以火源部分采用精密网格，其他部位采用相对较为粗糙的网格，精密网格嵌套在粗糙网格内。采用后一种方法进行火灾模拟时，应注意，精细网格的命令行应在粗糙网格之前，例如：

```
&MESH  XB  =10,15,20,23,0,3,IJK=40,12,12/ fire room
&MESH  XB  =0,50,0,30,0,6, IJK=100,60,12/ building
```

### 2.2.3 TIME 命令

TIME 命令用于设置火灾的模拟时间，单位为 s（秒）。火灾的模拟时间是指火灾的持续时间，并非计算机完成相应计算所需的时间。该命令的主要参数包括 T _ BEGIN、T _ END 和 LOCK _ TIME _ STEP。

（1）T _ BEGIN 参数　为火灾的开始时刻，默认为 0s。多数情况下没有必要改变此参数，但有时火灾模拟与实体试验或真实火灾案例作比较时，为了与现场录像显示的时间保持一致，可以改变 T _ BEGIN 参数。

（2）T _ END 参数　用于设置模拟火灾的结束时刻。若 T _ BEGIN 参数采用默认值，T _ END 参数设置的时间即为火灾持续时间。T _ END 在 FDS 早期版本中采用 TWFIN，为 Time When Finished 的缩写，两者含义一致。

若 T _ END 或 TWFIN 设置为 0，FDS 仅创建火灾场景模型，生成 CHID. smv 文件，不进行模拟计算。用户可用 Smokeview 检查生成模型的正确性。

（3）DT 参数　用于设置初始时间步的大小，单位为 s。FDS 计算过程中会自动调整时间步以满足精度要求。该参数一般不用设置，初始时间步采用式（2-2）计算：

$$DT=5(\delta x\delta y\delta z)^{1/3}/\sqrt{gH} \tag{2-2}$$

式中 $x$、$y$、$z$——最小网格在三个坐标轴上的尺寸，m；

$g$——重力加速度，$m/s^2$；

$H$——模拟区域的高度，m。

(4) LOCK _ TIME _ STEP 为布尔型，默认值为“. FALSE. ”，此时 FDS 将根据计算的需要略微自动调整计算时间的步长，这种情况下不利于比较同一工程不同火灾场景之间的数据。为此，可把 LOCK _ TIME _ STEP 设置为“. TRUE. ”，时间步长将保持一致。实践表明，该参数设置为“. TRUE. ”时，有时计算会引起一定的问题，请谨慎使用。

为评估建筑的安全疏散性能，大型体育场馆一般采用“8 分钟疏散”原则，此时可将 TIME 命令设置为：

```
&TIME  T_END=480/
```

Pyrosim 操作方法：点击【Analysis】→【Simulation Parameters...】，弹出 Simulation Parameters 对话框。在 Time 选项卡中，Start Time 为 T _ BEGIN，End Time 为 T _ END，Initial Time Step 对应 DT 参数，Do not allow time step changes 选项对应 LOCK _ TIME _ STEP。

### 2.2.4 MISC 命令

MISC 为 Miscellaneous 的缩写，其含义为“多种多样的、混杂的”。MISC 命令用于设置对火灾模拟有重要影响的全局参数，FDS6.1.1 版其参数多达 73 个，可谓名副其实。通常情况下，一个场景文件只有一个 MISC 命令。该命令的常用参数为 TMPA、HUMIDITY、P _ INF、GVEC、NOISE 和 U0、V0、W0。其他实用参数将在以后各节陆续介绍。

(1) TMPA 参数 用于设置环境温度，单位为℃，默认值为 20℃。

(2) HUMIDITY 参数 用于设置环境湿度，默认值为 40%。

(3) P _ INF 参数 用于设置大气压，单位为 Pa，默认值为 1 个大气压，即 101325Pa。

研究表明，大气压力对火灾情况下烟气的流动规律有较大影响，因此研究西藏等高原火灾的特点时应修改 P _ INF 参数。随着海拔增加，大气压逐渐降低，大气压与海拔高度 $h$ 的关系为：

$$P=101325e^{-\frac{h}{7924}} \tag{2-3}$$

式中，$h$ 为海拔高度，m。

(4) GVEC 参数 设置重力加速度的数值，单位为 $m/s^2$，默认值为 0，0，−9.81。重力加速度的值可为时间或位置的函数。

(5) U0、V0、W0 参数　分别用于设置气流在 $x$ 方向、$y$ 方向和 $z$ 方向的流动速度，单位为 m/s，默认值均为 0。例如，火灾发生时正好为北风，风速 5m/s，设置为：

```
&MISC  MEAN_FORCING(2)=.TRUE.  V0=-5/
```

该参数设置的风速仅在计算的初始时间有效。

(6) NOISE 参数　为布尔型，默认值为".TRUE."，是为了考虑火灾的随机性，这样 FDS 对流场有一个较小的扰动。由于扰动的随机性，若对同一场景进行多次运算，其结果将有略微差别。若多次模拟时想得到相同的模拟结果，或场景设置完全对称时想得到理想的对称流场可将 NOISE 参数设置为".FALSE."。

若要模拟南方夏季火灾，可设置 MISC 为：

```
&MISC  TMPA=38  HUMIDITY=85/
```

若要模拟北方冬季火灾，可设置 MISC 为：

```
&MISC  TMPA=-25  HUMIDITY =20/
```

若要模拟西藏拉萨火灾，可设置 MISC 为：

```
&MISC  P_INF=63925/
```

若要研究完全失重情况下的宇宙飞船火灾，可设置 MISC 为：

```
&MISC  GVEC=0,0,0/
```

Pyrosim 操作方法：点击【Analysis】→【Simulation Parameters...】，弹出 Simulation Parameters 对话框，见图 2-8。在 Environment 选项卡中，Ambient Temperature 为 TMPA，Ambient Pressure 为 P _ INF，Relative Humidity 为 HUMIDITY，Initial Wind Velocity 的三个文本框分别相当于 U0、V0、W0，Specify Gravity 下的三个文本框对应 GVEC 的三个参数值。Pyrosim 不直接支持 NOISE 参数，可在 Misc. 选项卡手工输入，在 Additional Fields 属性中，Record 通过下拉框选 MISC，Name 栏输入 NOISE，Value 栏输入".FALSE."。

### 2.2.5 INIT 命令

INIT 命令用于设置一定区域内的初始条件，其常用参数为 XB 和 TEMPERATURE。前者用于设置区域的范围，设定方法同 MESH 中的 XB。TEMPERATURE 参数用于设置指定区域的温度，单位为℃，默认值为 MISC 命令中 TMPA 参数设定的温度。例如，冬季高层建筑的室内温度高于室外温度，温度的差别将引起室内外的气压差，空气由建筑底部进入，由建筑顶部流出，形成所谓的烟囱效应，模拟烟囱效应的部分命令如下：

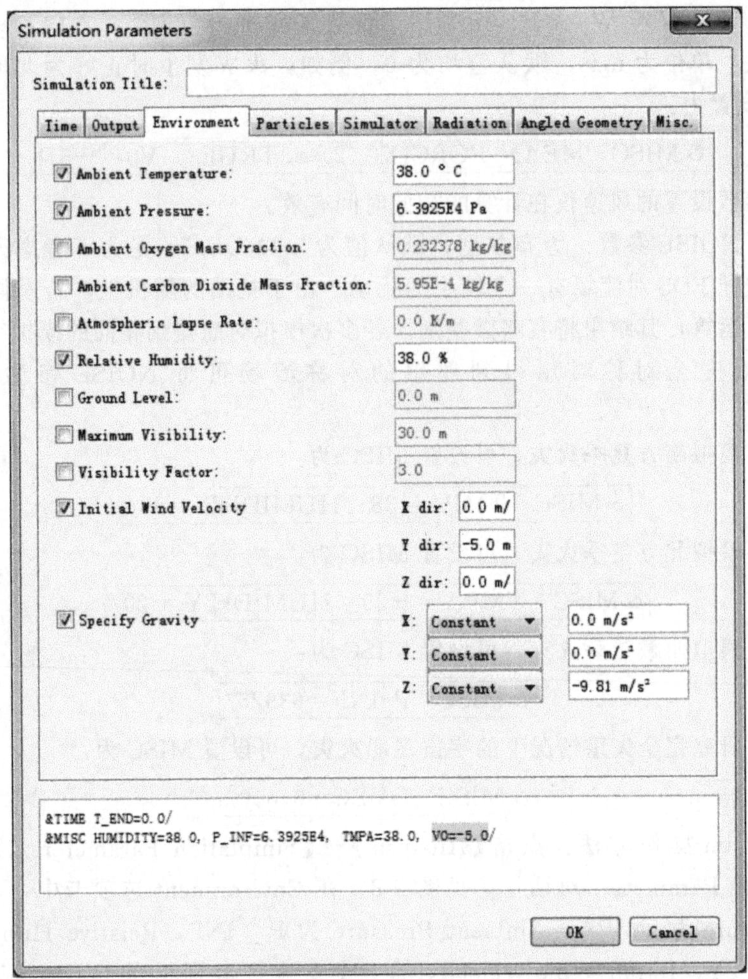


图 2-8　环境参数

```
&HEAD   CHID='stack_effect',TITLE='Test of Stack Effect'/
&MESH   IJK=100,1,400,   XB=0.0,100.0,-1.0,1.0,0.0,400.0/
&TIME   T_END=100.0/
&MISC   TMPA=10./
&INIT   XB=20.0,80.0,-2.0,2.0,0.0,304.0,   TEMPERATURE=50./
&TAIL/
```

Pyrosim 操作方法：点击【Model】→【New Init Region...】或点击工具栏的 ，弹出Initial Region Properties 对话框，见图 2-9。在 Geometry 选项卡中输入区域范围（XB），在 General 选项卡选中 Temperature 文本框并输入温度值（Temperature）。

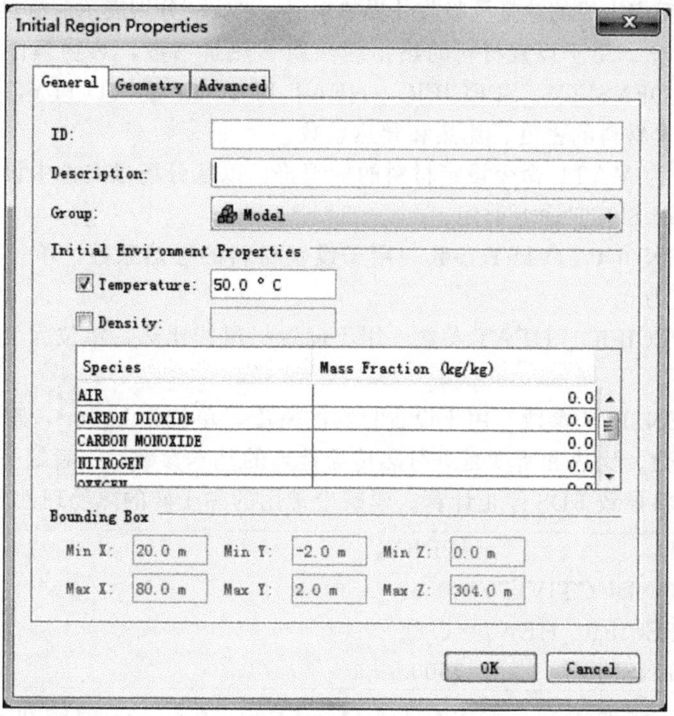

图 2-9 区域初始条件

## 2.3 建筑结构布局设置

建筑结构布局设置是构建火灾场景文件中最烦琐最复杂的工作，其工作量占全部工作量的 70%。该部分的主要工作为确定材料的热物理性质，构建建筑结构、家具和设备，设置火灾场景的边界条件。建筑结构布局涉及的 FDS 命令包括 MATL、SURF、OBST、MULT、HOLE、VENT 和 RAMP。

### 2.3.1 MATL 命令

FDS 将固体的导热简化为一维导热，其导热方程为：

$$\rho_s c_s \frac{\partial T_s}{\partial t}=\frac{\partial}{\partial x}\left(k_s \frac{\partial T_s}{\partial x}\right)+\dot{q}_s''' \tag{2-4}$$

固体表面的边界条件为：

$$k_s \frac{\partial T_s}{\partial x}(0,t)=\dot{q}_c''+\dot{q}_r'''' \tag{2-5}$$

式(2-4) 和式(2-5) 中 $\rho_s$、$c_s$、$k_s$ 分别为固体的密度、比热和导热系数。源项

$\dot{q}'''_s$包括化学反应生成的热量及吸收外界热辐射。$\dot{q}''_c$、$\dot{q}''_r$分别表示对流热和辐射热。

MATL 命令用于设置材料的热物理性质和热解参数，热物理性质涉及的参数包括 ID、DENSITY、SPECIFIC _ HEAT 和 CONDUCTIVITY，其中后三个参数用于设置材料的密度、比热和导热系数。

ID 参数为 MATL 命令设定材料的标识符，以区分场景文件中设定的多种材料，其值将被 SURF 命令引用。

(1) CONDUCTIVITY 参数　用于设置材料的导热系数，单位为 W/(m·K)，默认值为 0。

(2) SPECIFIC _ HEAT 参数　用于设置材料的比热，单位为 kJ/(kg·K)，默认值为 0。

(3) DENSITY 参数　用于设置材料的密度，单位为 $kg/m^3$，默认值为 0。

导热系数、比热和密度是进行热传导计算的基本参数，三者缺一不可，任何参数的缺失将导致 FDS 停止计算。建筑中常用的黏土砖的热物理性质设置如下：

```
&MATL ID               ='BRICK'
      CONDUCTIVITY=0.69
      SPECIFIC_HEAT=0.84
      DENSITY          =1600./
```

Pyrosim 操作方法：点击【Model】→【Edit Materials...】或在导航栏双击 Materials，弹出 Edit Materials 对话框，见图 2-10。在对话框中点击左下角的 New 按钮，弹出 New Material 对话框，输入材料名称 BRICK 并选择材料类型 solid，点击 OK 按钮重新回到 Edit Materials 对话框，在 Thermal Properties 选项卡中，分别输入密度、导热系数和比热的数值。

三个热物理性质参数中，导热系数和比热可以设置为随温度变化，用非连续的特征点来表示。导热系数用 CONDUCTIVITY _ RAMP 引出，比热用 SPECIFIC _ HEAT _ RAMP 引出，两者均使用 RAMP 命令进行设置。例如，混凝土的导热系数随温度变化的关系式为：

$$\lambda(T)=\begin{cases}1.355 & (0<T\leqslant 293)\\ 1.7162-0.001241T & (T>293)\end{cases} \tag{2-6}$$

混凝土的材料性质可设置为：

```
&MATL  ID                      ='CONCRETE'
       CONDUCTIVITY_RAMP       ='c_ramp'
       SPECIFIC_HEAT           =1.14
       DENSITY                 =2500./
&RAMP  ID='c_ramp',T=293,F=1.355/
&RAMP  ID='c_ramp',T=999,F=0.476/
```

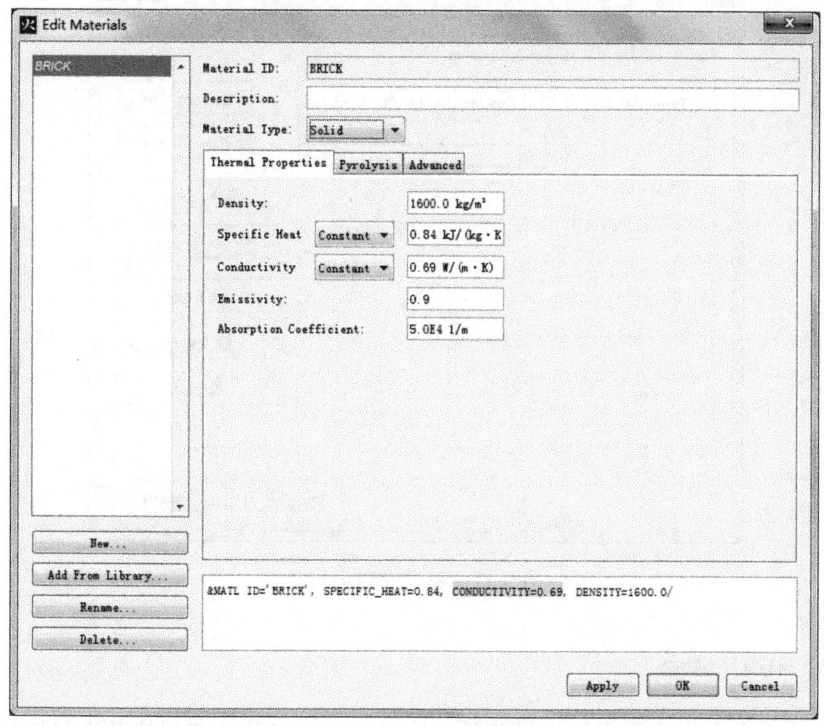


图 2-10　热物理属性

上面两个 RAMP 命令通过 c _ ramp 表明，设置的是导热系数随温度的变化情况。T 表示温度值，F 表示相应温度值下的导热系数，注意温度应采用单调递增的顺序。293℃与 999℃之间采用线性插值，293℃以下采用 1.355，999℃以上采用 0.476。若两变量的关系为曲线变化时，中间应插入多个点以获得较为精确的结果。

Pyrosim 操作方法：点击【Model】→【Edit Materials...】或在导航栏双击 Materials，弹出 Edit Materials 对话框。在对话框中点击左下角的【New】按钮，弹出 New Material 对话框，输入材料名称 CONCRETE 并选择材料类型 solid，点击【OK】按钮重新回到 Edit Materials 对话框，在 Thermal Properties 选项卡中，分别输入密度和比热的数值。导热系数 Conductivity 下拉框中选择自定义（Custom），点击右边【Edit Table...】，弹出 Ramping Function Values 对话框（见图 2-11），Function Input 保持 Temperature 不变，即导热系数为温度的函数。在列表框 Temperature 和 Conductivity 的下面分别输入 293.0 和 1.355，然后点击右侧的 Insert Row 按钮再增加一行，分别输入 999.0 和 0.476。

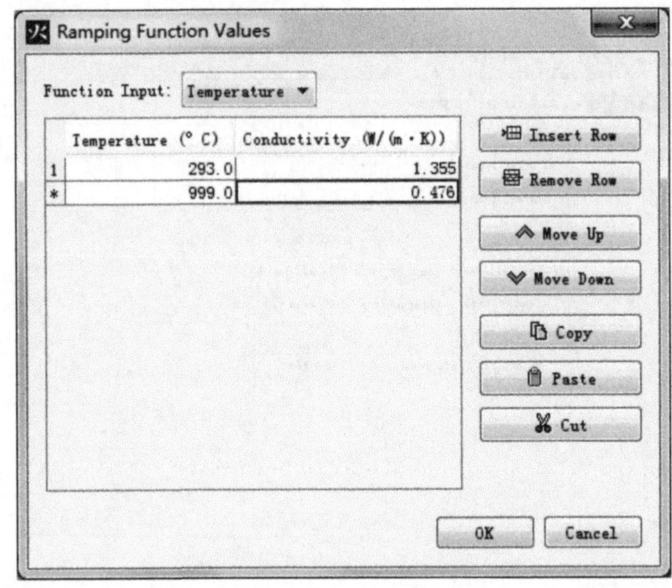


图 2-11 随温度变化的量

### 2.3.2 SURF 命令

SURF 命令用于设定热边界条件，这里的热边界条件与传热学中热边界条件的概念并不一致，可认为是广义的热边界条件。

热边界条件的设置是火灾模拟中最具有挑战性的工作，因为无论是火灾数值模拟还是真实火灾，火灾的发生与发展对材料的热边界条件及材料属性非常敏感，如许多建筑外墙的保温材料使用可燃的聚氨酯泡沫，一旦局部发生火灾，往往沿外墙形成立体燃烧，造成不可估量的损失，而清水砖墙或采用不燃材料进行室外装修的建筑火灾很难沿外墙蔓延。在火灾模拟过程中也发现，对某局部边界条件稍加修改，火灾的性状即有可能发生质的改变。因此，必须充分认知到边界条件设置的重要性。然而由于材料性质的复杂性，读者还应在实践中掌握边界条件的简化方法。遗憾的是，许多材料的热物理参数目前尚不清楚，而且国内外尚无统一的材料热物理性质测试方法。退一步，即使材料的性质完全知道，由于FDS 模型算法及计算机计算能力的限制，也不可能模拟所有真实的现象。如FDS 所有固体的导热分析采用一维导热方程进行计算，该模型对于比较大的场景外边界或墙体尚能说得过去，但用于桌子、沙发和衣柜等众多可燃物实在勉强。

SURF 命令的参数较多，火源和通风也认为是特殊的边界条件，这方面的内容请参照 2.4 节和 3.1 节。这里先介绍 ID、MATL _ ID、THICKNESS、

BACKING、ADIABATIC 和 COLOR、RGB、TEXTURE_MAP、TRANSPARENCY。

（1）ID 参数 为 SURF 命令设定边界条件的标识符，以区分场景文件中设定的多种边界条件，其值将被 OBST、VENT 及 MISC 命令引用。

（2）MATL_ID 参数 用于引用 MATL 命令设置的材料属性。

（3）THICKNESS 参数 用于设置材料的厚度，以备 FDS 一维导热模型使用。计算时，FDS 再将此厚度细分成更小网格，默认情况下为非均匀网格，外部网格小，中间网格大，用户也可用 STRETCH_FACTOR 和 CELL_SIZE_FACTOR 参数控制网格的大小。

以上参数配合使用方能完成边界条件的设置，如 24 砖墙的边界条件可设置为：

```
&MATL  ID              ='BRICK'
       CONDUCTIVITY=0.69
       SPECIFIC_HEAT=0.84
       DENSITY         =1600./
&SURF  ID              ='BRICK  WALL'
       MATL_ID         ='BRICK'
       THICKNESS       =0.24/
```

Pyrosim 操作方法：点击【Model】→【Edit Surfaces...】或在导航栏双击 Surfaces，弹出 Edit Surfaces 对话框，见图 2-12。

在对话框中点击左下角的 New 按钮，弹出 New Surface 对话框，输入边界条件名称（Surface Name）为 BRICK WALL，选择边界条件类型（Surface Type）为“Layered”并点击【OK】按钮，返回到 Edit Surfaces 对话框。在 Material Layers 的第一行，Thickness 下面填 0.24，Material Composition 下面填 1.0 BRICK。Pyrosim 生成的 FDS 命令与上面稍有不同，为：

```
&SURF  ID                         ='BRICK WALL'
       RGB                        =146,202,166
       BACKING                    ='VOID'
       MATL_ID(1,1)               ='BRICK'
       MATL_MASS_FRACTION(1,1)    =1.0
       THICKNESS(1)               =0.24/
```

但其表示的 FDS 命令含义没有变化。

事实上，实际材料的组成是复杂的。就建筑结构而言，构件往往由多层组成，而每层还可能不止一种材料。如图 2-13 所示，墙体由两部分组成，第二层为黏土砖，不考虑砌墙用的砂浆，因为与砖比砂浆含量微不足道；砖的外侧用水

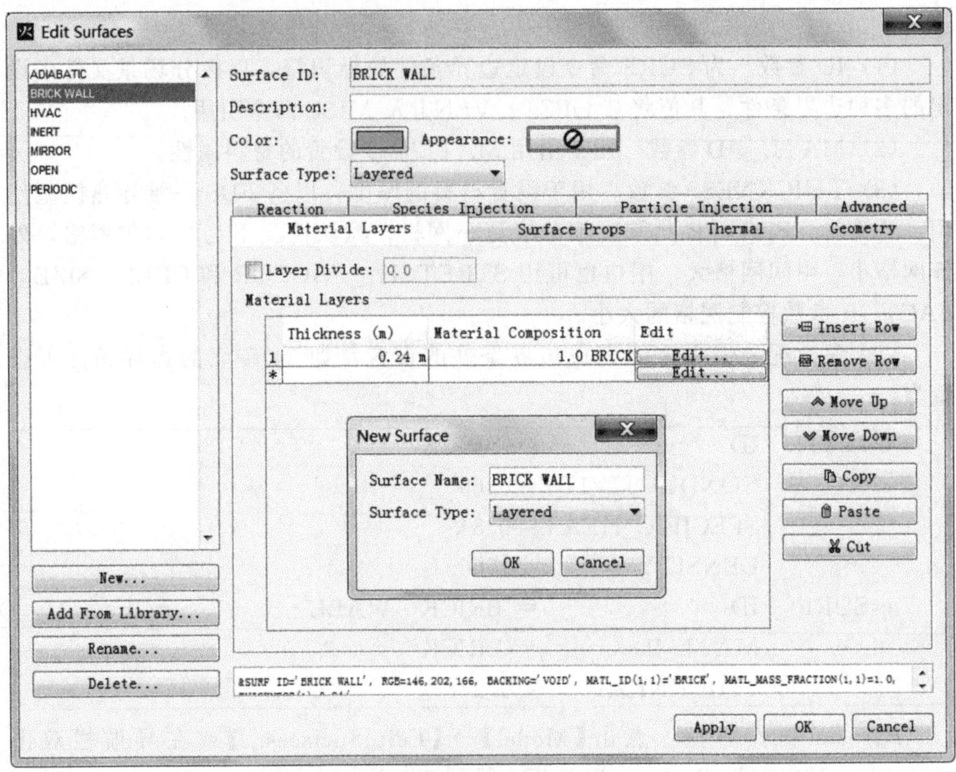


图 2-12　边界条件设置

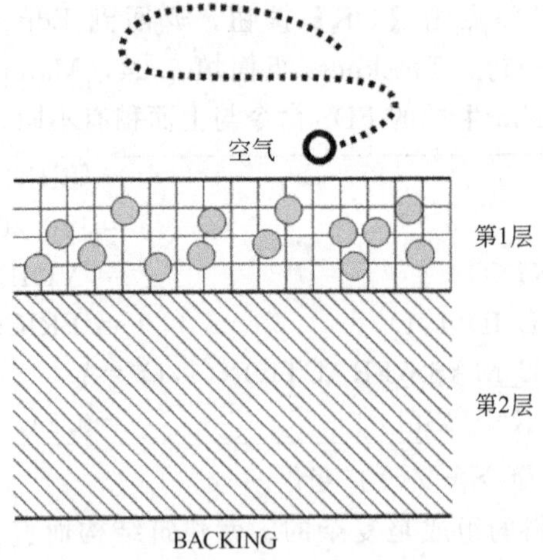


图 2-13　复杂边界条件

泥砂浆抹面，即第一层，该层又包含三种材料，水、沙子和水泥石。

复杂边界条件的设置仍采用 MATL _ ID 参数，其形式为 MATL _ ID（IL，IC）。这种表示形式其实是多维数组，其中 IL（Index of Layer）为层的索引，最外层为 1，向里依次递增。IC（Index of Component）为材料种类的索引，仍由 1 开始。图 2-13 所示的墙的边界条件可表示为：

```
&MATL ID              ='BRICK'
      CONDUCTIVITY=0.69
      SPECIFIC_HEAT=0.84
      DENSITY         =1600./
&MATL ID              ='WATER'
      CONDUCTIVITY=0.60
      SPECIFIC_HEAT=4.19
      DENSITY         =1000./
&MATL ID              ='SAND'
      CONDUCTIVITY=1.20
      SPECIFIC_HEAT=0.96
      DENSITY         =2700./
&MATL ID              ='CEMENT'
      CONDUCTIVITY=1.20
      SPECIFIC_HEAT=0.88
      DENSITY         =2200./
&SURF ID                                    ='wall'
      MATL_ID(1,1:3)                        ='CEMENT','SAND','WATER '
      MATL_MASS_FRACTION(1,1:3) =0.3,0.65,0.05
      MATL_ID(2,1)                          ='BRICK'
      THICKNESS(1:2)                        =0.02,0.24/
```

上述命令段中第 1 层由水泥石、砂和水三种材料组成，三种材料质量的百分比分别为 30%、65% 和 5%。第 2 层只有一种材料砖，两层的厚度分别为 2cm、24cm。

Pyrosim 操作方法：点击【Model】→【Edit Surfaces...】或在导航栏双击 Surfaces，弹出 Edit Surfaces 对话框。在对话框中点击左下角的【New】按钮，弹出 New Surface 对话框，输入边界条件名称“wall”，选择边界条件类型为“Layered”并点击【OK】按钮，返回到 Edit Surfaces 对话框。在 Material Layers 的第一行，Thickness 下面填 0.02，见图 2-14，点击右侧的【Edit...】，弹出 Composition 对话框，点击右上侧的 Insert Row 两次，分别输入三种材料的质量百分比和材料名称，见图 2-15，然后点击【OK】返回 Edit Surfaces 对话

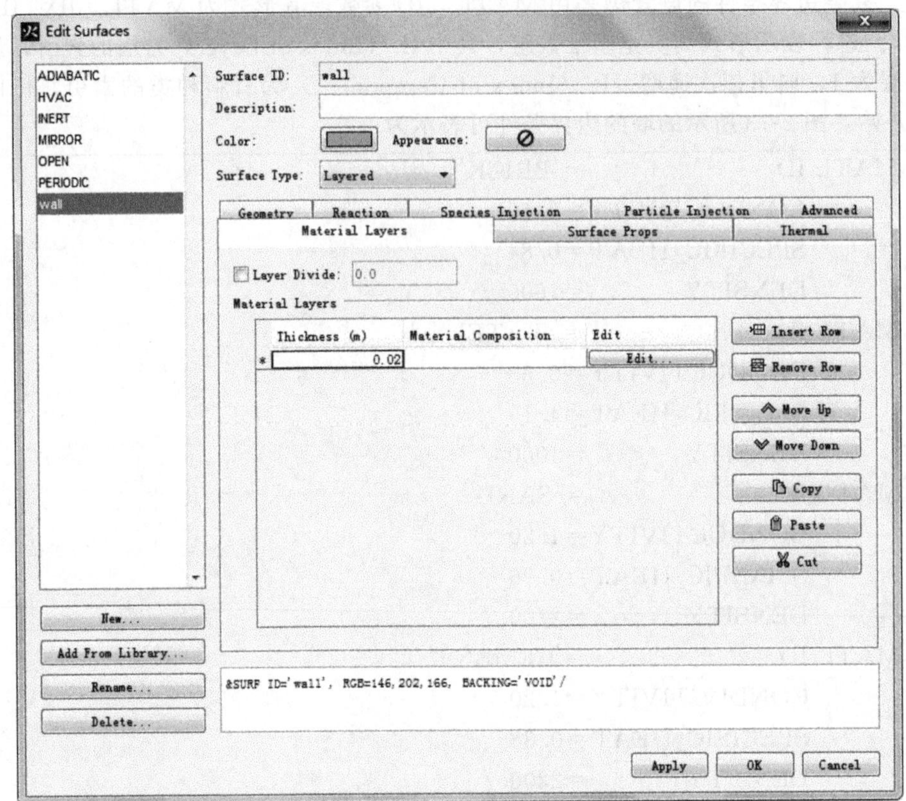


图 2-14　wall 设置

框。在 Material Layers 再增加一行，Thickness 下面填 0.24，Material Composition 下面填 1.0 BRICK。

当一层由多种材料组成时，该层材料总的密度、导热系数和比热由各组成材料加权平均计算得出。采用 MATL _ MASS _ FRACTION 参数定义的每种材料的质量百分比为 $Y_\alpha$，用 DENSITY 设定的密度为 $\rho_\alpha$，则该层的密度 $\rho_s$ 为：

$$\rho_s = \sum_\alpha \frac{Y_\alpha}{\rho_\alpha} \tag{2-7}$$

令 $\rho_{s,\alpha}=\rho_s Y_\alpha$，则各组成材料的体积比 $X_\alpha$ 为：

$$X_\alpha = \frac{\rho_{s,\alpha}}{\rho_\alpha} \Bigg/ \sum_{\alpha'=1}^{N_m} \frac{\rho_{s,\alpha'}}{\rho_{\alpha'}} \tag{2-8}$$

式中，$N_m$ 为材料总数；$\alpha'$ 为材料序号。若用 CONDUCTIVITY 设定的各组成材料的导热系数为 $k_{s,\alpha}$，用 SPECIFIC _ HEAT 设定的各组成材料的比热为

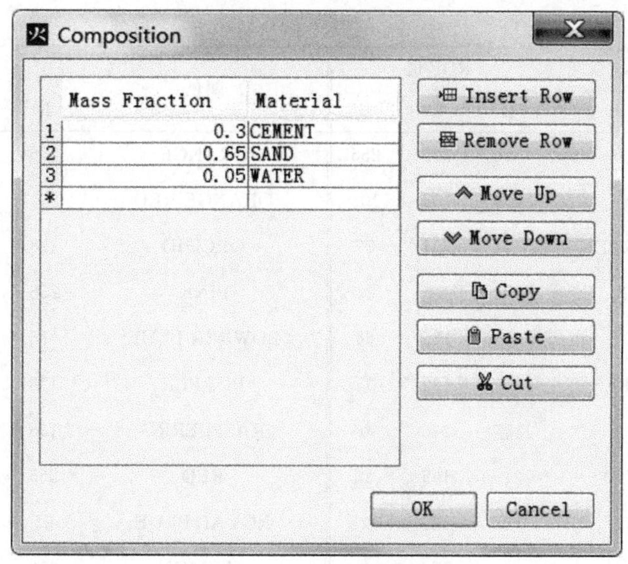


图 2-15 复杂材料设置

$c_{s,\alpha}$，则该层的导热系数 $k_s$ 为：

$$k_s = \sum_{\alpha=1}^{N_m} X_\alpha k_{s,\alpha} \tag{2-9}$$

该层的比热 $c_s$ 为：

$$c_s = \sum_{\alpha=1}^{N_m} \rho_{s,\alpha} c_{s,\alpha} / \rho_s \tag{2-10}$$

(4) COLOR 和 RGB 参数　均用于设置边界条件的颜色以在 Smokeview 中区分不同的边界条件。合理设定颜色不仅是区分边界条件的需要，而且使人看到模型后赏心悦目，体现工程技术的艺术性。COLOR 参数为字符串型，其值必须为 FDS 预设定的颜色，常见颜色见表 2-3。RGB 用三个整数表示颜色，这三个

**表 2-3　FDS 常用颜色一览表**

| 颜色 | RGB 值 | | | 颜色 | RGB 值 | | |
|---|---|---|---|---|---|---|---|
| | R | G | B | | R | G | B |
| AQUAMARINE | 127 | 255 | 212 | BROWN | 165 | 42 | 42 |
| ANTIQUE WHITE | 250 | 235 | 215 | BURNT SIENNA | 138 | 54 | 15 |
| BEIGE | 245 | 245 | 220 | BURNT UMBER | 138 | 51 | 36 |
| BLACK | 0 | 0 | 0 | CADET BLUE | 95 | 158 | 160 |
| BLUE | 0 | 0 | 255 | CHOCOLATE | 210 | 105 | 30 |
| BLUE VIOLET | 138 | 43 | 226 | COBALT | 61 | 89 | 171 |
| BRICK | 156 | 102 | 31 | CORAL | 255 | 127 | 80 |

续表

| 颜色 | RGB值 | | | 颜色 | RGB值 | | |
|---|---|---|---|---|---|---|---|
| | R | G | B | | R | G | B |
| CYAN | 0 | 255 | 255 | ORANGE | 255 | 128 | 0 |
| DIMGRAY | 105 | 105 | 105 | ORANGE RED | 255 | 69 | 0 |
| EMERALD GREEN | 0 | 201 | 87 | ORCHID | 218 | 112 | 214 |
| FIREBRICK | 178 | 34 | 34 | PINK | 255 | 192 | 203 |
| FLESH | 255 | 125 | 64 | POWDER BLUE | 176 | 224 | 230 |
| FOREST GREEN | 34 | 139 | 34 | PURPLE | 128 | 0 | 128 |
| GOLD | 255 | 215 | 0 | RASPBERRY | 135 | 38 | 87 |
| GOLDENROD | 218 | 165 | 32 | RED | 255 | 0 | 0 |
| GRAY | 128 | 128 | 128 | ROYAL BLUE | 65 | 105 | 225 |
| GREEN | 0 | 255 | 0 | SALMON | 250 | 128 | 114 |
| GREEN YELLOW | 173 | 255 | 47 | SANDY BROWN | 244 | 164 | 96 |
| HONEYDEW | 240 | 255 | 240 | SEA GREEN | 84 | 255 | 159 |
| HOT PINK | 255 | 105 | 180 | SEPIA | 94 | 38 | 18 |
| INDIAN RED | 205 | 92 | 92 | SIENNA | 160 | 82 | 45 |
| INDIGO | 75 | 0 | 130 | SILVER | 192 | 192 | 192 |
| IVORY | 255 | 255 | 240 | SKY BLUE | 135 | 206 | 235 |
| IVORY BLACK | 41 | 36 | 33 | SLATEBLUE | 106 | 90 | 205 |
| KELLY GREEN | 0 | 128 | 0 | SLATE GRAY | 112 | 128 | 144 |
| KHAKI | 240 | 230 | 140 | SPRING GREEN | 0 | 255 | 127 |
| LAVENDER | 230 | 230 | 250 | STEEL BLUE | 70 | 130 | 180 |
| LIME GREEN | 50 | 205 | 50 | TAN | 210 | 180 | 140 |
| MAGENTA | 255 | 0 | 255 | TEAL | 0 | 128 | 128 |
| MAROON | 128 | 0 | 0 | THISTLE | 216 | 191 | 216 |
| MELON | 227 | 168 | 105 | TOMATO | 255 | 99 | 71 |
| MIDNIGHT BLUE | 25 | 25 | 112 | TURQUOISE | 64 | 224 | 208 |
| MINT | 189 | 252 | 201 | VIOLET | 238 | 130 | 238 |
| NAVY | 0 | 0 | 128 | VIOLET RED | 208 | 32 | 144 |
| OLIVE | 128 | 128 | 0 | WHITE | 255 | 255 | 255 |
| OLIVE DRAB | 107 | 142 | 35 | YELLOW | 255 | 255 | 0 |

字母分别表示红色（RED）、绿色（GREEN）和蓝色（BLUE）。整数值的范围为0～255，0表示无此颜色，255表示完全颜色。比如红色可表示为255，0，0，蓝色可表示为0，0，255，灰色为128，128，128。在选择颜色时注意，应尽量不使用红、黄、蓝、绿、紫等基本颜色，因为这些颜色 Smokeview 有固定的用处。

Pyrosim 操作方法：点击【Model】→【Edit Surfaces...】或在导航栏双击 Surfaces，弹出 Edit Surfaces 对话框。点击【Color】右侧的按钮弹出 Color 对话框，见图 2-16，在该对话框中可通过输入 RGB 值、调色板 Palette 及拖到滑块 Sliders 三种方式输入颜色参数。Pyrosim 不支持直接选择 FDS 预设定颜色。

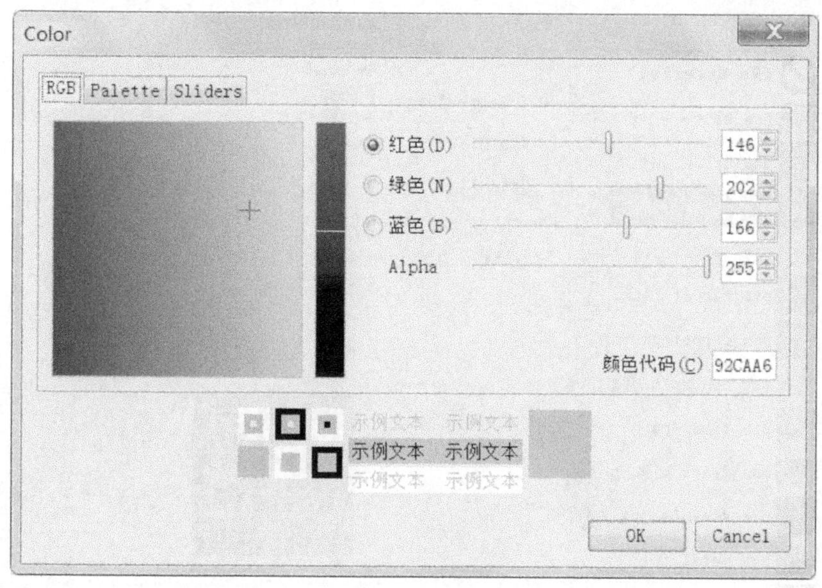


图 2-16 颜色设定

（5）TEXTURE _ MAP 参数 除指定颜色外，为美化显示效果，FDS还利用 TEXTURE _ MAP 参数提供贴图功能。该参数为一字符串类型，用于存放图片的文件名，例如：

```
&SURF ID             ='TV '
      TEXTURE_MAP    ='TV. JPG '
      TEXTURE_WIDTH  =2
      TEXTURE_HEIGHT =1/
```

上例中 TEXTURE _ WIDTH 参数用于设定图片的宽度，TEXTURE _ HEIGHT 参数用于设置图片的高度。

注意，Smokeview 启动时，默认不显示 SURF 命令设置的图片。要想显示设置的图片，必须通过 Smokeview 的菜单 Show/Hide 选择显示图片。

Pyrosim 操作方法：点击【Model】→【Edit Surfaces...】或在导航栏双击 Surfaces，弹出 Edit Surfaces 对话框。点击 Appearance 右侧的按钮 ⊘ 弹出 Pick an Appearance 对话框（见图 2-17），在该对话框左侧的图片列表框选择图片或通过左下侧的【Import...】按钮导入图片，选择的图片名即为 TEXTURE _ MAP 的值，Width 和 Hight 分别为 TEXTURE _ WIDTH、TEXTURE _ HEIGHT 的值，Opacity 为透明度参数 TRANSPARENCY 的值。

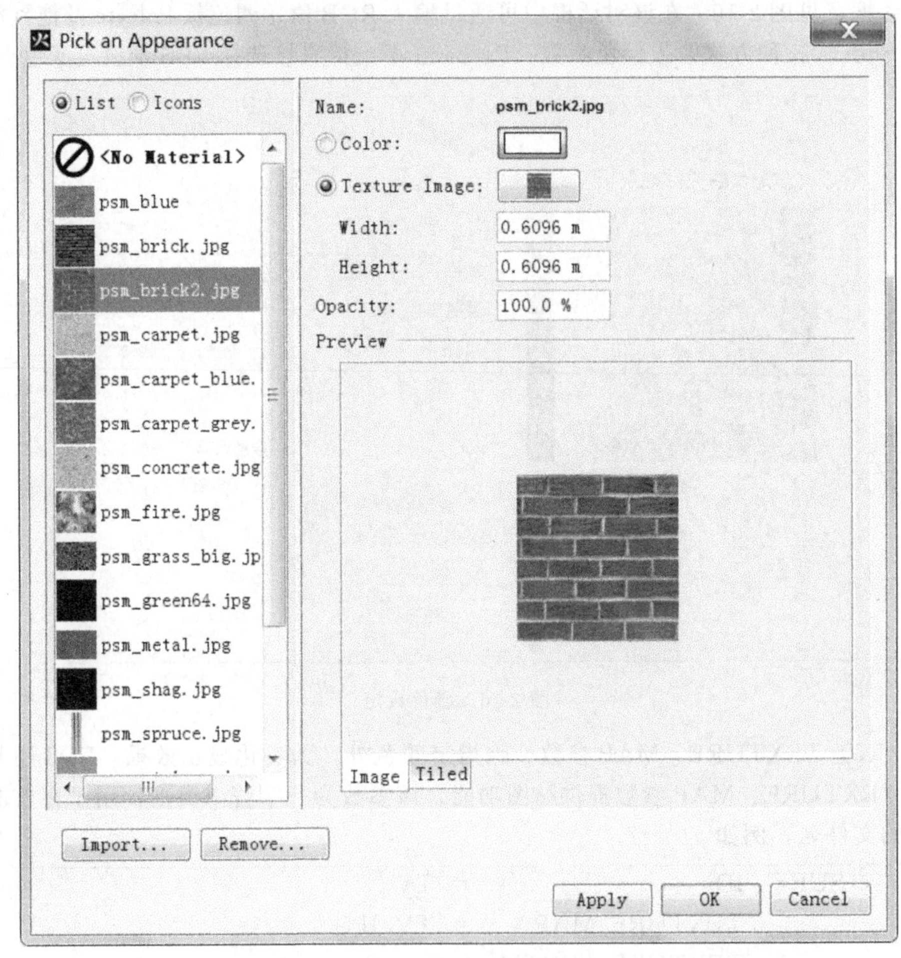


图 2-17　物体贴图

（6）TRANSPARENCY 参数　用于设定透明度，值的范围为 0～1，0 表示完全透明，1 表示不透明。该参数必须和设置颜色的参数配合使用才有效，例如：

```
&SURF  COLOR='TOMATO',TRANSPARENCY=0.6/
```

（7）常用的简单热边界条件　火灾模拟过程中，若不使用 SURF 命令设置热边界条件，FDS 默认的固体热边界条件为 INERT，INERT 为固定温度热边界条件，温度值为 MISC 命令设置的 TMPA。热边界条件为 INERT 的物体不会发生热解反应，但与环境之间存在导热现象，导热公式为：

$$q_{wall}=q_{conv}+q_{rad}=h(T_{gas}-T_{wall})+q_{rad,in}-\varepsilon\sigma T_{wall}^4 \tag{2-11}$$

式中，$h$ 为对流换热系数，单位为 $W/m^2/K$，其值为：

$$h=\max\left[C_1\ |\Delta T|^{\frac{1}{3}},\frac{k}{L}C_2 Re^{\frac{4}{5}} Pr^{\frac{1}{3}}\right] \tag{2-12}$$

式中　$C_1$——自然对流系数，水平面取 1.52，竖直面取 1.31；

$\Delta T$——物体与环境气流的温度差；

$k$——环境空气的导热系数；

$L$——与物体尺寸有关的特征长度，通常取 1m；

$C_2$——强制对流系数，FDS 默认 0.037；

$Re$——雷诺数，取决于物体周围空气的流速；

$Pr$——普朗特数，取决于物体周围空气的流速。

除 FDS 默认的 INERT 外，用户还可使用三种简单热边界条件。

① 固定温度热边界条件　&SURF　TMP _ FRONT＝45/定义物体表面的温度为 45℃。

Pyrosim 操作方法：点击【Model】→【Edit Surfaces...】或在导航栏双击 Surfaces，弹出 Edit Surfaces 对话框。在对话框中点击左下角的【New】按钮，弹出 New Surface 对话框，输入边界条件名称，选择边界条件类型为“Heater/Cooler”并点击【OK】按钮，返回到 Edit Surfaces 对话框。在 Thermal 选项卡中的 Boundary Condition Model 下拉框选中 Fixed Temperature，Surface Temperature 文本框输入温度值 45，即为 TMP _ FRONT 的值，见图 2-18。

② 固定热流热边界条件　这种热边界条件又分成两种情况：

&SURF NET _ HEAT _ FLUX＝200/ 表明物体以 200kW/m² 向外传递热量，包括对流换热和辐射热两部分热量之和。

```
&SURF  CONVECTIVE_HEAT_FLUX=120
       TMP_FRONT=90
       EMISSIVITY=0.6/
```

这种定义方式把对流换热和辐射热分别设定，对流换热为 120W/m²，辐射换热按 90℃计算，辐射系数为 0.6。

Pyrosim 操作方法：点击【Model】→【Edit Surfaces...】或在导航栏双击 Surfaces，弹出 Edit Surfaces 对话框。在对话框中点击左下角的【New】按钮，弹出 New Surface 对话框，输入边界条件名称，选择边界条件类型为“Heater/

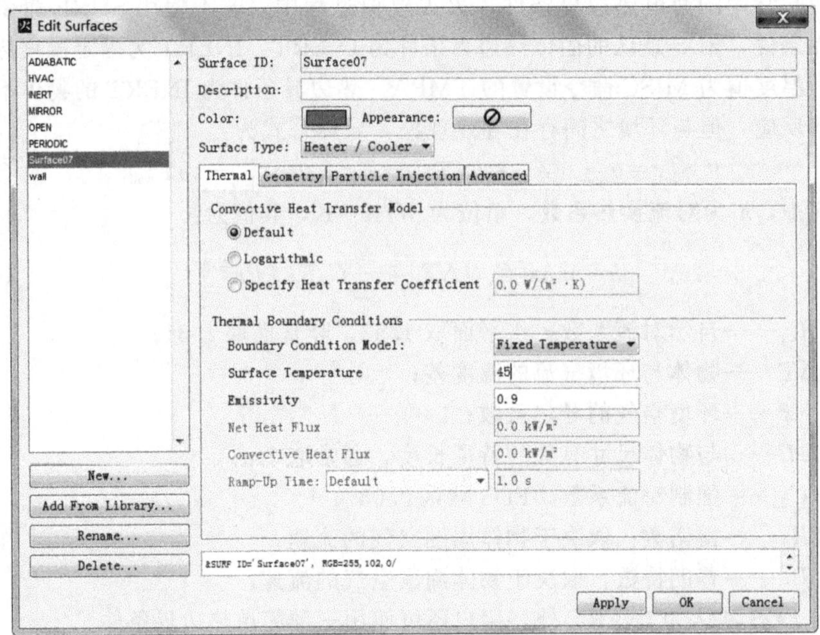


图 2-18　固定温度热边界条件

Cooler”并点击【OK】按钮，返回到 Edit Surfaces 对话框。在 Thermal 选项卡中的 Boundary Condition Model 下拉框选“Net Heat Flux”，Net Heat Flux 文本框输入 200，即为 NET_HEAT_FLUX 的值，见图 2-19。若 Boundary Condition Model 下拉框选 Total Heat Flux，Surface Temperature 文本框输入温度值 90，Convective Heat Flux 文本框输入 120，Emissivity 文本框输入 0.6。

③ 绝缘热边界条件　绝缘意味着物体与周围环境不发生热交换，用 ADIABATIC 参数设定，其默认值为“.FALSE.”，绝缘边界条件的设置方法为：

```
&SURF  ADIABATIC=.TRUE./
```

在 Pyrosim 中绝缘热边界条件为保留参数，见图 2-19 左侧边界条件列表框最上端，可以直接引用，不需定义。

(8) BACKING 参数　FDS 的传热模型为一维导热，在表面通过对流换热及辐射换热进行热传递，然后采用设定的密度、导热系数和比热进行导热计算，当计算到另一侧时，可用 BACKING 参数设置该侧的热边界条件。该参数为字符型类型，可选项有三个：VOID、INSULATED、EXPOSED。

① VOID 意味着内侧为固定温度热边界条件，温度值采用 TMP_BACK 设定，若不设定，缺省值为 MISC 命令设置的 TMPA。

② INSULATED 表示传热条件为绝热。

③ EXPOSED 表示和对面房间的气体进行传热计算，设置该参数值的前提

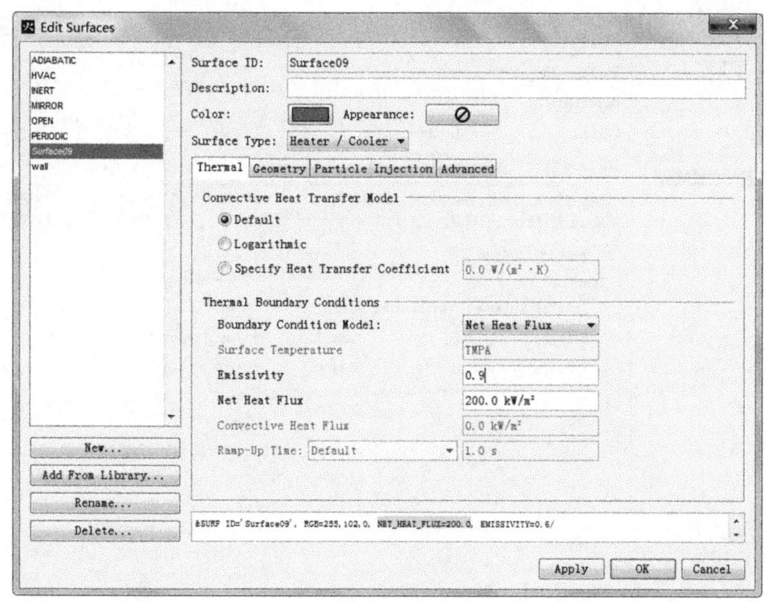


图 2-19 固定热流热边界条件

条件是物体的厚度小于等于网格尺寸。

若火灾模型中物体的尺寸小于等于网格尺寸，默认值为 EXPOSED；若物体的尺寸大于网格尺寸或者物体位于 &MESH 命令定义的外边界，则默认值为 VOID。

Pyrosim 操作方法：点击【Model】→【Edit Surfaces...】或在导航栏双击 Surfaces，弹出 Edit Surfaces 对话框。在 Surface Props 选项卡中，Backing 的值即为 BACKING 参数，“Air Gap”为 VOID，见图 2-20。

客观地讲，若火灾模拟的目的是判定建筑的安全疏散条件，进行如此复杂的边界条件设置几乎没有任何实际意义。例如，若室内温度按标准升温曲线考虑，计算热量对钢筋混凝土柱的传热情况。10min 后距离表面 1cm 处的温度为 291℃、3cm 处的温度为 84℃、5cm 处的温度仅 34℃。只要建筑按现行防火规范进行疏散设计，人员 10min 内必能疏散至安全区域。在如此短的时间内建筑构件吸收的热量比通过通风口排出的热量微不足道。从这个意义上说，火灾模拟还需要大量的实践经验进行模型简化。FDS 在其免责声明中开宗明义言到：FDS 的所有计算结果均需通过火灾领域资深专家的评估，因此火灾模拟技术的学习不仅要熟悉火灾相关领域的基础知识、掌握 FDS 的理论基础和命令使用方法，更需要的是通过火灾试验、不同火灾预测工具的比较等手段逐渐积累实践经验。

(9) 默认热边界条件的设定 FDS 的默认热边界条件可用 MISC 命令的 SURF_DEFAULT 参数进行更换，如将砖墙设置为默认热边界条件，命令段

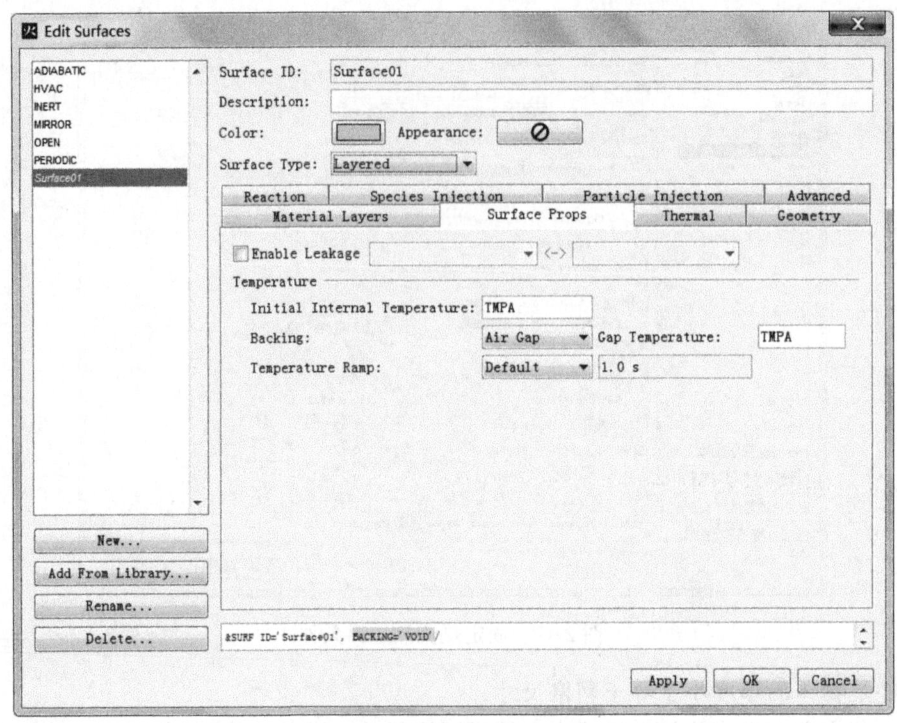


图 2-20 后部热边界条件

如下：

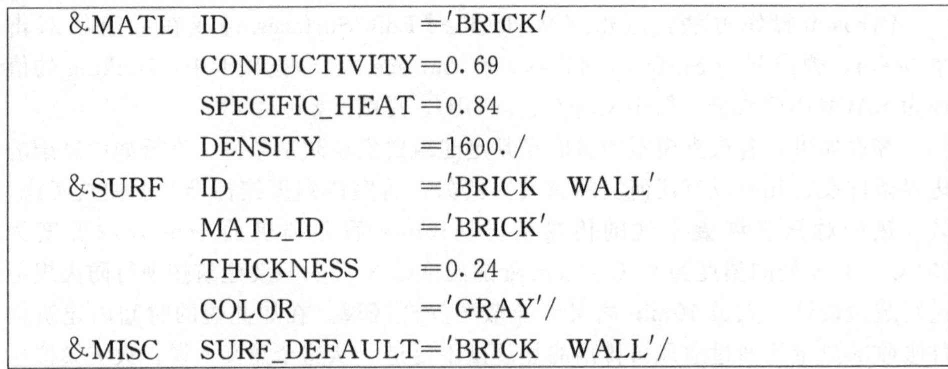

```
&MATL  ID             ='BRICK'
       CONDUCTIVITY=0.69
       SPECIFIC_HEAT=0.84
       DENSITY        =1600./
&SURF  ID             ='BRICK  WALL'
       MATL_ID        ='BRICK'
       THICKNESS      =0.24
       COLOR          ='GRAY'/
&MISC  SURF_DEFAULT='BRICK  WALL'/
```

Pyrosim 操作方法：点击【Analysis】→【Simulation Parameters...】，弹出 Simulation Parameters 对话框，在 Misc. 选项卡中，在 Default Surface Type 下拉框中选择“BRICK WALL”，见图 2-21。

（10）圆柱形或球形物体的导热计算　尽管 FDS 只能采用长方体表示各种物体，但在实际应用中经常会遇到圆形物体，如电缆、长管及通风管道等。这些物体虽无法在 FDS 中显示为圆柱体，但却能采用圆柱的一维导热计算，如某 PVC

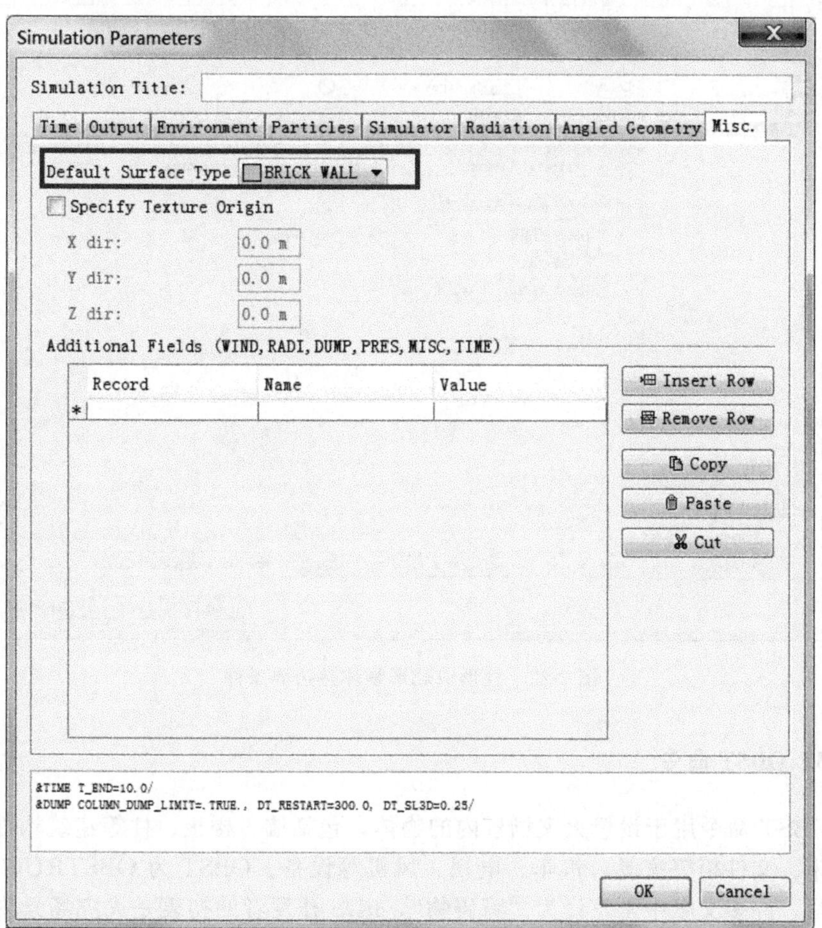


图 2-21　默认热边界条件

竖管的边界条可设定为：

```
&SURF ID           ='TUBE'
      MATL_ID      ='PVC'
      THICKNESS    =0.005
      COLOR        ='WHITE'
      GEOMETRY     ='CYLINDRICAL'/
```

Pyrosim 操作方法：点击【Model】→【Edit Surfaces...】或在导航栏双击 Surfaces，弹出 Edit Surfaces 对话框。在 Geometry 选项卡中，Geometry 下拉框的值设置为“Cylindrical”，见图 2-22。

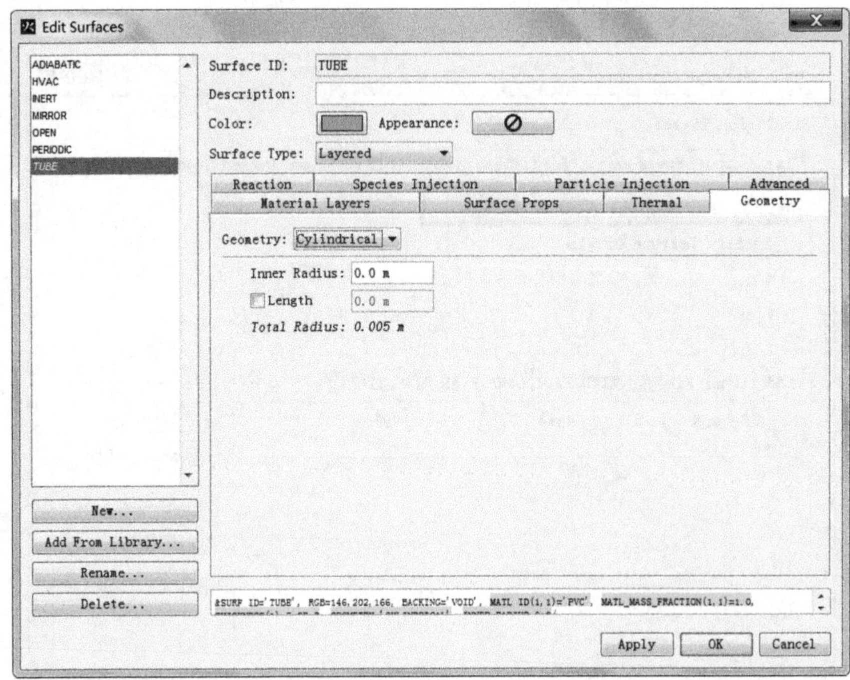


图 2-22　柱形或球形物体热边界条件

### 2.3.3　OBST 命令

OBST 命令用于设置火灾场景内的物体，包括墙、楼板、柱等建筑构件，桌子、床、文件柜等家具，汽车、电视、风机等设备。OBST 为 OBSTRUCTION 的缩写，许多文献中常直译为“障碍物”，FDS 开发者的初衷是火灾场景内的任何物体均是烟气流动的“障碍物”，因此采用了 OBSTRUCTION 这一词汇。

OBST 命令的常用参数为 XB、SURF_ID、SURF_IDS、SURF_ID6、COLOR、RGB、TRANSPARENCY。其中 COLOR、RGB 和 TRANSPARENCY 参数与 SURF 命令的相关参数含义相同。

(1) XB 参数　用于设置物体的位置和大小。在火灾场景设置中，首先应明确火灾模拟的目的，为了达到该目的，建筑内哪些物体需要考虑，哪些物体可以忽略。例如，研究电影院的烟气扩散对人员疏散的影响，其内部座椅的设置如不是出于美观的需要，一个也不用设置。因为即使设置了，这些座椅对烟气扩散也没有太大影响。如果是研究电影院座位起火后，火灾的发展和蔓延，不仅要设置座椅的位置，还要详细设置座椅的热边界条件。

如图 2-23 所示的建筑，两房间之间的隔墙可能很薄，但肯定影响烟气的蔓延，所以必须至少设置一个网格的尺寸。桌子和椅子的框架可以不设置，桌面、

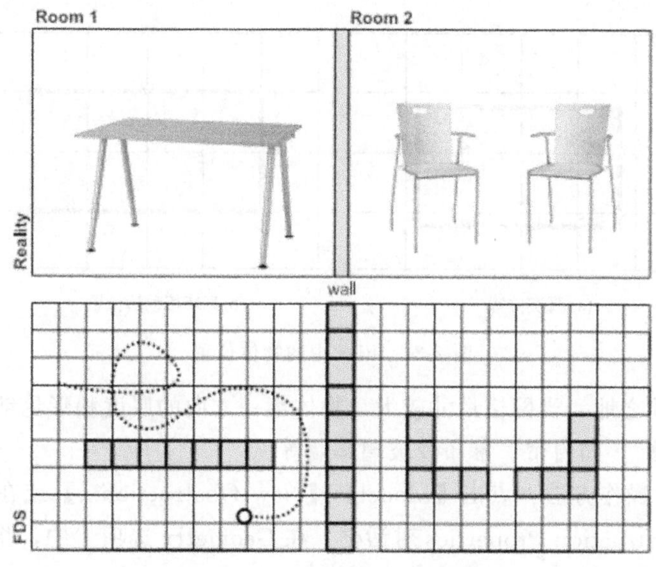


图 2-23 FDS 火灾场景的简化

椅子面和靠背根据实际尺寸进行设置。

确定物体位置时，应注意 XB 参数中的六个数必须和网格大小保持一致，即每个数值均要为网格尺寸的整数倍。例如，一个物体 $x$ 方向的尺寸为 0.32m，若 $x$ 方向的网格大小设置为 0.1m，OBST 可这样设置：

```
&OBST  XB=0.2,0.5,0.2,0.4,0,0.6/x 方向设置尺寸为 0.3m
```

若 $x$ 方向的网格大小设置为 0.2m，OBST 可设置为：

```
&OBST  XB=0.2,0.4,0.2,0.4,0,0.6/x 方向设置尺寸为 0.2m
```

或者作如下设置：

```
&OBST  XB=0.2,0.6,0.2,0.4,0,0.6/x 方向设置尺寸为 0.4m
```

若不主动采取符合网格的尺寸，FDS 将自动调整，这种情况下用户不易清楚设置物体的真实位置。如图 2-24 所示，图(a) 为物体的真实位置，图(b) 为 FDS 调整后物体的位置。在复杂 FDS 模型建立时，建筑的结构图可由辅助建模工具软件导入，这时所有 OBST 命令均是软件自动生成的，这样制作出来的场景文件在正式火灾模拟前应检查物体之间的连贯性，看是否有自动生成的“空隙”产生，以防止模拟时出现漏烟现象。

既然 OBST 定义的是三维物体，当然长宽高尺寸理应俱全。然而 FDS 颇为大度，居然网开一面允许“片状”物体，即某一方向的物体厚度为零。这种功能

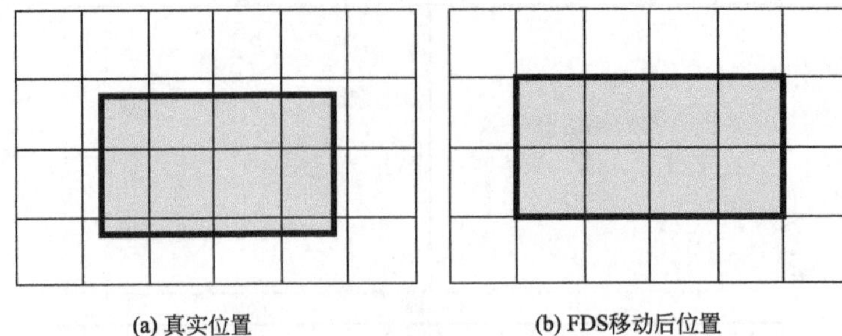


图 2-24　FDS 中的物体位置

也并非无用武之地，当网格尺寸较大，物体某一方向的厚度相形见绌时即可简化成“片状物体”，如窗帘、幕布及玻璃幕墙等。

Pyrosim 操作方法：点击【Model】→【New Obstruction...】或在工具栏点击 ，弹出 Obstruction Properties 对话框。在 Geometry 选项卡中，将 XB 参数的六个值依次填入 Min X、Max X、Min Y、Max Y、Min Z、Max Z，例如 XB=0.2，0.5，0.2，0.4，0，0.6/的输入值见图 2-25。

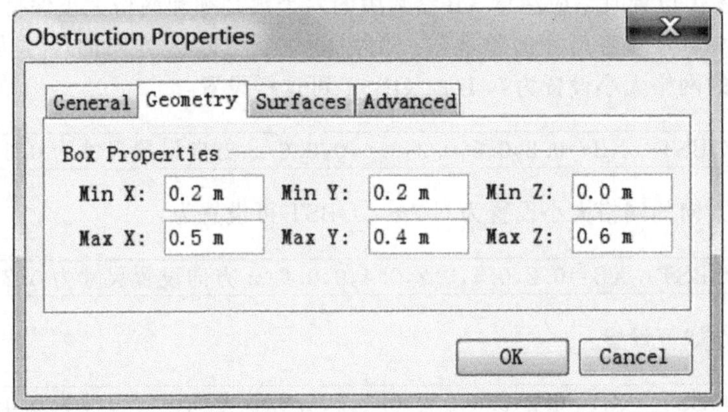


图 2-25　XB 参数

(2) SURF _ ID、SURF _ IDS 和 SURF _ ID6 参数　这三个参数用于为 OBST 物体引用 SURF 命令设置好的边界条件。SURF _ ID 表示物体的所有表面均采用相同的边界条件，如 3.6m 长，0.2m 宽，2.8m 高的砖墙可表示为：

```
&OBST XB      =1.8,2.0,0,3.6,0,2.8
      SURF_ID='BRICK WALL'
      COLOR  ='GRAY'/
```

物体及其边界条件设置过程中，应注意 XB 表示的厚度与 SURF 命令中 THICKNESS 数值的区别。例如，某楼板的设置命令为：

```
&MESH  XB               =0,12,0,4.5,0,5.6
       IJK              =120,45,56/
&MATL  ID               ='CONCRETE'
       CONDUCTIVITY     =1.335
       SPECIFIC_HEAT    =1.14
       DENSITY          =2500./
&SURF  ID               ='floor'
       MATL_ID          ='CONCRETE'
       THICKNESS        =0.15/
&OBST  XB               =0,12,0,4.5,2.7,2.8
       SURF_ID          ='floor'
       RGB              =100,100,100/
```

从上面命令段可以看出，由于网格尺寸为 0.1m，楼板厚度（$z$ 向尺寸）为 0.1m，而 SURF 命令中又将楼板的厚度 THICKNESS 设置为 0.15m，这似乎相互矛盾。其实，两数值各有用途，互不影响。XB 设置的尺寸用于流体动力学模型，XB 圈定的区域烟气无法通过；而 THICKNESS 设定的数值用于物体的导热计算，最终得出的是物体各部分的温度。

SURF _ IDS 参数由 3 个字符串组成，将物体的六个面分成三部分，分别表示物体顶面、四个侧面和底面的热边界条件。例如，模拟油池火灾时可将燃料池简化为，顶部为火源，侧面为钢，而底部简化为 FDS 默认的 INERT，命令如下：

```
&OBST  XB        =3,4,4,5,0,0.1
       SURF_IDS  ='FIRE','STEEL','INERT'/
```

SURF _ ID6 参数由 6 个字符串组成，依次表示左面（$x$ 负向）、右面（$x$ 正向）、前面（$y$ 负向）、后面（$y$ 正向）、底部（$z$ 负向）和顶部（$z$ 正向）。该参数的使用机会不多，一般在特别设置某一侧面的边界条件时使用，比如设置竖向通风口。

Pyrosim 操作方法：点击【Model】→【New Obstruction...】或在工具栏点击 ，弹出 Obstruction Properties 对话框。在 Surfaces 选项卡中，Single 相当于 SURF _ ID，SURF _ IDS 及 SURF _ ID6 则通过 Multiple 设置，SURF _ IDS=' FIRE'，'STEEL'，'INERT'的设置方法见图 2-26。

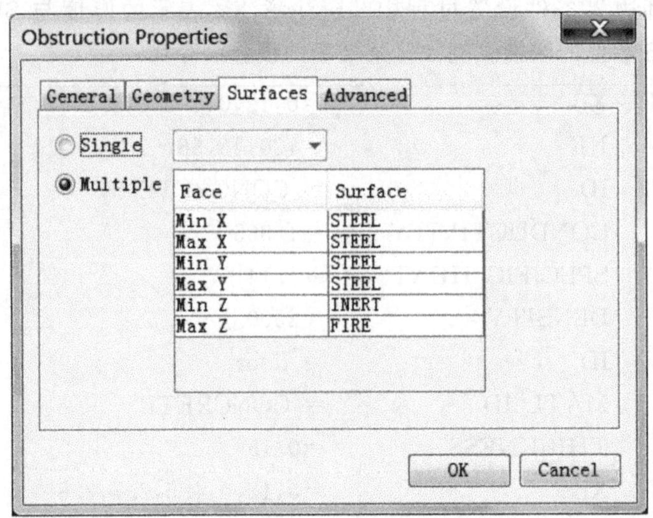


图 2-26　边界条件

### 2.3.4　MULT 命令

原则上说，只要在场景文件中不厌其烦地使用 OBST 命令，任何复杂的建筑结构都能构建。MULT 命令为设置多个具有变化规律的物体提供了简化手段，其功能毫不逊色于目前常用的商业 FDS 建模工具。该命令的常用参数为 ID、DX、DY、DZ、DXB 和 N_LOWER、N_UPPER。

(1) DX、DY 和 DZ 参数　为实数型，分别设置物体在 $x$ 轴、$y$ 轴和 $z$ 轴三个方向的偏移量，其默认值为 0。

(2) N_LOWER 和 N_UPPER 参数　为整形参数，用于设置物体的重复次数，默认值为 0。

图 2-27 所示的楼梯梯段的命令段如下：

```
&MULT  ID        ='stair'
       DX        =0.1
       DZ        =0.1
       N_UPPER   =10/
&OBST  XB        =1.0,1.1,2,3,0.0,0.1
       MULT_ID   ='stair'
       COLOR     ='BLUE'
       OUTLINE   =.TRUE./
```

Pyrosim 不支持 MULT 命令，但可用拷贝命令建立梯段模型，步骤如下。

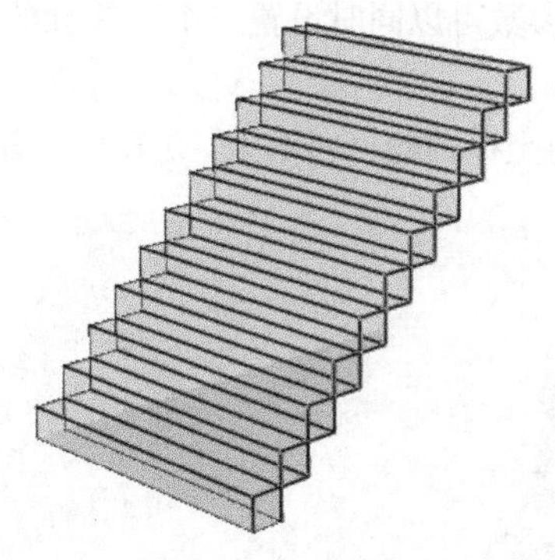

图 2-27 楼梯梯段

a. 建立第一个踏步（台阶） 点击【Model】→【New Obstruction...】或在工具栏点击，弹出 Obstruction Properties 对话框。在 Geometry 选项卡中，分别输入坐标值 1.0 、1.1、2 、3、0.0、0.1。

b. 复制出整个梯段 在导航栏 Model 中用鼠标左键单击选择待复制的踏步，然后单击鼠标右键，弹出菜单如图 2-28 所示，点击【Copy/Move...】，弹出 Translate 对话框。Mode 中选择“Copy Number of Copies”并输入 10，在 offset 文本框 X 的下方输入 0.1，Z 下方输入 0.1 并点击【OK】退出。

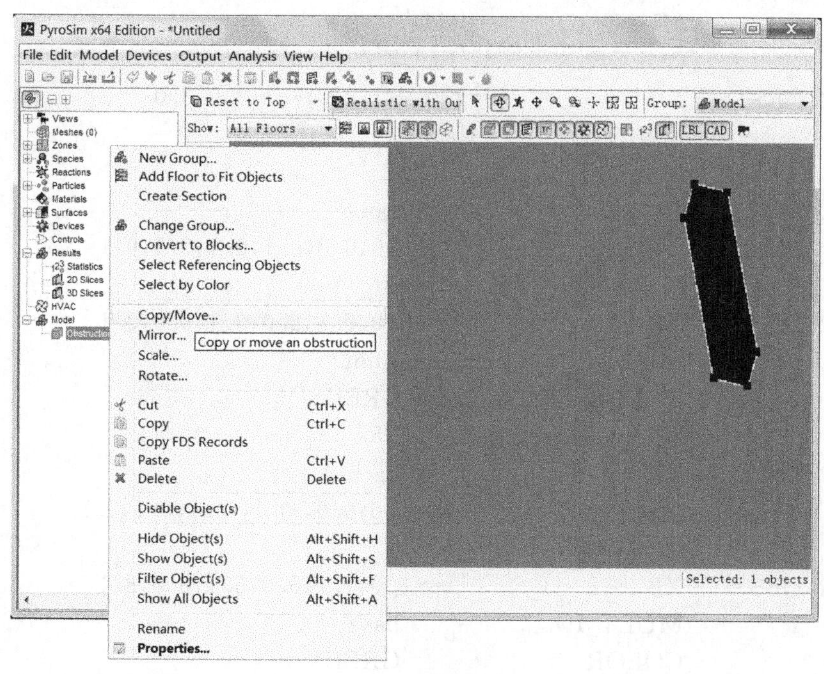


图 2-28 梯段建模

(3) DXB参数　DXB参数可以同时设置三个坐标轴的六个偏移量，默认值为0。该参数的6个数分别表示$x_{min}$、$x_{max}$、$y_{min}$、$y_{max}$、$z_{min}$和$z_{max}$，负数表示物体向坐标轴的负向增大，正数表示向坐标轴的正向增大，0表示原有物体大小维持不变。

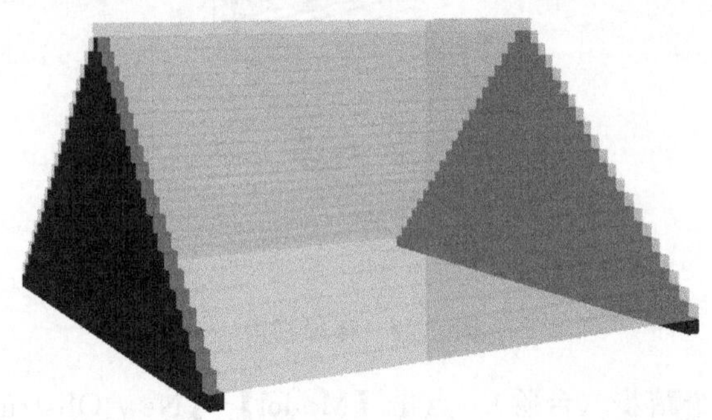

图 2-29　山屋顶

图 2-29 所示的山屋顶的命令段如下：

```
&MULT  ID            ='side'
       DXB           =0.0,0.0,0.1,-0.1,0.1,0.1
       N_UPPER       =20/
&OBST  XB            =3.0,3.1,2.0,6.1,2.9,3.0
       MULT_ID       ='side'
       COLOR         ='BLUE'/
&OBST  XB            =7.0,7.1,2.0,6.1,2.9,3.0
       MULT_ID       ='side'
       COLOR         ='BLUE'/
&MULT  ID            ='front'
       DXB           =0.0,0.0,0.1,0.1,0.1,0.1
       N_UPPER       =20/
&OBST  XB            =3.0,7.1,2.0,2.1,3.0,3.1
       MULT_ID       ='front'
       COLOR         ='GREEN'
       TRANSPARENCY  =0.5/
&MULT  ID            ='back'
       DXB           =0.0,0.0,-0.1,-0.1,0.1,0.1
       N_UPPER       =19/
&OBST  XB            =3.0,7.1,6.0,6.1,3.0,3.1
       MULT_ID       ='back'
       COLOR         ='GREEN'
       TRANSPARENCY  =0.5/
```

Pyrosim 开发了建立多边形板的工具 Slab，可用于建立山墙模型，步骤为：点击【Model】→【New Slab...】或在工具栏点击，弹出 Obstruction Properties 对话框。在 Geometry 选项卡中，Extrusion Path 选 “Normal to Polygon”，即厚度方向与输入的多边形垂直，Distance 文本框输入 －0.1m，即墙厚度为 0.1m，山墙点的输入如图 2-30 所示。

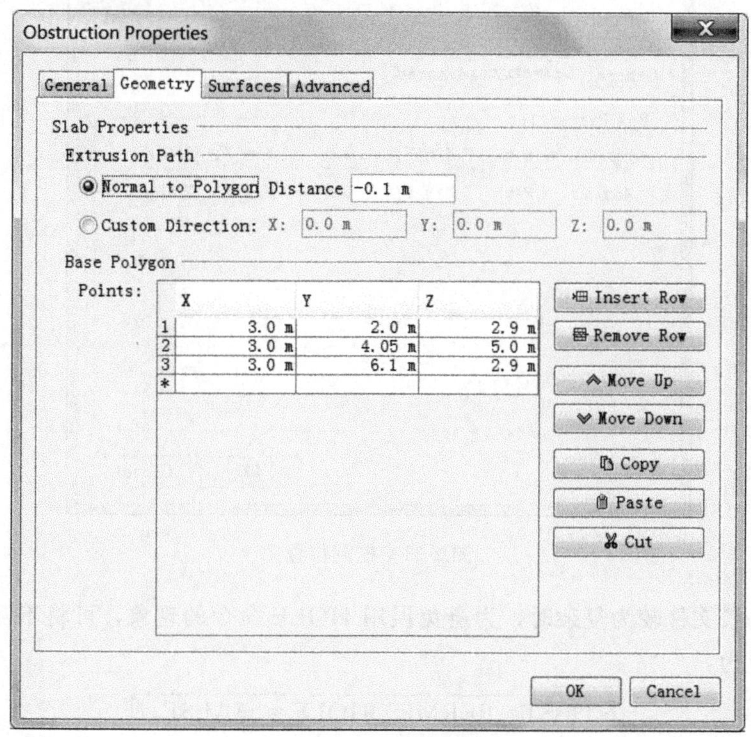


图 2-30　山墙建模

## 2.3.5　HOLE 命令

HOLE 命令设定的区域与场景中原有的物体作布尔减运算，即用于在本已设置好的物体内部挖洞。该命令只对 OBST 命令起作用，不能用于 MESH 命令设置的外边界。其主要参数为 XB，用于设置需要挖去的部分。

```
&OBST  XB=3.6,3.8,0.0,4.5,0,2.8/
&HOLE  XB=3.6,3.8,1.0,2.0,0,2.1/
```

上面 HOLE 命令的含义为，场景文件中与 $3.6<x<3.8$，$1.0<y<2.0$，$0<z<2.1$ 区域相交的物体都被挖去，其功能为在墙上开一宽 1.0m，高 2.1m

的门。

Pyrosim 操作方法：点击【Model】→【New Hole...】或在工具栏点击，弹出 Hole Properties 对话框。在 Geometry 选项卡中，依次输入 HOLE 的六个坐标，如图 2-31 所示。

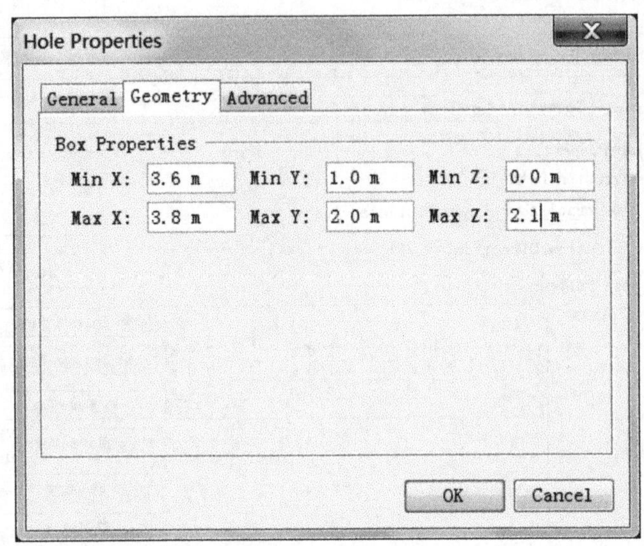


图 2-31　挖洞位置

当场景文件较为复杂时，为避免误用 HOLE 命令的现象，可将不需挖洞的物体设置为：

```
&OBST  PERMIT_HOLE=.FALSE./
```

Pyrosim 操作方法：点击【Model】→【New Obstruction...】或在工具栏点击，弹出 Obstruction Properties 对话框（见图 2-32）。在 General 选项卡中，不勾选 Permit Holes 属性。

### 2.3.6　VENT 命令

VENT 为英文单词 ventilator 的缩写，最初功能是设置允许空气自由出入的通风口。随着 FDS 版本的更新，FDS 赋予 VENT 命令更多功能。现在，VENT 命令可用于设定特定平面的边界条件，主要参数为 XB、SURF_ID、COLOR、RGB 和 MB，其中 SURF_ID 用于引用 SURF 命令设定的边界条件，COLOR 和 RGB 仍用于指定颜色。

(1) XB 参数　VENT 命令用于设置平面的边界条件，XB 中有且只有一个

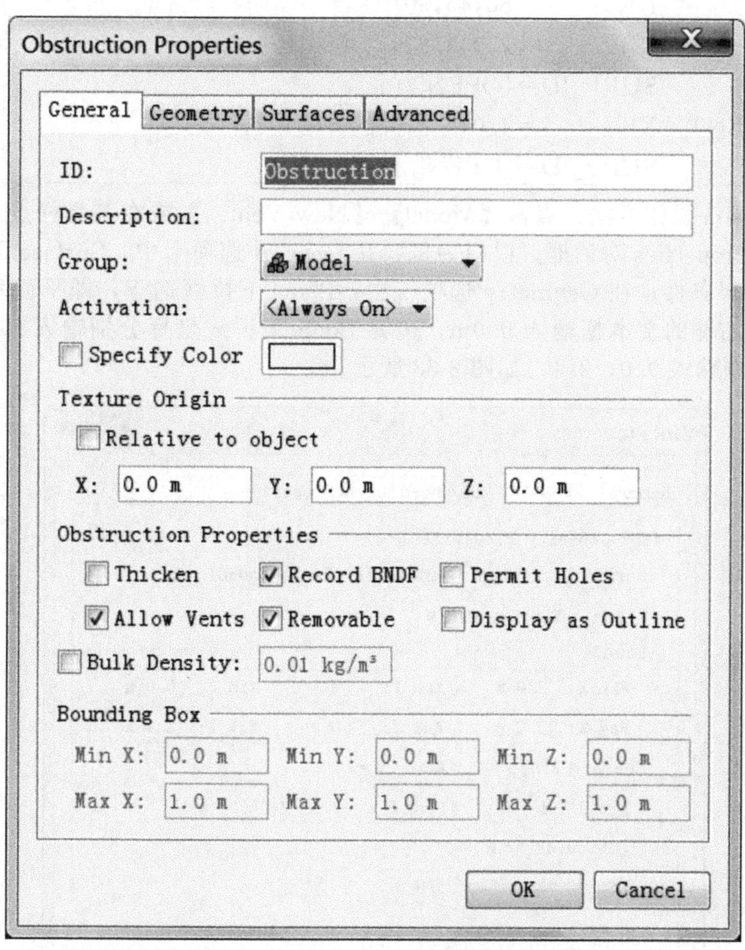


图 2-32 不允许挖洞

坐标轴的两个数应相等。VENT 命令有两种应用场合。

a. 作用于 OBST 命令设置的物体上，如下命令表示床局部着火。

```
&OBST  XB       =1.0,1.5,2.0,4.0,0.0,0.5
       COLOR    ='POWDER BLUE'/
&VENT  XB       =1.2,1.4,3.7,4.0,0.5,0.5
       SURF_ID='FIRE'/ 注意:FIRE 需要其他设置
```

b. 作用于 MESH 命令定义的外边界上，典型应用为在计算区域外边界设置门窗，如：

```
&MESH  XB      =0.0,6.0,0.0,4.5,0.0,3.0
       IJK     =60,45,30/
&VENT  XB      =2.0,3.2,0.0,0.0,0.0,2.4
       SURF_ID='OPEN'/门
&VENT  XB      =4.0,5.5,0.0,0.0,1.0,2.5
       SURF_ID='OPEN'/窗
```

Pyrosim 操作方法：点击【Model】→【New Vent...】或在工具栏点击，弹出 Vent Properties 对话框。以门为例，在 General 选项卡中，Surface 下拉框选 OPEN 边界条件；在 Geometry 选项卡中，Plane 下拉框选 Y，即平面垂直于 $y$ 轴，等号右侧的文本框输入 0.0m，边界 Bounds 下 $x$ 坐标分别输入 2.0，3.2，$z$ 坐标分别输入 0.0，2.4，如图 2-33 所示。

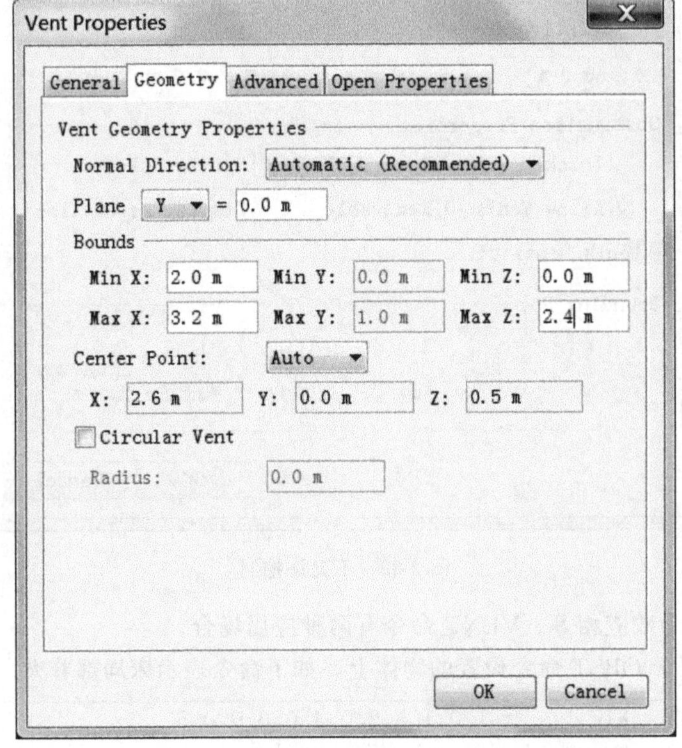


图 2-33　平面设置

注意：OPEN 为 FDS 默认的开口边界条件，边界条件设定为 OPEN 后，FDS 将根据计算结果在 OPEN 设定区域自由通风，同实际打开的门窗一样。OPEN 边界条件仅用于外部边界，不能作用于任何物体上。这种边界条件仅是一种近似，热烟气从 OPEN 处带走热量直接释放在大气中。如果想研究火灾沿外窗的蔓延情况，应该将计算区域外移，相应的计算外边界完全打开。用 OBST 命令设置外墙，用 HOLE 命令开洞设置门窗，如图 2-34 所示古建筑的右侧。

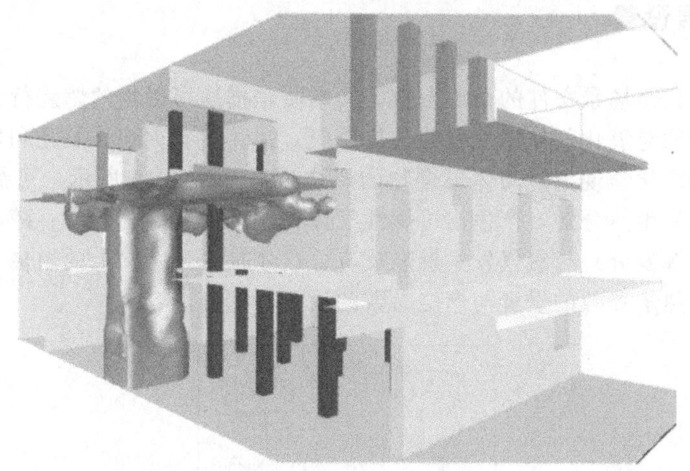

图 2-34 古建筑火灾场景

计算区域的六个面中的一个或多个完全打开，当然可以采用 VENT 命令的 XB 参数进行设置，但 FDS 为此提供了更为简便的 MB 参数。

(2) MB 参数 用于设置计算区域的边界，该参数为字符串类型，其取值可为：XMIN、XMAX、YMIN、YMAX、ZMIN 和 ZMAX。

```
&MESH  XB      =0.0,6.0,0.0,4.5,0.0,3.0
       IJK     =60,45,30/
&VENT  XB      =0.0,0.0,0.0,4.5,0.0,3.0
       SURF_ID='OPEN'/
```

相当于：

```
&MESH  XB      =0.0,6.0,0.0,4.5,0.0,3.0
       IJK     =60,45,30/
&VENT  MB      =XMIN
       SURF_ID='OPEN'/
```

若想使用 FDS 模拟室外火灾，可将计算区域设置为：

```
&MESH  XB      =0.0,6.0,0.0,4.5,0.0,3.0
       IJK     =60,45,30/
&VENT  MB      =XMIN,SURF_ID='OPEN'/
&VENT  MB      =XMAX,SURF_ID='OPEN'/
&VENT  MB      =YMIN,SURF_ID='OPEN'/
&VENT  MB      =YMAX,SURF_ID='OPEN'/
&VENT  MB      =ZMAX,SURF_ID='OPEN'/
```

Pyrosim 不输出 MB 命令，只使用 XB 参数。

## 2.4 火源设置

火源参数是场景文件的核心参数，其本质是描述可燃物的燃烧行为。燃烧一般是指可燃物与氧化剂作用发生的放热反应，常伴随有火焰、发光和发烟，是十分复杂的物理化学现象。固体可燃物的燃烧过程如图 2-35 所示，可燃固体受到加热时，先发生热分解，产生出可燃性气体，这个过程称为热解；随后分解出的可燃气体（挥发分）与氧气发生燃烧反应，这才是真正意义上的燃烧。因此，火源设置包括热解参数的设置与燃烧参数的设置两部分内容。

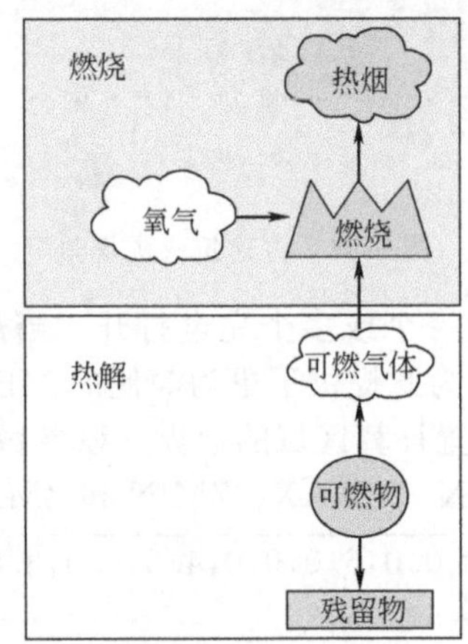


图 2-35　固体可燃物的热解与燃烧

在众多火灾中，木材是可燃物的重要组成部分。木材的主要成分为纤维素、半纤维素和木质素，主要组成元素是碳、氢、氧和氮。各主要成分在不同温度下分解并释放挥发份，一般为：半纤维素 200～260℃；纤维素 240～350℃；木质素 280～500℃。当木材接触火源时，加热到约 110℃时就被干燥并蒸发出极少量的树脂；加热到 130℃时开始分解，产物主要是水蒸气和二氧化碳；加热到 220～250℃时开始变色并炭化，分解产物主要是一氧化碳、氢和碳氢化合物；加热到 300℃以上，有形结构开始断裂，在木材表面垂直于纹理方向上木炭层出现小裂纹，这就使挥发物容易逸出。随着炭化深度的增加，裂缝逐渐加宽并产生“龟裂”现象，此时木材发生剧烈的热分解。木材不同温度下的热解产物见表 2-4。

FDS 火源的设置方法有两种：一是在可燃物表面直接设定热释放速率，实际上是设置向室内喷射的可燃气体量，这种方法称为简单热解模型；第二种方法为设置可燃物的热解属性，让其根据接受到的热量产生热解和燃烧，这种情况下

表 2-4 木材热解产生的气体组成（%）

| 温度/℃ | $CO_2$ | CO | $CH_4$ | $C_2H_4$ | $H_2$ |
|---|---|---|---|---|---|
| 300 | 56.7 | 40.17 | 3.76 | — | — |
| 400 | 49.36 | 34.00 | 14.31 | 0.86 | 1.47 |
| 500 | 43.20 | 29.01 | 21.72 | 3.68 | 2.34 |
| 600 | 40.98 | 27.20 | 23.42 | 5.74 | 2.66 |
| 700 | 38.56 | 25.19 | 24.94 | 8.50 | 2.81 |

可燃物的燃烧速率取决于燃料周围的热环境所提供的热量，可燃气体由热解计算产生，这种方法称为复杂热解模型。真实火灾中可燃物热解产生的可燃气体多种多样，但由于计算资源的限制，FDS 只能计算一种或几种可燃气体，用户可通过 REAC 命令设置可燃气体的种类。

### 2.4.1 热释放速率

热释放速率（Heat Release Rate）是火灾场景的重要参数，指单位时间内释放的热量，其单位为 W。因该单位较小，消防工程中常用 kW 或 MW。因为热释放速率与功率单位相同，火灾场景设计中也称热释放速率为火源功率。火灾中的热释放速率可按式(2-13) 计算：

$$Q=\Phi\times\dot{m}\times\Delta H \tag{2-13}$$

式中 $\Phi$——燃烧效率因子，取 0.3～0.9；

$\dot{m}$——可燃物的质量燃烧速率，kg/s；

$\Delta H$——可燃物的热值，MJ/kg，常见材料的热值见表 2-5。

仅依靠计算方法确定火灾的热释放速率是很困难的，原因在于燃烧物的热值是燃料在完全燃烧状态下测定的。即使是燃料控制型火灾，可燃物也难以发生完全燃烧，因此燃烧效率因子的变化范围较大，计算中很难准确选择。

工程中可燃物的热释放速率可由试验获取，热释放速率根据耗氧法测定，其基本原理是：在燃烧多数天然有机材料、塑料及橡胶等物品时，每消耗 $1m^3$ 的氧气约放出 17.2MJ 的热量，即每消耗 1kg 氧气约放出 13.1MJ 的热量。

根据试验规模，火灾试验可分为试验室规模试验、中型试验以及足尺寸火灾试验，其中试验室规模的试验主要通过锥形量热仪测量材料在不同热辐射条件的热释放速率，试样的大小为 100mm×100mm，厚度一般为 10mm，最大可达 50mm。锥形量热仪可对试样施加 0～$100kW/m^2$ 的辐射热，基本覆盖了从燃烧早期至燃烧充分发展阶段的热通量。中型试验除了可以测量单一可燃物的热释放速率外，还可以测量几种可燃物组成的可燃组件的热释放速率，试样的大小最大可达 1m×1m。大型足尺寸火灾试验模拟建筑的实际尺寸，根据实际的可燃物种

表 2-5　常见材料的热值

| 材料 | 热值/(MJ/kg) | 材料 | 热值/(MJ/kg) | 材料 | 热值/(MJ/kg) |
|---|---|---|---|---|---|
| 固体 | | 稻草 | 16 | 脲醛泡沫 | 14 |
| 无烟煤 | 34 | 木材 | 18 | 液体 | |
| 柏油 | 41 | 羊毛 | 23 | 汽油 | 44 |
| 沥青 | 42 | 微粒板 | 18 | 柴油 | 41 |
| 纤维素 | 17 | 塑料 | | 亚麻籽油 | 39 |
| 木炭 | 35 | 工程塑料 | 36 | 甲醇 | 20 |
| 服装 | 19 | 环氧树脂 | 19 | 石蜡油 | 41 |
| 烟煤、焦煤 | 31 | 三聚氰胺树脂 | 34 | 烈酒 | 29 |
| 软木 | 29 | 羟基类化合物 | 18 | 焦油 | 38 |
| 棉花 | 18 | 甲醛 | 29 | 苯 | 40 |
| 谷物 | 17 | 聚酯纤维 | 31 | 苯甲醇 | 33 |
| 黄油 | 41 | 加固材料 | 21 | 乙醇 | 27 |
| 厨房垃圾 | 18 | 聚苯乙烯 | 44 | 异丙基酒精 | 31 |
| 皮革 | 19 | 聚异氰酸酯 | 20 | 气体 | |
| 油毡 | 20 | 泡沫材料 | 24 | 乙炔 | 48 |
| 纸和纸板 | 17 | 聚碳酸酯 | 29 | 丁烷 | 46 |
| 粗石蜡 | 47 | 聚丙烯 | 43 | 一氧化碳 | 10 |
| 泡沫橡胶 | 37 | 聚氨酯 | 23 | 氢 | 120 |
| 异戊二烯橡胶 | 45 | 聚氨酯泡沫 | 26 | 丙烷 | 46 |
| 轮胎 | 32 | 聚氯乙烯 | 17 | 甲烷 | 50 |
| 丝绸 | 19 | 脲醛树脂 | 15 | 乙醇 | 27 |

类、火灾荷载及摆放方式进行试验。其试验结果与真实火灾较为接近，但由于这类试验的花费较大，目前此类试验的相关数据较少，单一可燃组件的火灾试验数据相对较多。表 2-6 为 NIST 热释放速率测量结果。

从表 2-6 可以看出，虽然可燃物的种类不同，但在火灾初期增长阶段，热释放速率近似按时间的 $t^2$ 规律发展，因此火灾增长曲线可按式(2-14) 表示：

$$Q=\alpha(t-t_0)^2 \tag{2-14}$$

式中　$\alpha$——火灾增长系数，$kW/m^2$；

$t$——火灾发生后的时间，s；

$t_0$——开始有效燃烧所需的时间，s。

表 2-6 NIST 热释放速率测量数据

| 名称 | 照片 | 热释放速率 | | |
|---|---|---|---|---|
| | | 曲线 | 峰值/MW | 持续时间/s |
| 三人沙发 |  | 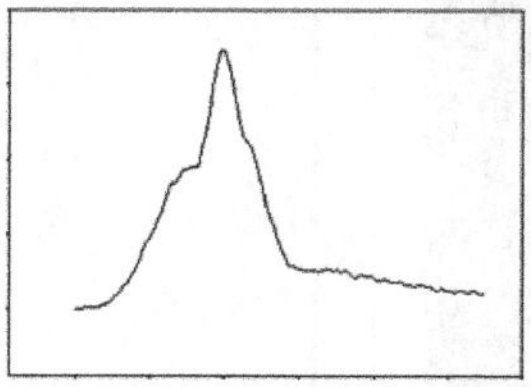 | 3.46 | 1100 |
| 双人沙发 |  | 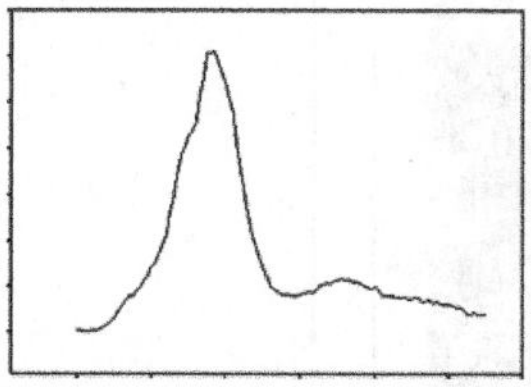 | 3.05 | 1100 |
| 双层床 |  | 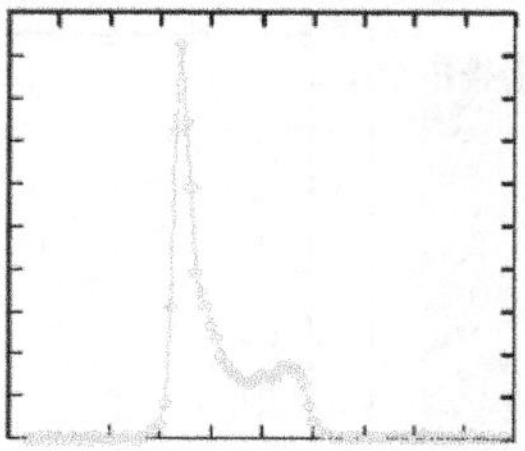 | 4.62 | 883 |
| 电话亭 |  | 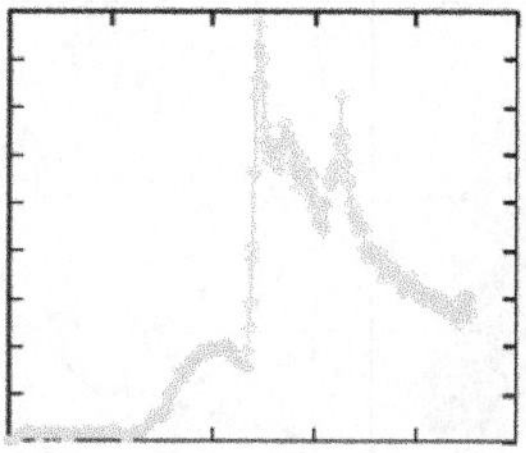 | 1.75 | 2274 |
| 床垫 |  | 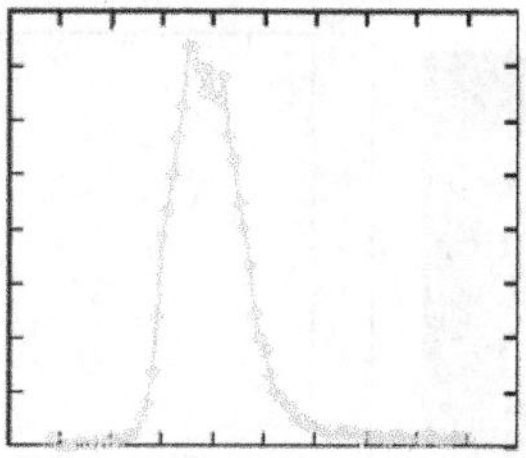 | 0.73 | 704 |

续表

| 名称 | 照片 | 热释放速率 | | |
| --- | --- | --- | --- | --- |
| | | 曲线 | 峰值/MW | 持续时间/s |
| 碗柜 | | | 1.75 | 765 |
| 工作台 | | | 6.71 | 2420 |
| | | | 1.75 | 2420 |
| 四人工作间 | | | 19.2 | 500 |
| 木垛 | | | 1.85 | 1217 |

在建筑防火性能化设计或其他研究中，通常不考虑火灾的前期酝酿期，如阴燃阶段，即认为火灾从有效燃烧时算起，于是热释放速率公式可简化为：

$$Q=\alpha t^2 \tag{2-15}$$

在火灾场景设计中，根据火灾增长系数的不同，$t^2$ 火又进一步分为慢速型、中速型、快速型和超快速型四种类型，如图 2-36 所示，各自的火灾增长系数分别为 0.002931、0.01127、0.04689 和 0.1878。这四种类型的火灾达到 1MW 热释放速率所用的时间分别为 600s、300s、150s、和 75s。池火、快速燃烧的装饰家居和轻质窗帘大致为超快速型，纸箱、板条架和泡沫塑料大致为快速型，棉花加聚酯纤维弹簧床大致为中速型，叠放整齐的纸张大致为慢速型。性能化设计中火灾类型常选为快速型或中速型。

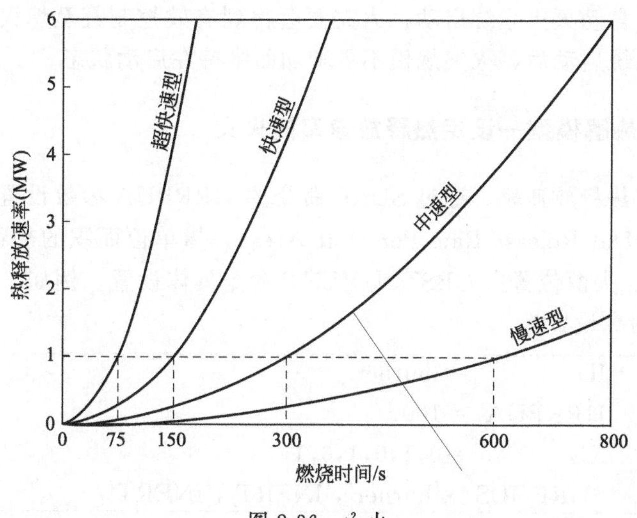


图 2-36 $t^2$ 火

火灾在快速增长阶段若得不到有效控制，有可能发生轰燃，燃烧一段时间后，热释放速率便趋于某一恒定值不再增加，该恒定值称为最大火源功率。人群安全疏散或结构耐火性能化设计中，过去常参考上海市地方标准《建筑防排烟技术规程》(DGJ08-88-2006) 设定最大火源功率，2018 年 8 月 1 日执行国家标准《建筑防烟排烟系统技术标准》(GB 51251—2017)，该标准规定的稳态热释放速率见表 2-7。

**表 2-7 火灾稳态热释放速率**

| 建筑类别 | 火灾规模/MW | |
|---|---|---|
| | 有喷淋 | 无喷淋 |
| 办公室、教室<br>客房、走道 | 1.5 | 6 |

续表

| 建筑类别 | 火灾规模/MW | |
|---|---|---|
| | 有喷淋 | 无喷淋 |
| 商店、展览厅 | 3 | 10 |
| 其他公共场所 | 2.5 | 8 |
| 汽车库 | 1.5 | 3 |
| 厂房 | 2.5 | 8 |
| 仓库 | 4 | 20 |

若建筑内设置有自动灭火系统，如常见的自动喷水灭火系统。当火灾增长到一定规模后，自动灭火系统启动，火灾便会得到有效控制甚至熄灭。保守考虑，当自动灭火系统启动后，火灾规模不再增加而维持在启动状态。

### 2.4.2 简单热解模型—设定热释放速率的火灾

(1) 恒定热释放速率　通过 SURF 命令的 HRRPUA 参数设置热释放速率，HRRPUA（Heat Release Rate Per Unit Area），指单位面积的热释放速率，单位为 $kW/m^2$。火源位置由 OBST 或 VENT 命令具体设置。例如，1MW 火灾可使用 OBST 命令设置为：

```
&SURF  ID        ='burner'
       HRRPUA    =1000/
&OBST  XB        =0,1,0,1,0,1
       SURF_IDS  ='burner','INERT','INERT'/
```

也可使用 VENT 命令设置为：

```
&SURF  ID        ='burner'
       HRRPUA    =1000/
&VENT  XB        =0,1,0,1,0,0
       SURF_ID   ='burner'/
```

也可以使用 OBST 命令这样设置：

```
&SURF  ID        ='burner'
       HRRPUA    =200/
&OBST  XB        =2,3,2,3,0,1
       SURF_ID   ='burner'/
```

Pyrosim 操作方法：点击【Model】→【Edit Surfaces...】或在导航栏双击 Surfaces，弹出 Edit Surfaces 对话框。在对话框中点击左下角的【New】按钮，

弹出 New Surface 对话框，输入边界条件名称为 burner，选择边界条件类型为 burner 并点击【OK】按钮，返回到 Edit Surfaces 对话框。在 Heat Release 选项卡中，Heat Release Rate Per Area（HRRPUA）文本框输入 1000.0kW/m²，如图 2-37 所示。

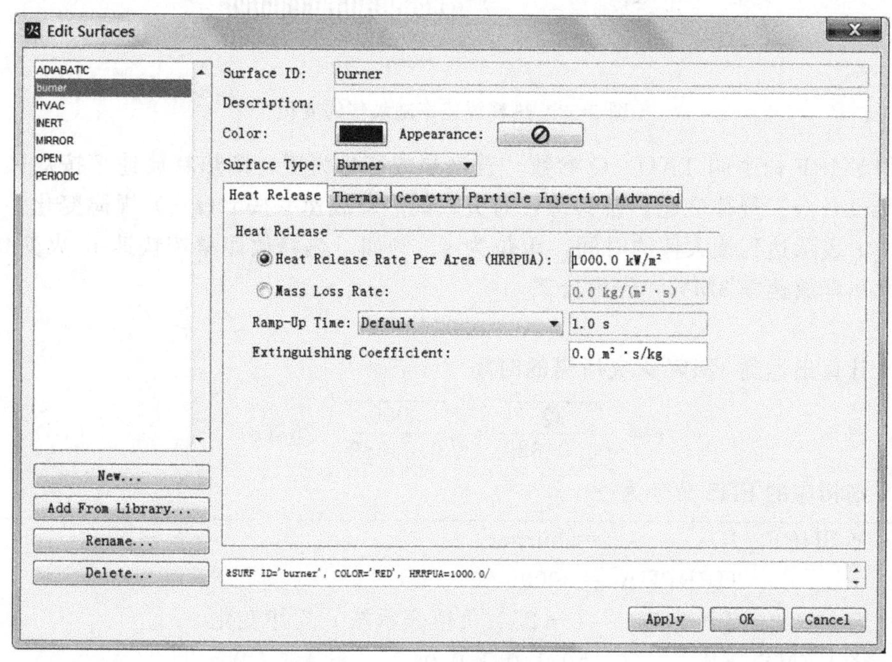


图 2-37 恒定热释放速率

这种设置方法简单，是最常用的火灾设置方法。火源的热释放速率等于 HRRPUA 与物体面积的乘积，在最后一种情况中，物体底面与地板接触，无法释放热量，其余 5 个面的面积之和为 5m²，HRRPUA 为 0.2MW/m²，故总热释放速率仍为 1MW。需要说明的是，设置的热释放速率只有在网格设置适当且通风良好的情况下才可达到，若为通风控制型火灾，则最终的热释放速率由 FDS 计算得出。如某场景设置为 1MW 的火灾规模，但为通风控制型火灾，其热释放速率如图 2-38 所示，在 30s 以内，氧气供应充足，热释放速率可达到设置的 1MW，说明网格大小设置合适。30s 以后因通风孔较小，火灾转变为通风控制型火灾，热释放速率的平均值下降为 0.3MW 且严重振荡。从图 2-38 还可以看出，开始阶段热释放速率不是从设置的 1MW 开始，而是从 0 逐渐上升至 1MW，FDS 达到设置热释放速率时间的默认值为 1s，即 SURF 命令 TAU_Q 的默认值。实际模拟表明，默认条件下热释放速率达到设定值的时间可达 1～5s。

（2）变化热释放速率 在建筑防火性能化设计/评估过程中，常采用变化热释放速率，尤其是 $t^2$ 火。FDS 提供两种方法设置变化热释放速率。一种方法是

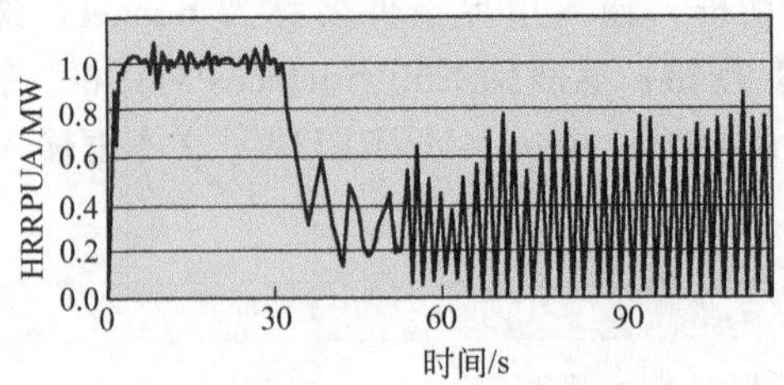


图 2-38 热释放速率随氧气的变化

使用 SURF 命令的 TAU _ Q 参数，若该参数符号为正，则热释放速率按双区正切 tanh($t/\tau$) 规律变化，若其符号为负，则热释放速率按 $t^2(t/\tau)^2$ 规律变化，函数中 $\tau$ 表示达到最大值的时间，单位为 s。例如，热释放速率按快速 $t^2$ 火变化，最大热释放速率 3MW，先由公式

$$Q=0.04689t^2$$

计算出达到 3MW 火灾所需的时间

$$\tau=\sqrt{\frac{Q}{0.04689}}=\sqrt{\frac{3000}{0.04689}}=253(\mathrm{s})$$

则相应的 FDS 命令为

```
&SURF  ID       ='burner'
       HRRPUA   =3000
       TAU_Q    =- 253/负值表示按 t²规律变化
&VENT  XB       =0,1,0,1,0,0
       SURF_ID  ='burner'/
```

Pyrosim 操作方法：点击【Model】→【Edit Surfaces...】或在导航栏双击 Surfaces，弹出 Edit Surfaces 对话框。在对话框中点击左下角的【New】按钮，弹出 New Surface 对话框，输入边界条件名称为 burner，选择边界条件类型为 burner 并点击【OK】按钮，返回到 Edit Surfaces 对话框。在 Heat Release 选项卡中，Heat Release Rate Per Area（HRRPUA）文本框输入 3000.0kW/m$^2$，Ramp-Up Time 下拉框选 $t^2$，右侧的文本框输入 253.0，如图 2-39 所示。

变化热释放速率的另一种设置方法为使用 SURF 命令的 RAMP _ Q 参数与 RAMP 命令，设置方法与热物理属性的设置基本一致。该方法的设置过程为：首先分析热释放速率随时间的变化特征，找出曲线的特征点。如图 2-40 所示，热释放速率曲线由三部分组成，首段为快速 $t^2$ 火，当热释放速率在 253s 达到最大热释放速率 3MW 后不再增加，该值一直持续至 400s，然后热释放速率线性下降，450s 时下降为 0。其特征点有四个，分别是 0s、253s、400s 和 450s，除此之外，$t^2$ 火部分尚需要找出几个点近似逼近 $t^2$ 火，本例选择 6 个点。选出各点后，计算出各点热释放速率与最大热释放速率的比值，然后据此写成命令段。

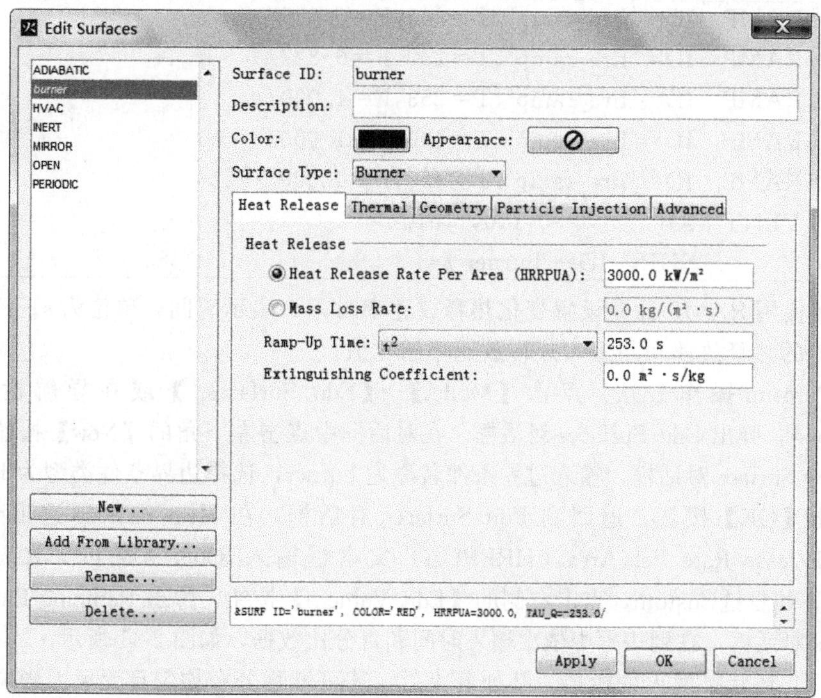


图 2-39 $t^2$ 火设置

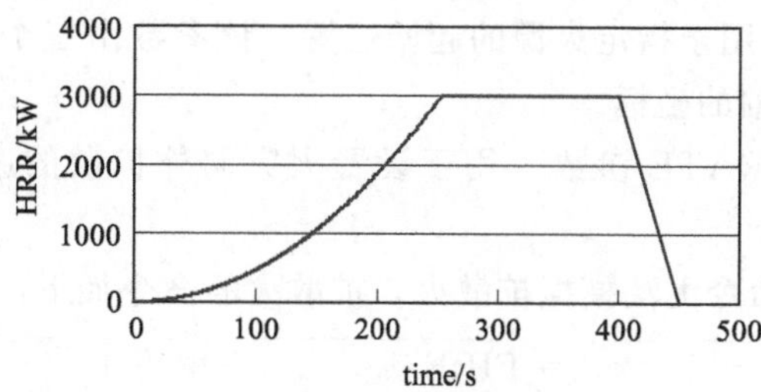


图 2-40 变化热释放速率

```
&SURF   ID        ='burner'
        HRRPUA    =3000
        RAMP_Q    ='fire_ramp'
&RAMP  ID='fire_ramp',T=0  ,F=0.000/
&RAMP  ID='fire_ramp',T=40 ,F=0.025/
&RAMP  ID='fire_ramp',T=80 ,F=0.100/
&RAMP  ID='fire_ramp',T=120,F=0.225/
&RAMP  ID='fire_ramp',T=160,F=0.400/
```

```
&RAMP  ID='fire_ramp',T=200,F=0.625/
&RAMP  ID='fire_ramp',T=230,F=0.827/
&RAMP  ID='fire_ramp',T=253,F=1.000/
&RAMP  ID='fire_ramp',T=400,F=1.000/
&RAMP  ID='fire_ramp',T=450,F=0.000/
&VENT  XB       =0,1,0,1,0,0
       SURF_ID='burner'/
```

在使用RAMP命令设置变化热释放速率时，$T$ 表示时间，单位为s；F表示 $T$ 时刻的热释放速率与最大热释放速率的比值。

Pyrosim操作方法：点击【Model】→【Edit Surfaces...】或在导航栏双击 Surfaces，弹出Edit Surfaces对话框。在对话框中点击左下角的【New】按钮，弹出New Surface对话框，输入边界条件名称为burner，选择边界条件类型为burner并点击【OK】按钮，返回到Edit Surfaces对话框。在Heat Release选项卡中，Heat Release Rate Per Area（HRRPUA）文本框输入3000.0kW/m²，Ramp-Up Time下拉框选Custom，点击右侧的【Edit Value...】按钮，弹出Ramping Function Values对话框，在列表框中依次输入时间和百分比数据，如图2-41所示。

(3) 环状扩散火的模拟　某处着火后，若可燃物分布均匀且无风力影响，火灾往往呈环状向外扩散。如大型仓库火灾或草原火灾。FDS采用VENT命令模拟这种环状扩散火，涉及的参数为XYZ与SPREAD_RATE。

① XYZ参数　用于指定火源的起始位置，该参数由三个数组成，分别表示 $x$、$y$、$z$ 三个坐标轴的坐标。

② SPREAD_RATE参数　用于设置火灾向外扩散的速度，单位为m/s，默认值为0。

注意，OBST命令无法模拟扩散火，扩散火的命令如下：

```
&SURF  ID          ='FIRE'
       HRRPUA      =500.0
       RAMP_Q      ='fireramp'/
&RAMP  ID='fireramp',  T=0.0,  F=0.0/
&RAMP  ID='fireramp',  T=1.0,  F=1.0/
&RAMP  ID='fireramp',  T=30.0, F=1.0/
&RAMP  ID='fireramp',  T=31.0, F=0.0/
&VENT  XB          =0.0,5.0,1.5,9.5,0.0,0.0
       SURF_ID     ='FIRE'
       XYZ         =1.5,4.0,0.0
       SPREAD_RATE =0.03/
```

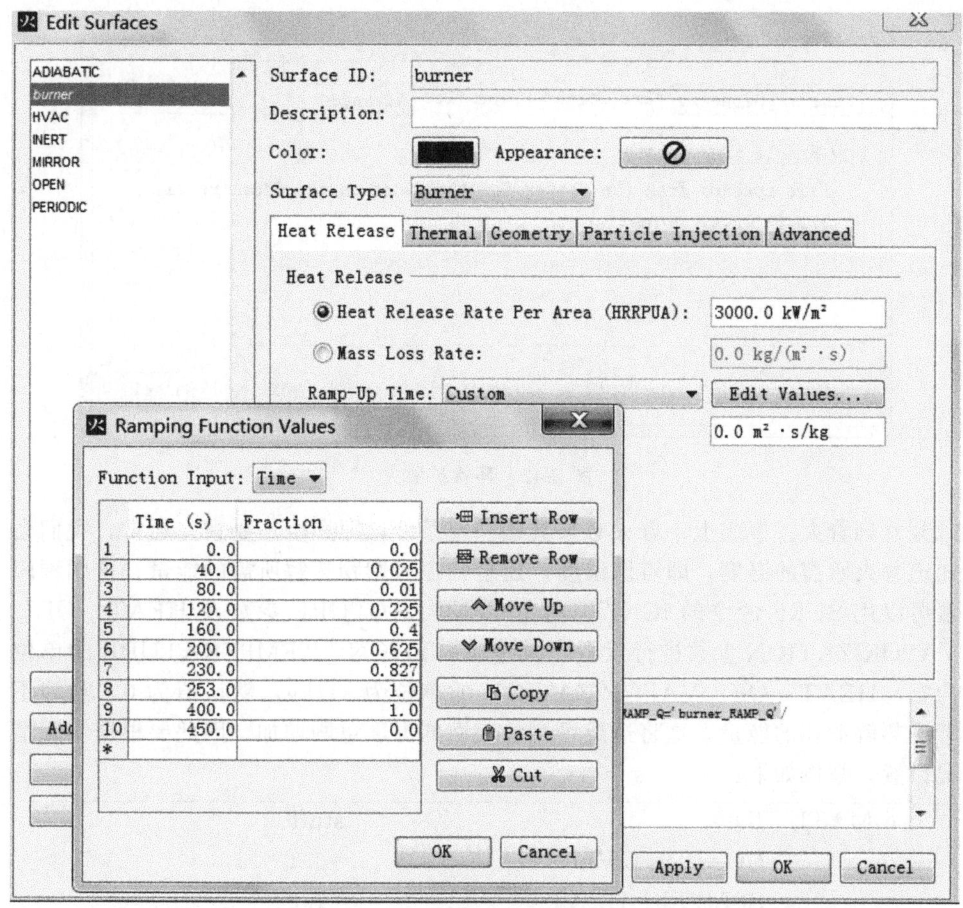


图 2-41 随时间变化的热释放速率

上例中，热释放速率为 0.5MW/m²，火源区域为 40m²，开始着火部位在(1.5，4.0，0.0)，火向外扩散的速度为 0.03m/s，某处开始着火后 1s 内上升至设定热释放速率，然后保持该值持续 30s，再经过 1s 后熄灭，火灾以起始位置呈环状向外扩散。

Pyrosim 操作方法：点击【Model】→【New Vent...】或在工具栏点击▤，弹出 Vent Properties 对话框。在 General 选项卡中，Surface 下拉框选 FIRE 边界条件；在 Geometry 选项卡中，Plane 下拉框选 Z，等号右侧的文本框输入 0.0m，边界 Bounds 下 $x$ 坐标分别输入 0.0，5.0，$y$ 坐标分别输入 1.5，9.5，Center Point 下拉框选 Custom，X、Y、Z 文本框分别输入 1.5、4.0 、0.0；在 FIRE Spread Properties，选中 Enable Fire Spread 多选框，Spread Rate 文本框输入 0.03，如图 2-42 所示。

（4）附加着火条件火的模拟　在以上三种火的模拟方法中，火源从模拟开始

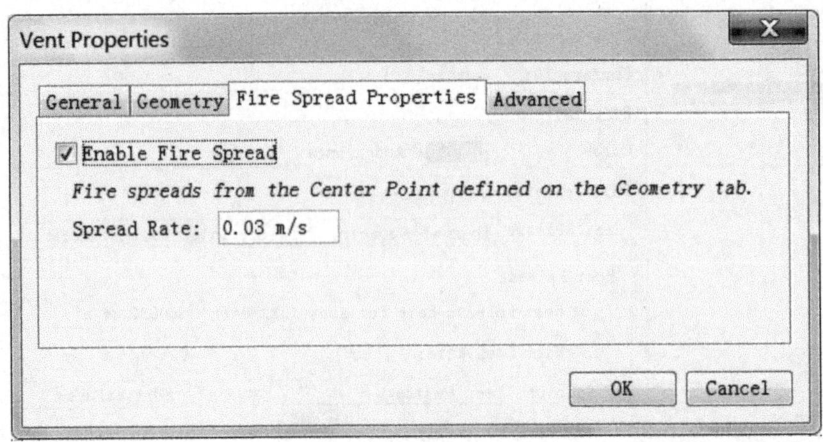


图 2-42 环状扩散火

时刻立刻着火。事实上，着火必须具备一定条件，即燃烧三要素。通常，我们会知道着火所需的温度，即点燃温度，还会知道可燃物热解所需的能量。这两种因素可以用 SURF 命令的 IGNITION _ TEMPERATURE 参数及 HEAT _ OF _ VAPORIZATION 参数进行设置。其中 IGNITION _ TEMPERATURE 的单位为℃，HEAT _ OF _ VAPORIZATION 的单位为 kJ/kg，默认值为 0，意为不考虑热解消耗的能量，这将造成可燃物表面的温度急剧增加，因此要根据实际情况设置，举例如下：

```
&MATL  ID=                        'stuff'
       CONDUCTIVITY               =0.1
       SPECIFIC_HEAT              =1.0
       DENSITY                    =900.0/
&SURF  ID                         ='my surface'
       COLOR                      ='GREEN'
       MATL_ID                    ='stuff'
       HRRPUA                     =1000.
       IGNITION_TEMPERATURE       =500.
       HEAT_OF_VAPORIZATION       =1000.
       RAMP_Q                     ='fire_ramp'
       THICKNESS                  =0.01/
&RAMP  ID='fire_ramp',T=0.0,  F=0.0/
&RAMP  ID='fire_ramp',T=10.0, F=1.0/
&RAMP  ID='fire_ramp',T=310.0,F=1.0/
&RAMP ID='fire_ramp',T=320.0,F=0.0/
```

在上例中，利用 stuff 材料给定的热物理性质进行导热计算，当物体表面温度达到 300℃时开始燃烧，着火开始 10s 后达到热释放速率 1MW/m²，然后火灾稳定持续 5min，最后再用 10s 熄灭。在此过程中，每热解 1kg 的可燃物将消耗 1000kJ 的热量。

Pyrosim 操作方法：先定义材料 stuff，点击【Model】→【Edit Surfaces...】或在导航栏双击 Surfaces，弹出 Edit Surfaces 对话框。在对话框中点击左下角的【New】按钮，弹出 New Surface 对话框，输入边界条件名称 my surface，选择边界条件类型为 Layered 并点击【OK】按钮，返回到 Edit Surfaces 对话框。在 Material Layers 的第一行，Thickness 下面填 0.02，Material Composition 下面填 1.0 stuff；在 Reaction 选项卡中，选中 Governed Manually 单选框，HRRPUA 文本框填 1000，Ignition 单选框选中 Ignite at，在其右侧的文本框输入 500℃，然后选中 Heat of Vaporization多选框，在其右侧的文本框输入 1000，如图 2-43 所示。

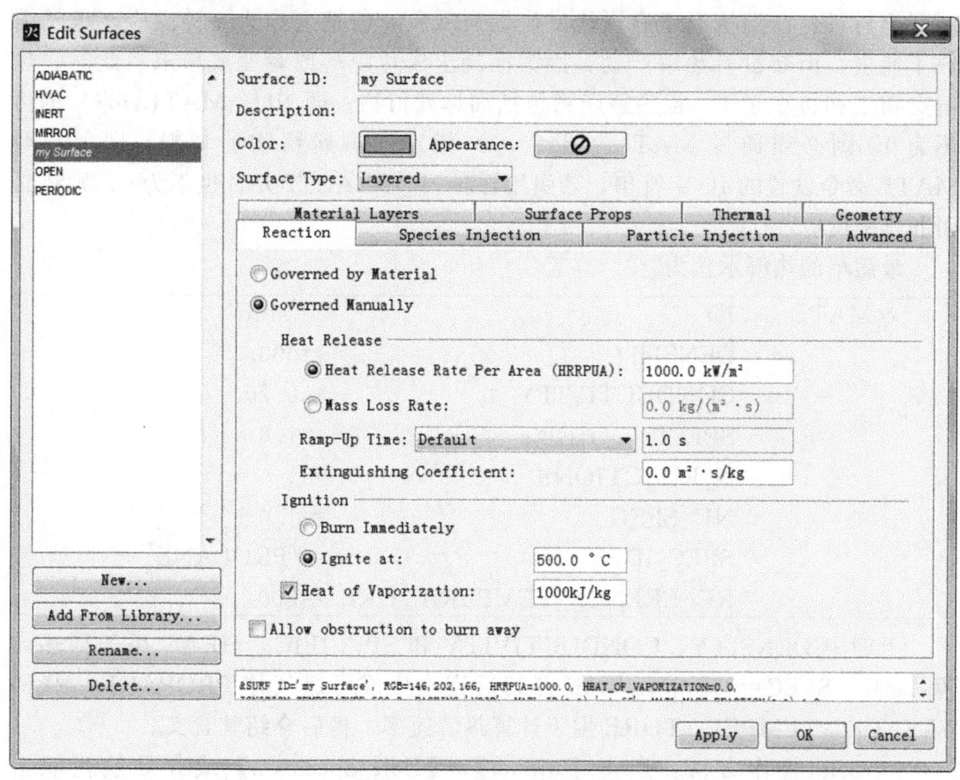


图 2-43　着火条件设置

### 2.4.3　复杂热解模型—设定热解参数的火灾

设定热解参数的火灾是用户设置燃料的热物理属性和热解参数，FDS 根据设定的参数及火灾的热反馈状况对燃料进行热解，进而产生可燃气体。热解参数通过 MATL 命令设置。

(1) 固体燃料火灾

① 热解产物　固体燃料的热解过程比较复杂，在不同温度时可能经历多次热解反应，反应次数用 N _ REACTIONS 设置，默认值为 0。N _ REACTIONS 若大于 0，FDS 将启动热解模型，否则 FDS 会忽略所有的热解参数。目前，每种材料的最多反应次数为 10 次，每次的连锁反应可多达 20 步。在每步反应中，可燃物的热解产物可能包括可燃气体和固体残留物，分别用 SPEC _ ID($i$,$j$) 和 MATL _ ID($i$,$j$) 设置；两种产物的质量比例分别用 NU _ SPEC _ ($i$,$j$) 和 NU _ MATL($i$, $j$) 设置。参数中的 $i$ 表示可燃气体或固体残留物的索引值，$j$ 为反应次数索引。一般说来，为保持质量守恒，NU _ SPEC _ ($i$,$j$) 和 NU _ MATL($i$,$j$) 的和应为 1，但有时可以小于 1，如对于混凝土材料，高温情况下有可能发生爆裂现象，若把它作为一种反应，虽然消耗了能量，但却没有热解产物，因为混凝土成片脱落或者变成粉末，此时，热解产物之和将小于 1。若热解产物包括固体残留物，即 NU _ MATL($i$,$j$) 的值不为 0，则必须通过 MATL _ ID($i$,$j$) 指定固体残留物的材料，即另一个 MATL 命令设置的 ID 字符串，若引用材料 N _ REACTIONS 也不为 0，则势必引起连锁反应。

最简单的热解示例为：

```
&MATL   ID                          ='stuff'
        DENSITY                     =500.
        CONDUCTIVITY                =0.20
        SPECIFIC_HEAT               =1.0
        N_REACTIONS                 =1
        NU_SPEC                     =1.0
        SPEC_ID                     ='PROPANE'
        REFERENCE_TEMPERATURE       =300/
```

上例中 DENSITY、CONDUCTIVITY 和 SPECIFIC _ HEAT 用于导热计算，NU _ SPEC=1.0 表示 stuff 热解后完全生成可燃气体 PROPANE，REFERENCE _ TEMPERATURE 用于计算热解速率，稍后介绍其含义。

Pyrosim 操作方法：点击【Model】→【Edit Species...】或在导航栏双击 Species，弹出 Edit Species 对话框，见图 2-44。在对话框左下侧点击【New】按钮，弹出 New Species 对话框，在 Predefinded 下拉框选中 PROPANE（丙烷）并点击【OK】，重回 Edit Species 对话框，该对话框左上角的列表框已包括 PROPANE，点击【OK】键退出。

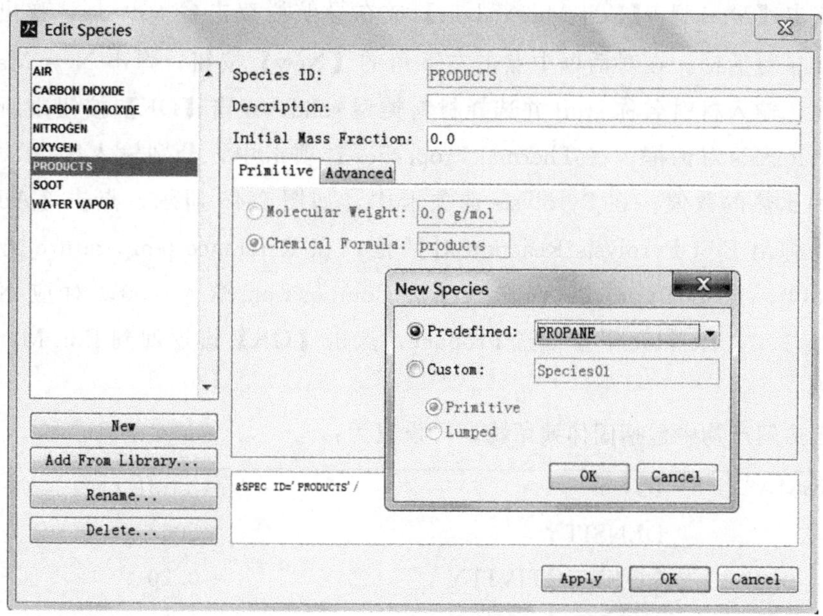


图 2-44 选择丙烷

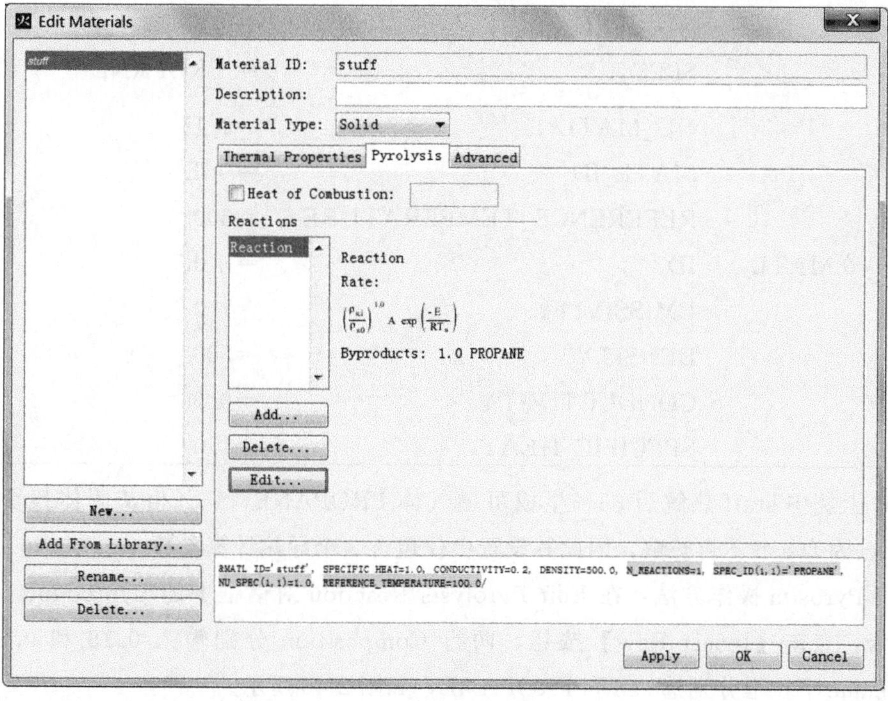


图 2-45 热解参数设置

点击【Model】→【Edit Materials...】或在导航栏双击 Materials，弹出 Edit Materials 对话框。在对话框中点击左下角的【New】按钮，弹出 New Material 对话框，输入材料名称 stuff 并选择材料类型 solid，点击【OK】按钮重新回到 Edit Materials 对话框，在 Thermal Properties 选项卡中，分别输入密度、导热系数和比热的数值；在 Pyrolysis 选项卡中，如图 2-45 所示，点击【Add...】按钮，弹出 Edit Pyrolysis Reaction 对话框，在 Reference temperature 文本框输入 300，点击 Byprodducts 选项卡，Composition 输入 1.0，对应 NU_SPEC=1.0，Residue 下拉框选 Propane，点击【OK】键返回到 Edit Materials 对话框。

若热解产物中包括固体残留物，可设置为：

```
&MATL   ID                      ='stuff'
        DENSITY                 =500.
        CONDUCTIVITY            =0.20
        SPECIFIC_HEAT           =1.0
        N_REACTIONS             =1
        NU_SPEC                 =0.85
        SPEC_ID                 ='PROPANE'
        NU_MATL                 =0.15
        MATL_ID                 ='ash'
        REFERENCE_TEMPERATURE   =300/
&MATL   ID                      ='ash'
        EMISSIVITY              =1.0
        DENSITY                 =500.
        CONDUCTIVITY            =0.20
        SPECIFIC_HEAT           =1.0/
```

上例中 stuff 热解后 85%生成可燃气体 PROPANE，15%生灰固体残留物 ash。因为 ash 不再热解，因此其设置中仅包含 3 个导热计算参数。

Pyrosim 操作方法：在 Edit Pyrolysis Reaction 对话框中的 Byprodducts 选项卡，点击【Insert Row】按钮，两行 Composition 分别输入 0.15 和 0.85，Residue 下拉框分别选 ash 和 PROPANE，如图 2-46 所示。

最后给出一个具有 2 步连锁反应的综合热解示例。

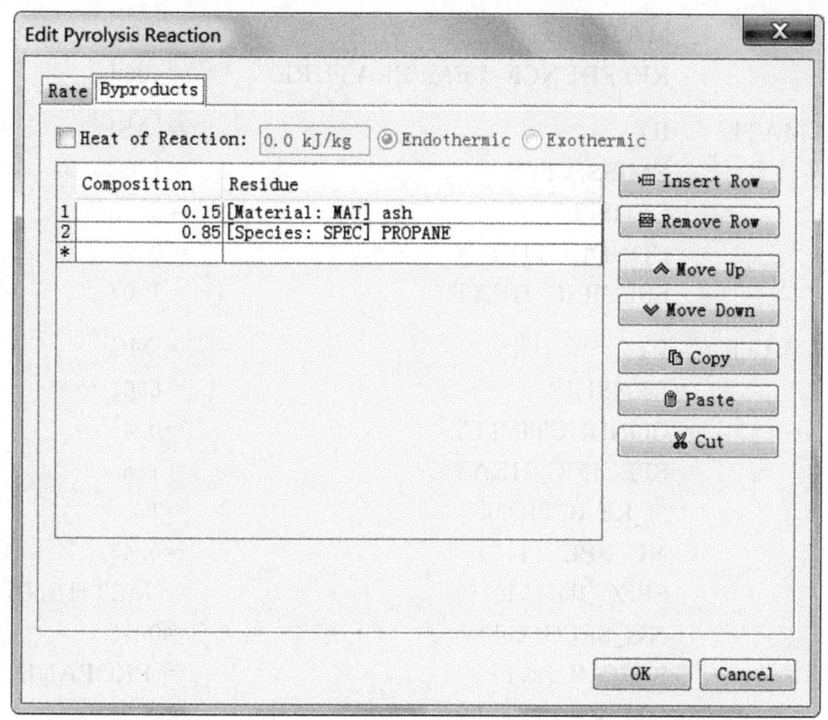


图 2-46　复杂热解设置

```
&MATL  ID                      ='MA'
       DENSITY                 =700.
       CONDUCTIVITY            =0.3
       SPECIFIC_HEAT           =1.2
       N_REACTIONS             =1
       NU_SPEC                 =1.0
       SPEC_ID                 ='PROPANE'
       REFERENCE_TEMPERATURE   =450/
&MATL  ID                      ='MB'
       DENSITY                 =600.
       CONDUCTIVITY            =0.25
       SPECIFIC_HEAT           =1.0
       N_REACTIONS             =1
       NU_SPEC                 =0.75
       SPEC_ID                 ='PROPANE'
       NU_MATL                 =0.25
```

```
          MATL_ID                          ='MA'
          REFERENCE_TEMPERATURE            =400/
&MATL     ID                               ='ASH'
          EMISSIVITY                       =1.0
          DENSITY                          =500.
          CONDUCTIVITY                     =0.20
          SPECIFIC_HEAT                    =1.0/
&MATL     ID                               ='MC'
          DENSITY                          =800.
          CONDUCTIVITY                     =0.4
          SPECIFIC_HEAT                    =1.5
          N_REACTIONS                      =1
          NU_SPEC(1,1)                     =0.45
          SPEC_ID(1,1)                     ='METHANE'
          NU_SPEC(2,1)                     =0.15
          SPEC_ID(2,1)                     ='PROPANE'
          NU_MATL(1,1)                     =0.25
          MATL_ID(1,1)                     ='MB'
          NU_MATL(2,1)                     =0.15
          MATL_ID(2,1)                     ='ASH'
          REFERENCE_TEMPERATURE            =400/
```

最后的 MATL 命令也可以这样设置：

```
&MATL   ID                        ='MC'
        DENSITY                   =800.
        CONDUCTIVITY              =0.4
        SPECIFIC_HEAT             =1.5
        N_REACTIONS               =1
        NU_SPEC(1:2,1)            =0.45,0.15
        SPEC_ID(1:2,1)            ='METHANE','PROPANE'
        NU_MATL(1:2,1)            =0.25,0.15
        MATL_ID(1:2,1)            ='MB','ASH'
        REFERENCE_TEMPERATURE     =400/
```

② 热解速率　热解速率可以通过热重分析仪测定，测试过程中需要设置升温速率，即 $\dot{T}$，单位 K/min。图 2-47 为热重分析仪的试验结果，图中点划线表

示材料的质量分数 $Y_s$，实线表示材料的热解速率 $r$。当温度达到一定值后，图 2-47中为 200℃，热解开始，质量分数减小，反应速率增加，反应速率达到峰值的温度即为 FDS 所谓的参考温度，用 REFERENCE_ TEMPERATURE 设置，单位为℃。需要强调的是，参考温度是用来计算燃料的热解速率的，并非开始热解的温度。从图 2-47 可以看出，热解发生在参考温度之前。燃料的热解需要吸收一定的热量，FDS 称为反应热，用参数 HEAT_ OF_ REACTION 设置，单位为 kJ/kg，默认值为 0。

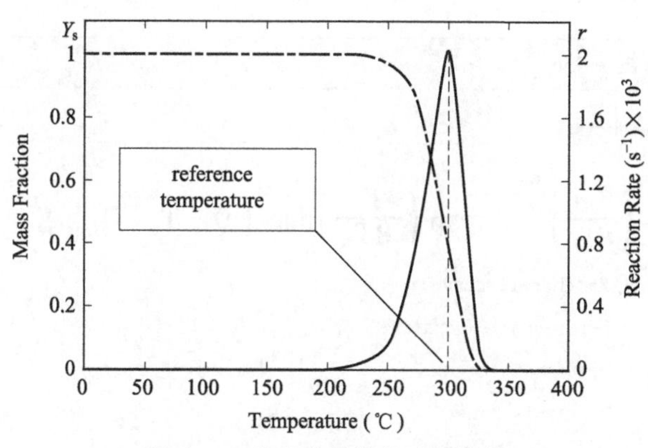


图 2-47 热重分析仪的试验结果

研究表明，质量分数 $Y_s$是时间 $t$ 和温度 $T_s$的函数，表达式为：

$$\frac{dY_s}{dt}=r=-AY_s e^{-\frac{E}{RT_s}} \tag{2-16}$$

式中 $A$——指前因子，1/s；

$E$——活化能，kJ/kmol；

$R$——常数。

固体燃料的热解速率取决于指前因子与活化能，其值确定后，FDS 即可计算可燃物的热解速率，例如：

```
&MATL  ID               ='BIRCH'
       EMISSIVITY       =1.0
       DENSITY          =550.
       CONDUCTIVITY     =0.20
       SPECIFIC_HEAT    =1.34
       N_REACTIONS      =1
       A                =2.75E12
       E                =1.75E5
       SPEC_ID          ='METHANE'
       NU_SPEC          =0.82
```

```
        MATL_ID                          ='CHAR'
        NU_MATL                          =0.18
        HEAT_OF_REACTION                 =218.
        HEAT_OF_COMBUSTION               =40000.0/
```

Pyrosim 操作方法：在 Edit Pyrolysis Reaction 对话框中的 Rate 选项卡，选中 Specify A and E 单选框，即可在指前因子 A 和活化能 E 后的文本框输入数值，如图2-48所示。

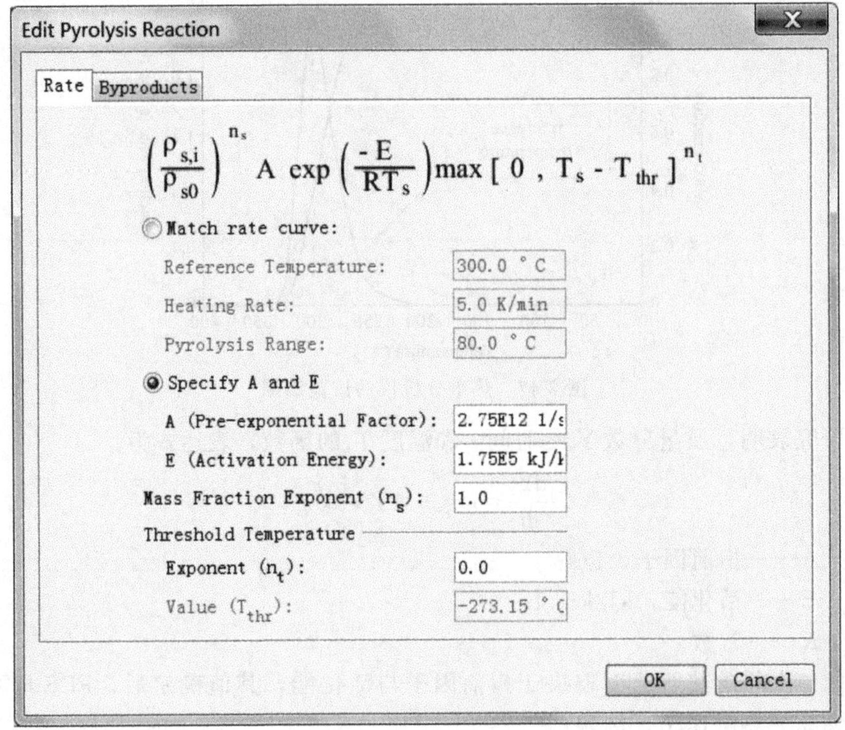


图 2-48　燃烧参数设置

虽然设置了指前因子和活化能即可计算材料的热解速率，然而对于多数材料，这两个值都无法获得，为此可采用 REFERENCE _ TEMPERATURE 代替指前因子和活化能。指前因子和活化能与 REFERENCE _ TEMPERATURE 的关系为：

$$r_p = \frac{2\dot{T}}{\Delta T}(1-v_s) \tag{2-17}$$

$$E = \frac{r_p}{Y_s}\frac{RT_p^2}{\dot{T}} \tag{2-18}$$

$$A=\frac{r_p}{Y_s}e^{E/RT_p} \tag{2-19}$$

式中 $\dot{T}$——热重试验时的升温速率，用 HEATING _ RATE 设置，默认值 5℃/min；

$\Delta T$——热解角，用 PYROLYSIS _ RANGE 设置，默认值 80℃；

$v_s$——热解的固体残留物含量，用 NU _ MATL 设置，默认值 0；

$r_p$——热解率峰值，即参考温度处的热解率，用 REFERENCE _ RATE 设置，默认值 2×5/60/80=0.002；

$Y_s$——质量分数，单一材料单一热解时取 1；

$R$——理想气体常数，8.314J/(mol·K)；

$T_p$——参考温度，用 REFERENCE _ TEMPERATURE 设置。

在上述燃烧参数设置时，热解角与热解率峰值不同时设置，指前因子 A、活化能 E 与参考温度不同时设置，因为这两组参数之间可以相互计算得出。

在设定复杂热解模型时，应特别注意 THICKNESS 的设置。一般情况下，若材料厚度大于等于网格尺寸，则将 THICKNESS 的值设置为网格尺寸；若材料厚度小于网格尺寸，则将 THICKNESS 的值设置为实际厚度。否则，FDS 采用 THICKNESS 计算得出的热解产物的量可能不正确。

(2) 液体燃料火灾　与固体燃料热解不同，液体燃料在真正燃烧之前其实是挥发，其参数仍然采用 MATL 命令设置，并且与固体燃料设置方法基本相同，举例如下：

```
&MATL  ID                          ='ETHANOL LIQUID'
       DENSITY                     =787.
       CONDUCTIVITY                =0.17
       SPECIFIC_HEAT               =2.45
       EMISSIVITY                  =1.0
       BOILING_TEMPERATURE         =76.
       NU_SPEC                     =0.97
       SPEC_ID                     ='ETHANOL'
       HEAT_OF_REACTION            =880.
       ABSORPTION_COEFFICIENT      =1500./
```

Pyrosim 操作方法：点击【Model】→【Edit Species...】或在导航栏双击 Species，弹出 Edit Species 对话框。在对话框左下侧点击【New】按钮，弹出 New Species 对话框，在 Predefinded 下拉框选中 ETHANOL（乙醇）并点击【OK】，重回 Edit Species 对话框，该对话框左上角的列表框已包括

ETHANOL，点击【OK】键退出。

点击【Model】→【Edit Materials...】或在导航栏双击 Materials，弹出 Edit Materials 对话框。在对话框中点击左下角的【New】按钮，弹出 New Material 对话框，输入材料名称 ETHANOL LIQUID 并选择材料类型 Liquid Fuel，点击【OK】按钮重新回到 Edit Materials 对话框，在 Thermal Properties 选项卡中，分别输入密度、导热系数和比热的数值，Absorbtion Coefficient 文本框输入 1500；在 Pyrolysis 选项卡中，Boiling Temperature 文本框输入 76℃，在 By-prodducts 属性下面，Heat of Vaporization 文本框输入 880，对应 HEAT _ OF _ REACTION 参数，Composition 输入 0.97，Residue 下拉框选 ETHANOL，点击【OK】键返回到 Edit Materials 对话框，如图 2-49 所示。

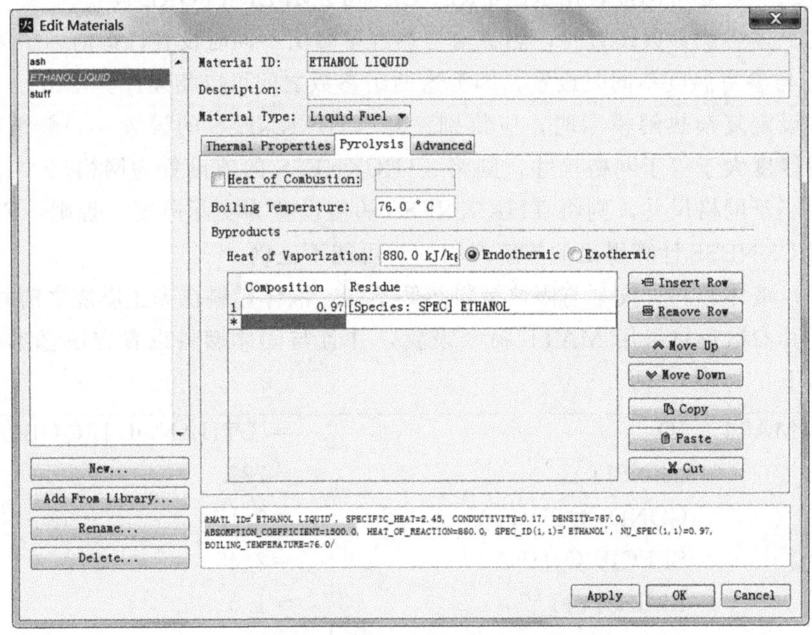


图 2-49　液体燃烧参数设置

液体燃料只有一种“反应”，就是挥发，因此不用设置 N _ REACTIONS 参数，默认设置为 1。同样原因，这里的反应热就是挥发热，挥发的条件是液体温度达到液体的沸点，用 BOILING _ TEMPERATURE 参数设置，单位为℃。考虑上例中的乙醇含有一定的杂质，因此 NU _ SPEC 设为 0.97。

液体同环境空气的热传递包括辐射热和对流传热，目前 FDS 只考虑辐射热。值得注意的是，不仅液体表面会吸收辐射热，液面以下的一薄层液体燃料也会吸收辐射热，且对燃烧速率有很大影响，FDS 通过 ABSORPTION _ COEFFICIENT

参数考虑液面下的辐射热，公式如下：

$$I = I_0 e^{-KL} \tag{2-20}$$

式中 $I$——辐射强度；

$I_0$——液体表面的辐射强度；

$K$——ABSORPTION _ COEFFICIENT 参数；

$L$——距离液体表面的距离。

辐射强度计算公式表明随距离增大，辐射强度呈负指数规律递减。

### 2.4.4 固体可燃物燃尽后的视觉消失

Smokeview 是用来显示火灾场景及模拟结果的后处理软件，图 2-34 为西藏某古建筑的火灾场景图。默认情况下，可燃物与不燃物体在显示上处理方法一样。即使可燃物着火后理论上已燃尽，在 Smokeview 中还是照常显示，这与实际情况不符。为使固体可燃物燃尽后在 Smokeview 中逐网格消失，应在 SURF 命令中将 BURN _ AWAY 参数设置为 . TRUE. 。视觉消失可在简单热解模型和复杂热解模型中应用，但在简单热解模型中应用时应设置材料的热物理属性，例如：

```
&MATL    ID                      ='FF'
         DENSITY                 =100
         CONDUCTIVITY            =1.5
         SPECIFIC_HEAT           =0.5
         HEAT_OF_COMBUSTION      =6500/
&SURF    ID                      ='FIRE'
         HRRPUA                  =1000
         BURN_AWAY               =.TRUE.
         MATL_ID                 ='FF'
         THICKNESS               =0.1
         IGNITION_TEMPERATURE    =280/
&OBST    XB                      =0.4 0.6 0.4 0.6 0.4 0.6
         SURF_ID                 ='FIRE'/
```

Pyrosim 操作方法：通过 Edit Surface 对话框定义边界条件时，在 Reaction 选项卡，选中 Allow Obstruction to Burn away 对应命令 BURN _ AWAY= . TRUE. ，如图 2-50 所示。

应用该功能应注意以下几点：

① 若欲使物体在 Smokeview 中视觉消失，应在物体的所有外表面设置相同

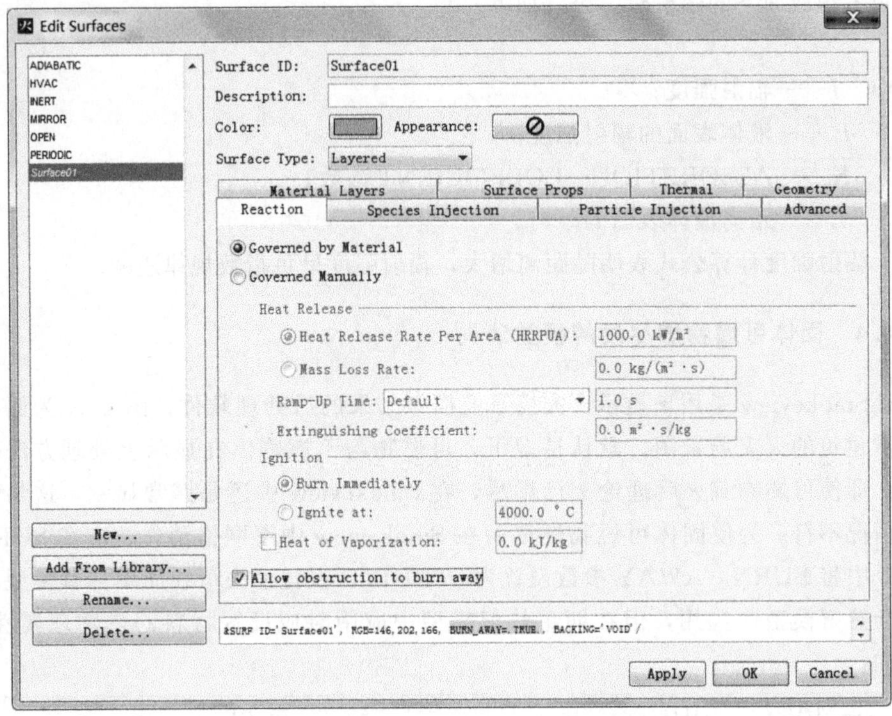

图 2-50 燃尽视觉消失参数设置

的边界条件。因为若各表面设置不同的边界条件，FDS 计算时无法判断应采用哪个表面的边界条件。

② 物体的体积由 XB 设定，质量取决于组成物体的所有材料的密度，但在视觉消失计算中只有热解为气体才损耗质量，因此 MATL 设置时气体热解产物之和若小于 1，物体消失的时间将延长。

③ 因为物体显示时为逐网格消失，所以计算时，会占用大量的计算机内存存储物体的附加信息，应谨慎使用消失视觉功能。

④ 当应用视觉消失时，物体的尺寸一般比较小，不可能完全是网格尺寸的整数倍。而物体挥发的可燃气体量是按 FDS 自动调整后的体积计算的，例如若可燃物这样设置：

```
&MESH   IJK               =10,10,10
        XB                =0.0,1.0,0.0,1.0,0.0,1.0/
&MATL   ID                ='FOAM'
        CONDUCTIVITY      =0.2
        SPECIFIC_HEAT     =1.0
        DENSITY           =20.
```

```
         N_REACTIONS                  =1
         NU_SPEC                      =1.
         SPEC_ID                      ='METHANE'
         HEAT_OF_REACTION             =800.
         REFERENCE_TEMPERATURE        =200./
&SURF    ID                           ='FOAM SLAB'
         COLOR                        ='TOMATO 3'
         MATL_ID                      ='FOAM'
         THICKNESS                    =0.1
         BURN_AWAY                    =.TRUE.
         BACKING                      ='EXPOSED'/
&OBST    XB                           =0.30,0.70,0.30,0.70,0.30,0.44
         SURF_ID                      ='FOAM SLAB'/
```

上例中因为网格尺寸为 0.1m，而 OBST 设置的 $z$ 方向的尺寸为 0.30～0.44，由于必须和网格尺寸保持一致，0.44 四舍五入为 0.4m。这样物体挥发的可燃气体为：

$$0.4\times0.4\times0.1\times20=0.32\text{kg}$$

而实际上应为

$$0.4\times0.4\times0.14\times20=0.448\text{kg}$$

为模拟物体燃烧的实际情况，可在 OBST 命令中用 BULK _ DENSITY 参数设置物体燃烧的密度，上例的设置方法为：

```
&OBST     XB              =0.30,0.70,0.30,0.70,0.30,0.44
          SURF_ID         ='FOAM SLAB'
          BULK_DENSITY    =20./
```

### 2.4.5 燃烧模型

(1) 气体组分的设置 FDS 中的气体分为两类，基本气体和混合气体。基本气体指可燃性气体、$O_2$、$CO_2$、$H_2O$、$N_2$和 CO 等。混合气体指根据燃烧模型的需求由基本气体组合而成的气体。这两种气体及其属性均采用 SPEC 命令设置。

① 基本气体 SPEC 命令用于设置气体种类，每个 SPEC 命令设置一种气体，一个场景可以设置多种气体，主要参数包括 ID、MW、FORMULA 和 MASS _ FRACTION _ 0。

a. ID 参数 用于设置气体名称，既可以为 FDS 的保留气体，见表 2-8，也可为自定义气体。SPEC 命令应至少包括 ID 参数，当 ID 的名称为 FDS 的保留气

**表 2-8 FDS 默认物质及其属性**

| 名称 | 英文名称 | 摩尔质量/(g/mol) | 分子式 | σ (Å) | ε/κ (K) |
|---|---|---|---|---|---|
| 丙酮* | ACETONE | 58.1 | $C_3H_6O$ | 4.6 | 560.2 |
| 乙炔 | ACETYLENE | 26.0 | $C_2H_2$ | 4.033 | 231.8 |
| 丙烯醛* | ACROLEIN | 56.1 | $C_3H_4O$ | 4.549 | 576.7 |
| 氩* | ARGON | 39.9 | Ar | 3.42 | 124.0 |
| 苯* | BENZENE | 78.1 | $C_6H_6$ | 5.349 | 412.3 |
| 丁烷* | BUTANE | 58.1 | $C_4H_{10}$ | 4.687 | 531.4 |
| 二氧化碳 | CARBON DIOXIDE | 44.0 | $CO_2$ | 3.941 | 195.2 |
| 一氧化碳 | CARBON MONOXIDE | 28.0 | CO | 3.690 | 91.7 |
| 乙烷* | ETHANE | 30.1 | $C_2H_6$ | 4.443 | 215.7 |
| 乙醇* | ETHANOL | 46.1 | $C_2H_5OH$ | 4.530 | 362.6 |
| 乙烯* | ETHYLENE | 28.1 | $C_2H_4$ | 4.163 | 224.7 |
| 甲醛* | FORMALDEHYDE | 30.0 | $CH_2O$ | 3.626 | 481.8 |
| 氦* | HELIUM | 4.0 | He | 2.551 | 10.22 |
| 氢气* | HYDROGEN | 2.0 | $H_2$ | 2.827 | 59.7 |
| 溴化氢* | HYDROGEN BROMIDE | 80.9 | HBr | 3.353 | 449.0 |
| 氯化氢* | HYDROGEN CHLORIDE | 36.5 | HCl | 3.339 | 344.7 |
| 氰化氢* | HYDROGEN CYANIDE | 27.0 | HCN | 3.63 | 569.1 |
| 氟化氢* | HYDROGEN FLUORIDE | 20.0 | HF | 3.148 | 330.0 |
| 异丙酮* | ISOPROPANOL | 60.1 | $C_3H_7OH$ | 4.549 | 576.7 |
| 甲烷* | METHANE | 16.0 | $CH_4$ | 3.758 | 148.6 |
| 甲醇* | METHANOL | 32.0 | $CH_2OH$ | 3.626 | 481.8 |
| 正葵烷* | N-DECANE | 142.3 | $C_{10}H_{22}$ | 5.233 | 226.46 |
| 正庚烷* | N-HEPTANE | 100.2 | $C_7H_{16}$ | 4.701 | 205.75 |
| 正已烷* | N-HEXANE | 86.2 | $C_6H_{14}$ | 5.949 | 399.3 |
| 正辛烷* | N-OCTANE | 114.2 | $C_8H_{18}$ | 4.892 | 231.16 |
| 一氮氧化* | NITRIC OXIDE | 30.0 | NO | 3.492 | 116.7 |
| 氮气* | NITROGEN | 28.0 | $N_2$ | 3.798 | 71.4 |
| 二氧化氮* | NITROGEN DIOXIDE | 46.1 | $NO_2$ | 3.992 | 204.88 |
| 一氧化二氮* | NITROUS OXIDE | 44.0 | $N_2O$ | 3.828 | 232.4 |
| 氧气* | OXYGEN | 32.0 | $O_2$ | 3.467 | 106.7 |
| 丙烷* | PROPANE | 44.1 | $C_3H_8$ | 5.118 | 237.1 |
| 丙烯* | PROPYLENE | 42.1 | $C_3H_6$ | 4.678 | 298.9 |
| 烟 | SOOT | 12.0 | C | 3.798 | 71.4 |
| 二氧化硫* | SULFUR DIOXIDE | 64.1 | $SO_2$ | 4.112 | 335.4 |
| 六氟化硫 | SULFUR HEXAFLUORIDE | 146.1 | $SF_6$ | 5.128 | 146.0 |
| 甲苯* | TOLUENE | 92.1 | $C_6H_5CH_3$ | 5.698 | 480.0 |
| 水蒸气* | WATER VAPOR | 18.0 | $H_2O$ | 2.641 | 809.1 |

注：带 * 为液体属性。

体时，FDS 采用内置的物质属性进行计算；当 ID 的名称不在表中时，应根据实际情况设置物质属性。例如，模拟氯化氢的扩散可以设置为：

```
&HEAD  TITLE          ='氰化氢毒气扩散模拟'/
&MESH  IJK            =30,30,30
       XB             =0,3,0,3,0,3/
&TIME  T_END          =600/
&SPEC  ID             ='HYDROGEN CYANIDE'/
&SURF  ID             ='LEAK'
       SPEC_ID        ='HYDROGEN CYANIDE'
       MASS_FLUX(1)   =0.5/
&VENT  XB             =0.8,0.9,1.5,1.6,0,0
       SURF_ID        ='LEAK'
       COLOR          ='RED'/
&TAIL/
```

上例中 SURF 命令的 MASS_FLUX 参数用于设置气体的泄漏量，单位为 $kg/(m^2 \cdot s)$。

Pyrosim 操作方法：要定义泄漏边界条件，点击【Model】→【Edit Species...】或在导航栏双击 Species，弹出 Edit Species 对话框。在对话框左下侧点击【New】按钮，弹出 New Species 对话框，在 Predefinded 下拉框选中 HYDROGEN CYANIDE（氰化氢）并点击【OK】，重回 Edit Species 对话框，该对话框左上角的列表框已包括 HYDROGEN CYANIDE，点击【OK】键退出。

点击【Model】→【Edit Surfaces...】或在导航栏双击 Surfaces，弹出 Edit Surfaces 对话框。在对话框中点击左下角的【New】按钮，弹出 New Surface 对话框，输入边界条件名称为 LEAK，选择边界条件类型为 Supply 并点击【OK】按钮，返回到 Edit Surfaces 对话框。在 Air Flow 选项卡中，Normal Flow Rate 单选框选中 Specify Mass Flux of Individual Species；在 Species Injection 选项卡中，HYDROGEN CYANIDE 一栏对应的 Mass Flux 填 0.5，如图 2-51 所示。生成的 FDS 命令多了 TAU_MF=1.0，该参数的默认值即为 1.0，可以不理。

b. MW 参数　MW 参数为气体的摩尔质量，自定义时使用，默认值为空气的值 29。例如，模拟沙林毒气和氯化氢的扩散可以设置为：

```
&SPEC  ID               ='SARIN'
       FYI              ='(CH3)2CHOOPF(CH3)'
       MW               =139/
&SPEC  ID               ='HYDROGEN CHLORIDE'/
&SURF  ID               ='LEAK'
       MASS_FLUX(1:2)   =0.01,0.2
       SPEC_ID          ='SARIN','HYDROGEN CHLORIDE'/
```

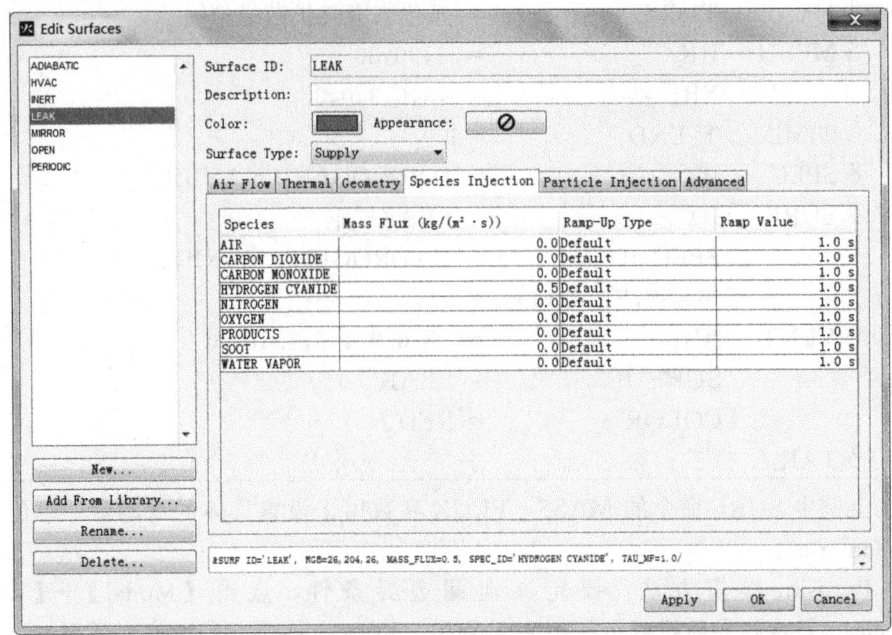


图 2-51　气体泄漏设置

c. FORMULA　用于设置气体的分子式，分子式的设置应遵守国际理论和应用化学联合会标准 IUPAC。设置该参数后，FDS 将自动计算分子的摩尔质量，不用再设置 MW，例如沙林毒气可以这样设置：

```
&SPEC  ID          ='SARIN'
       FORMULA     ='(CH3)2CHOOPF(CH3)'/
```

当然，同一分子式可以有多种设置方式，例如：

```
&SPEC ID='ETHYLENE GLYCOL',FORMULA='C2H6O2'/
&SPEC ID='ETHYLENE GLYCOL',FORMULA='OHC2H4OH'/
&SPEC ID='ETHYLENE GLYCOL',FORMULA='C2H4(OH)2'/
```

除摩尔质量外，还应设置其他热物理属性，包括导热系数、扩散系数、热焓、黏性和吸收率，详见《Fire Dynamics SimulatorUser's Guide》。

d. MASS_FRACTION_0 参数　用于指定计算开始前，环境中该气体的含量，默认为 0。例如，&SPEC ID=' FORMALDEHYDE '，MASS_FRACTION_0=0.001/意味着计算区域含有 0.1%的甲醛和 99.9%的空气。

Pyrosim 操作方法：自定义气体设置时，点击【Model】→【Edit Species...】或在导航栏双击 Species，弹出 Edit Species 对话框。在对话框左下侧点击【New】按钮，弹出 New Species 对话框，选择 Custom 单选框并填入名称 SARIN，再选择 Primitive，按【OK】键返回 Edit Species 对话框。在 Primitive

选项卡中，选择 Molecular Weight，在其文本框输入 139；或者选择 Chemical Formula，在文本框输入化学分子式$(CH_3)_2CHOOPF(CH_3)$，即可完成沙林毒气的定义，如图2-52所示。Pyrosim 不支持 MASS _ FRACTION _ 0 参数。

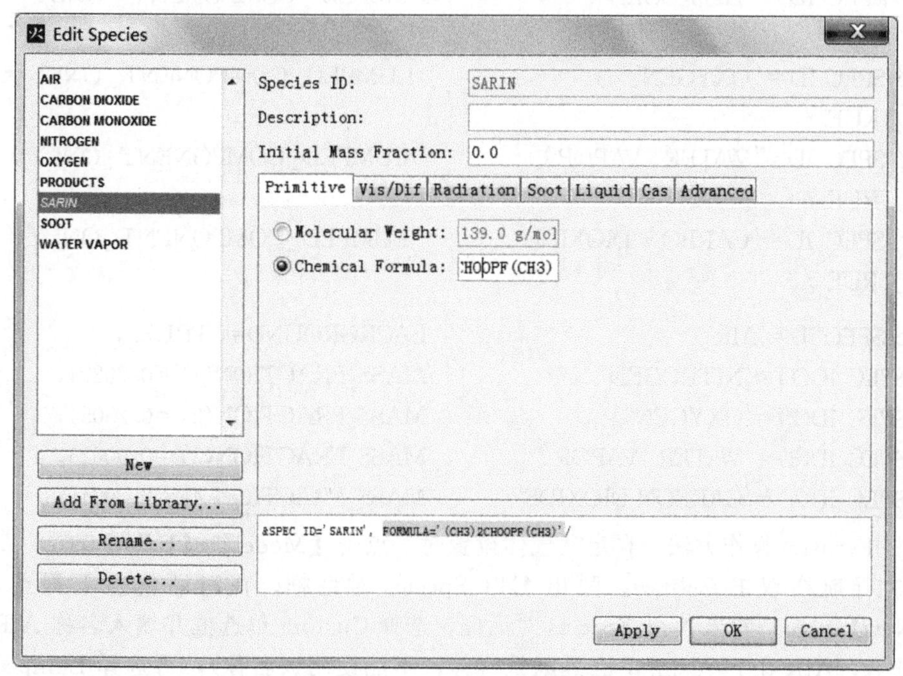


图 2-52 沙林毒气定义

② 混合气体 从气体在火灾模拟中的作用看，有的气体参与燃烧反应，有的气体作为背景气体（Background Species）。默认的背景气体为由 $N_2$、$O_2$、$CO_2$ 和 $H_2O$ 组成的混合气体空气。而有些气体虽非以上两种，但仍然需要 FDS 计算其分布规律，如毒气泄漏模拟及灭火时灭火器喷出的二氧化碳气体。

从 FDS 模型的运行机理看，每种气体既可以单独由各自的输运方程解算其在计算区域内的分布状况，又可以按一定比例组合成混合气体采用一个输运方程进行解算，后一种方式可以极大地减少计算工作量，提高计算效率。

若某种气体仅作为混合气体的组成部分，而非单独解算其扩散情况，应在 SPEC 命令中设置 LUMPED _ COMPONENT _ ONLY=. TRUE.，这样 FDS 就不会单独为其分配数组空间。若某种气体仅作为背景气体，同样不单独解算其扩散情况，应在 SPEC 命令中设置 BACKGROUND=. TRUE.。设置 LUMPED _ COMPONENT _ ONLY=. TRUE. 的气体既不能作为背景气体，也不能采用独立方程计算其扩散状况。不同的是，设置 BACKGROUND=. TRUE. 的基本气体可作为混合气体的组成部分。

Pyrosim 不支持这两个参数。

空气这种混合气体的定义为：

```
&SPEC ID='NITROGEN'                    LUMPED_COMPONENT_ONLY=
.TRUE./
&SPEC ID='OXYGEN'                      LUMPED_COMPONENT_ONLY=
.TRUE./
&SPEC ID='WATER  VAPOR'                LUMPED_COMPONENT_ONLY=
.TRUE./
&SPEC ID='CARBON DIOXIDE'              LUMPED_COMPONENT_ONLY=
.TRUE./

&SPEC ID='AIR'                         BACKGROUND=.TRUE.,
SPEC_ID(1)='NITROGEN'                  MASS_FRACTION(1)=0.76274,
SPEC_ID(2)='OXYGEN'                    MASS_FRACTION(2)=0.23054,
SPEC_ID(3)='WATER  VAPOR'              MASS_FRACTION(3)=0.00626,
SPEC_ID(4)='CARBON DIOXIDE'            MASS_FRACTION(4)=0.00046/
```

Pyrosim 操作方法：自定义气体设置时，点击【Model】→【Edit Species...】或在导航栏双击 Species，弹出 Edit Species 对话框。在对话框左下侧点击【New】按钮，弹出 New Species 对话框，选择 Custom 单选框并填入名称 AIR2（注意，AIR 在 Pyrosim 中已是默认气体，不能使用该名称），再选择 Lumped，按【OK】键返回 Edit Species 对话框。在 Lumped 选项卡中，Composition 单选框选择 by mass，即为质量百分比，在气体列表框中输入 4 种气体的百分比，如图 2-53 所示；由于 Pyrosim 不支持 BACKGROUND，需要手工输入，点击 Advanced 选项卡，Name 下输入 BACKGROUND，Value 下输入 .TRUE. 。

（2）单步混合控制燃烧模型　FDS 包含两种燃烧模型，混合控制（Mixing-Controlled）模型和有限率（Finite-Rate）模型。大涡模拟默认采用混合控制模型，该模型适于工程应用；有限率模型因要求 1mm 级别的网格只能用于直接模拟，该模型适于小尺度模型，不适用于大规模火灾场景。两种燃烧模型均采用 REAC 命令设置。

单步混合控制燃烧模型也称为简单燃烧模型（Simple Chemistry Combustion Model）。该燃烧模型仅能考虑一种可燃性气体的燃烧，且可燃气体由 C、H、O 和 N 组成，与氧气发生燃烧后生成 $H_2O$、$CO_2$、CO 和烟气。

简单燃烧模型的反应方程式为：

$$C_xH_yO_zN_v+\nu_{O_2}O_2\longrightarrow\nu_{CO_2}CO_2+\nu_{H_2O}H_2O+\nu_{CO}CO+\nu_S Soot+\nu_{N_2}N_2$$

从反应方程式可以看出，FDS 混合控制燃烧模型的可燃气体为碳氢化合物，氮气不参与化学反应。使用 FDS 模拟火灾时必须包含 REAC 命令。使用 REAC

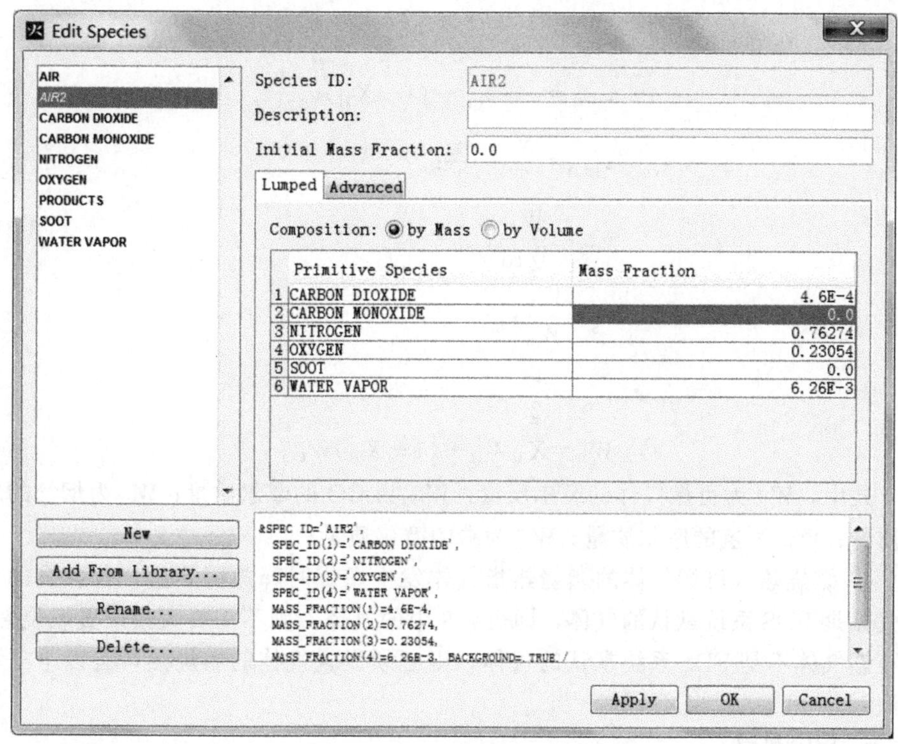


图 2-53 混合气体设置

命令设置燃烧参数时，并不需要设置反应方程式的所有项，只须设置可燃性气体的化学分子式、CO 及烟气的生成率和烟气中氢气的体积比，具体为：

① 可燃气体的分子式 可燃气体的分子式有两种设置方式。第一种方式为采用 FUEL 参数引用已定义的气体，包括 FDS 的保留气体，见表 2-8，此时 FDS 将采用系统内置的各气体热物理属性进行计算，如比热和黏度。第二种方式为自定义分子式各元素的个数，即反应方程式中 C、H、O、N 的 $x$、$y$、$z$、$\nu$，采用 FORMULA 参数设置分子式或者分别设置 C、H、O、N。自定义分子式时，气体热物理属性采用乙烯的值。FDS5 及以前版本场景文件可不包括 REAC 命令，其默认气体为丙烷。

② CO 的质量生成量 $y_{CO}$ 用 CO _ YIELD 设置，默认值为 0。这里特别要注意，若不设置燃烧参数，默认条件下并不生成一氧化碳。

③ 烟气质量生成量 $y_s$ 用 SOOT _ YIELD 参数设置，FDS6 默认值为 0，即完全燃烧。在 FDS5 及以前版中，烟气生成量的默认值为 0.01。

④ 烟气中氢的比例 $X_H$ 烟气由碳和氢两种元素组成，氢的比例用 SOOT _ H _ FRACTION 参数设置，其余为碳。燃烧需要的氧气及燃烧产物的生成量由反应关系式，通过质量守恒导出，即

$$
\begin{aligned}
&\nu_{O_2}=\nu_{CO_2}+\frac{\nu_{CO}}{2}+\frac{\nu_{H_2O}}{2}-\frac{z}{2}\\
&\nu_{CO_2}=x-\nu_{CO}-(1-X_H)\nu_S\\
&\nu_{H_2O}=\frac{y}{2}-\frac{X_H}{2}\nu_S\\
&\nu_{CO}=\frac{W_F}{W_{CO}}y_{CO}\\
&\nu_S=\frac{W_F}{W_S}y_S\\
&\nu_{N_2}=\frac{\nu}{2}\\
&W_S=X_HW_H+(1-X_H)W_C
\end{aligned}
\tag{2-21}
$$

式中，$W_F$ 为可燃气体的摩尔质量；$W_{CO}$为 CO 的摩尔质量；$W_S$ 为烟气的摩尔质量；$W_H$ 为氢的摩尔质量；$W_C$ 为碳的摩尔质量。

⑤ 燃烧热　可燃气体的燃烧热指气体发生燃烧时释放的热量，若燃烧的可燃气体是 FDS 系统默认的气体，即表 2-8 中的气体，则不需要直接设置燃烧热；若可燃气体不是 FDS 系统默认的气体，则必须设置气体的燃烧热，有以下三种方法：

a. 指定热焓

通过 SPEC 命令的 ENTHALPY _ OF _ FORMATION 参数设置，单位 kJ/mol，如：

```
&SPEC  ID                      ='GLUCOSE'
       FORMULA                 ='C62H12O6'
       ENTHALPY_OF_FORMATION   =-1279/
```

b. 直接设置燃烧热　通过 REAC 命令的 HEAT _ OF _ COMBUSTION 参数设置，单位 kJ/kg，如：

```
&REAC  FUEL='PVC'  HEAT_OF_COMBUSTION=16400/
```

c. 通过 EPUMO2 参数计算　EPUMO2 指每消耗单位质量的氧气所释放的热量，单位 kJ/kg，其默认值为 13100kJ/kg。燃烧释放的热量的具体计算方法为：

$$\Delta H=\frac{\nu_{O_2}W_{O_2}}{\nu_FW_F}\times 13100\text{kJ/kg} \tag{2-22}$$

若同时设置 EPUMO2 和 HEAT _ OF _ COMBUSTION，则 FDS 采用后者计算。注意：MATL 也设置了 HEAT _ OF _ COMBUSTION。

燃烧热（HEAT _ OF _ COMBUSTION）的获取方式主要有两种：一是通过反应物和反应产物热值之差理论计算，通过理论计算方式获取的燃烧热是可燃气体完全燃烧所释放的热量。若燃烧过程中生成了烟气和一氧化碳，即 REAC 命令中设置了 SOOT _ YIELD 和 CO _ YIELD，此时的燃烧热会低于理论计算值。设置 IDEAL=. TRUE. 将使 FDS 考虑气体的不完全燃烧，使燃烧释放的热量不会达到设置的 HEAT _ OF _ COMBUSTION，但 IDEAL 对 EPUMO2 参数不起作用。第二种获取燃烧热的方式为通过仪器测定，如锥形量热仪，测得的燃烧热考虑了气体的不完全燃烧，此时应设置 IDEAL=. FALSE. 。

典型燃料燃烧模型的反应参数如下，供火灾模拟时参考。

```
&REAC  FUEL          ='PROPANE'
       FYI           ='丙烷,C_3 H_8'
       SOOT_YIELD    =0.01/
```

Pyrosim 操作方法：点击【Model】→【Edit Species...】或在导航栏双击 Species，弹出 Edit Species 对话框。在对话框左下侧点击【New】按钮，弹出 New Species 对话框，在 Predefinded 下拉框选中 PROPANE（丙烷）并点击【OK】，重回 Edit Species 对话框，该对话框左上角的列表框已包括 PROPANE，点击【OK】键退出。

接着点击【Model】→【Edit Reactions...】或在导航栏双击 Reactions，弹出 Edit Reactions 对话框。在对话框左下侧点击 New 按钮，弹出 New Reaction 对话框，输入任意名称，按【OK】键返回 Edit Reactions 对话框。Description 文本框输入“丙烷，C _ 3 H _ 8”；在 Fuel 选项卡，Fuel Type 下拉框选 Predefinded，Fuel Species 下拉框选 PROPANE；在 Byproducts 选项卡，Soot Yield 文本框输入 0. 01，如图 2-54 所示。

```
&REAC  ID            ='KEROSENE'
       FYI           ='煤油,C_14 H_30'
       C             =14
       H             =30
       EPUMO2        =12700.
       CO_YIELD      =0.012
       SOOT_YIELD    =0.042/
```

Pyrosim 操作方法：点击【Model】→【Edit Reactions...】或在导航栏双击 Reactions，弹出 Edit Reactions 对话框。在对话框左下侧点击【New】按钮，弹出 New Reaction对话框，Reaction Name 输入 KEROSENE，按【OK】键返回 Edit Reactions对话框。Description 文本框输入“煤油，C _ 14 H _ 30”；在 Fuel 选项卡，Fuel Type 下拉框选 Simple Chemistry Model，Carbon atoms 文本框输入 14，Hydrogen atoms 文本框输入 30，如图 2-55 所示。在 Byproducts 选项卡，CO Yield 文本框输入 0. 012，Soot Yield 文本框输入 0. 042；在 Advanced 选项卡，Name 输入 EPUMO2，Value 输入 12700。

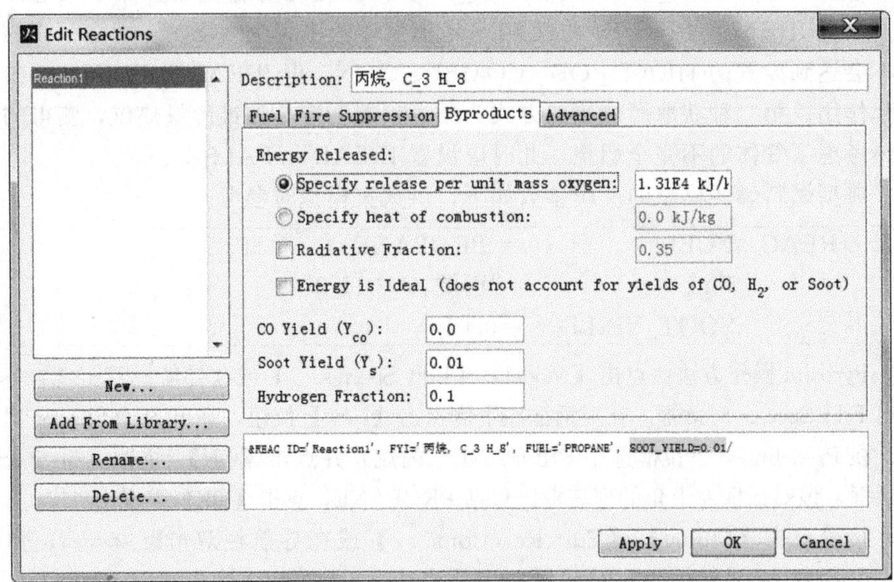


图 2-54 丙烷燃烧参数设置

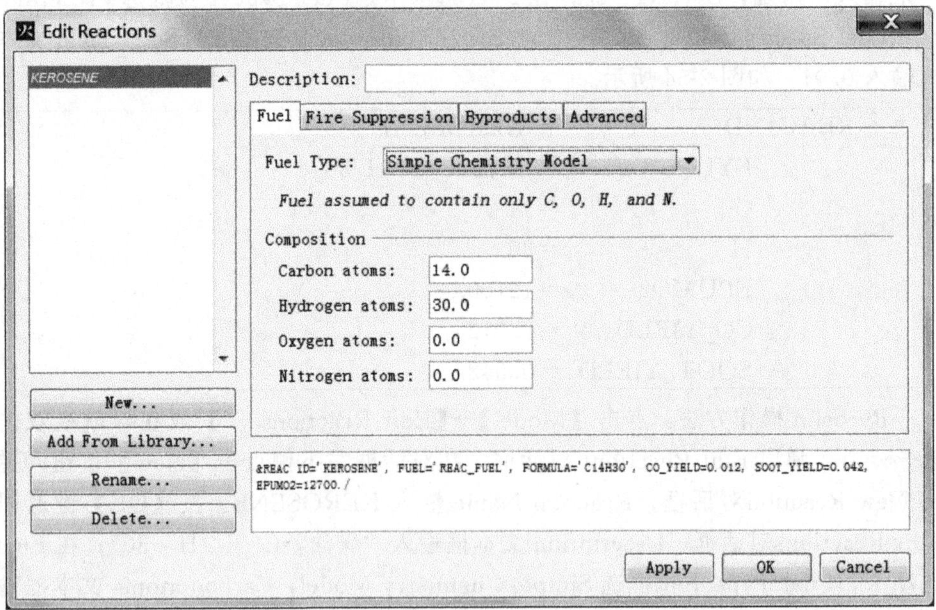


图 2-55 煤油燃烧参数设置

```
&REAC ID                    ='WOOD'
      FYI                   ='木材,C_3.4 H_6.2 O_2.5'
      SOOT_YIELD            =0.01
      C                     =3.4
      H                     =6.2
      O                     =2.5
      EPUMO2                =11020./
&REAC ID                    ='MMA'
      FYI                   ='MMA monomer,C_5 H_8 O_2'
      EPUMO2                =13125.
      C                     =5
      H                     =8
      O                     =2
      SOOT_YIELD            =0.022/
&REAC ID                    ='polyurethane'
      SOOT_YIELD            =0.1875
      CO_YIELD              =0.02775,
      C                     =1.0
      H                     =1.75
      O                     =0.25
      N                     =0.065
      OTHER                 =0.002427
      HEAT_OF_COMBUSTION    =25300.
      IDEAL                 =.TRUE. /
```

（3）复杂混合控制燃烧模型　简单燃烧模型仅能模拟C、O、H、N组成的化合物的单步反应燃烧。但有时需要模拟更加复杂的燃烧行为，典型的复杂混合控制燃烧模型主要有两种：复杂化合物的燃烧及多种物质的燃烧，这两种燃烧模型均需要自定义反应物及燃烧产物的反应系数。为简单起见，以甲烷为例介绍复杂混合控制燃烧模型的设置方法。当采用如下简单燃烧模型设置甲烷燃烧时：

```
&REACFUEL='METHANE'/
```

事实上甲烷与空气中的氧气的反应方程式为：

$$1(CH_4)+9.636(0.2076O_2+0.7825N_2+0.0095H_2O+0.0004CO_2)\longrightarrow 10.636(0.0944CO_2+0.1966H_2O+0.7090N_2)$$

设置甲烷燃烧时应首先定义组成混合气体的气体种类，包括 $N_2$、$O_2$、$H_2O$

和 $CO_2$，具体设置方式为：

```
&SPEC ID='NITROGEN',          LUMPED_COMPONENT_ONLY=.TRUE./
&SPEC ID='OXYGEN',            LUMPED_COMPONENT_ONLY=.TRUE./
&SPEC ID='WATER VAPOR',       LUMPED_COMPONENT_ONLY=.TRUE./
&SPEC ID='CARBON DIOXIDE',    LUMPED_COMPONENT_ONLY=.TRUE./

&SPEC ID='METHANE'/
```

然后定义两种混合气体，参与反应的空气和燃烧产物，设置方式为：

```
&SPEC ID='AIR',                      BACKGROUND=.TRUE.,
SPEC_ID(1)='OXYGEN',                 VOLUME_FRACTION(1)=0.2076,
SPEC_ID(2)='NITROGEN',               VOLUME_FRACTION(2)=0.7825,
SPEC_ID(3)='WATER VAPOR',            VOLUME_FRACTION(3)=0.0095,
SPEC_ID(4)='CARBON DIOXIDE',         VOLUME_FRACTION(4)=0.0004/

&SPEC ID='PRODUCTS',
SPEC_ID(1)='CARBON DIOXIDE',         VOLUME_FRACTION(1)=0.0944,
SPEC_ID(2)='WATER VAPOR',            VOLUME_FRACTION(2)=0.1966,
SPEC_ID(3)='NITROGEN',               VOLUME_FRACTION(3)=0.7090/
```

最后采用 REAC 命令定义燃烧反应：

```
&REAC  FUEL              ='METHANE'
SPEC_ID_NU               ='METHANE','AIR','PRODUCTS'
NU                       =-1,-9.636,10.636
HEAT_OF_COMBUSTION       =50000./
```

在 REAC 命令中，SPEC_ID_NU 表示参与燃烧的反应物及燃烧产物，反应系数由 NU 参数设置，负号表示反应物，正号表示燃烧产物。

Pyrosim 操作方法：复杂燃烧反应的设置包括气体定义和燃烧模型定义两步。甲烷燃烧中的气体 $N_2$、$O_2$、$H_2O$ 和 $CO_2$ 在 Pyrosim 中具有默认值，见图 2-57。在导航栏双击 Species，弹出 Edit Species 对话框，删除 Edit Species 对话框中的 AIR 和 PRODUCTS。在对话框左下侧点击【New】按钮，弹出 New Species 对话框，在 Predefinded 下拉框选中 METHANE 并点击【OK】，重回 Edit Species 对话框，该对话框左上角的列表框已包括 METHANE。

接下来定义混合气体 AIR 和 PRODUCTS。点击【New】按钮，在弹出的 New Species 对话框中，选择自定义 Custom，右侧的名称栏输入 AIR 并在下面的单选框选择 Lumped，见图 2-56，然后点击【OK】键返回 Edit Species 对话框。

在 Lumped 选项卡中，组成 Competition 选择体积比（by Volume），OXYGEN、

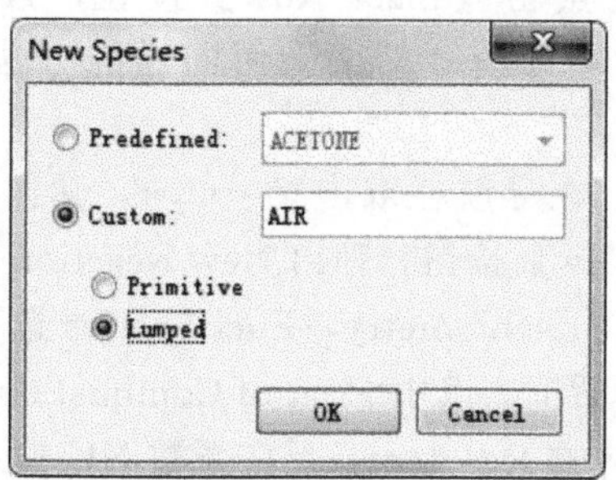


图 2-56 AIR 的定义

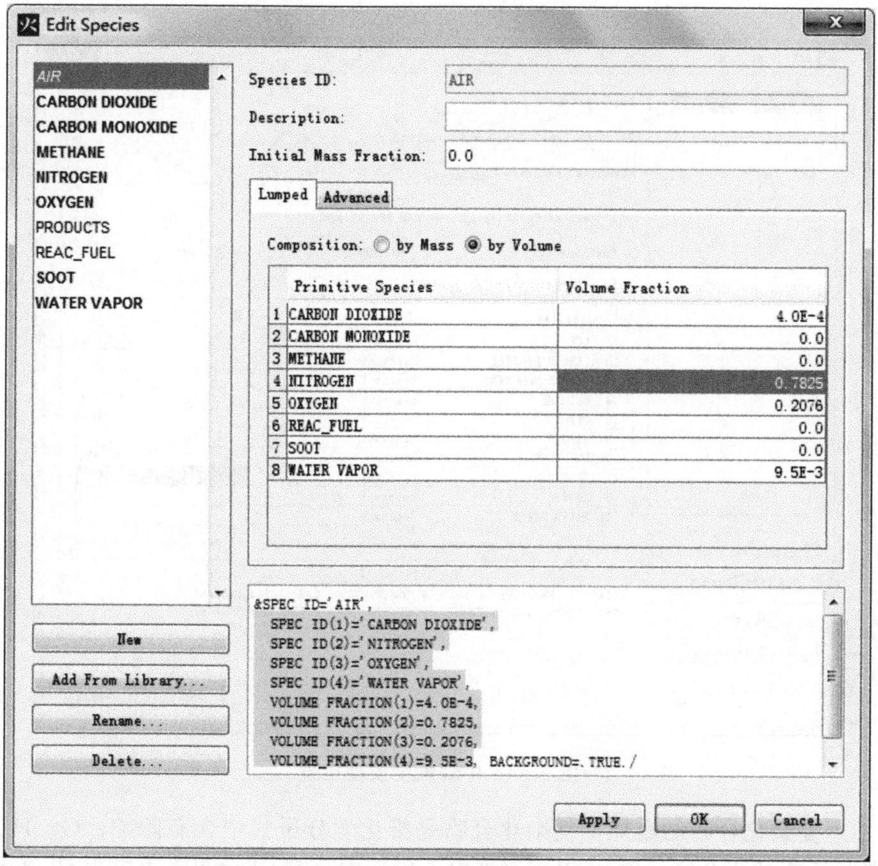

Edit Species

AIR
CARBON DIOXIDE
CARBON MONOXIDE
METHANE
NITROGEN
OXYGEN
PRODUCTS
REAC_FUEL
SOOT
WATER VAPOR

Species ID: AIR

Description:

Initial Mass Fraction: 0.0

Lumped | Advanced

Composition: by Mass by Volume

| | Primitive Species | Volume Fraction |
|---|---|---|
| 1 | CARBON DIOXIDE | 4.0E-4 |
| 2 | CARBON MONOXIDE | 0.0 |
| 3 | METHANE | 0.0 |
| 4 | NITROGEN | 0.7825 |
| 5 | OXYGEN | 0.2076 |
| 6 | REAC_FUEL | 0.0 |
| 7 | SOOT | 0.0 |
| 8 | WATER VAPOR | 9.5E-3 |

```
&SPEC ID='AIR',
  SPEC_ID(1)='CARBON DIOXIDE',
  SPEC_ID(2)='NITROGEN',
  SPEC_ID(3)='OXYGEN',
  SPEC_ID(4)='WATER VAPOR',
  VOLUME_FRACTION(1)=4.0E-4,
  VOLUME_FRACTION(2)=0.7825,
  VOLUME_FRACTION(3)=0.2076,
  VOLUME_FRACTION(4)=9.5E-3, BACKGROUND=.TRUE./
```

New | Add From Library... | Rename... | Delete...

Apply | OK | Cancel

图 2-57 AIR 的组成

NITROGEN、WATER VAPOR 和 CARBON DIOXIDE 的体积比分别输入 0.2076、0.7825、0.0095 和 0.0004；点击 Advanced 选项卡，Name 栏输入 BACKGROUND，Value 栏输入“.TRUE.”，注意不要去掉“TRUE”两边的

点，再按一下回车键或点击【Inset Row】按钮，最后点击对话框底端的【Apply】按钮，最终结果见图 2-57。采用同样的方法定义燃烧产物 PRODUCTS。

最后定义燃烧模型，在导航栏双击 Reactions，弹出 Edit Reactions 对话框。在对话框左下侧点击【New】按钮，弹出 New Reaction 对话框，反应类型 Reaction Type 选择 Complex stoichiometry，Fuel Species 选 METHANE，按【OK】键返回 Edit Reactions 对话框。选中 Heat of Combustion 并输入 50000；METHANE 的类型 Type 选反应物 Reactant，反应系数 NU 输入 1.0；AIR 的类型选反应物，反应系数 NU 输入 9.636；PRODUCTS 的类型选燃烧产物 Product，反应系数 NU 输入 10.636，见图 2-58。

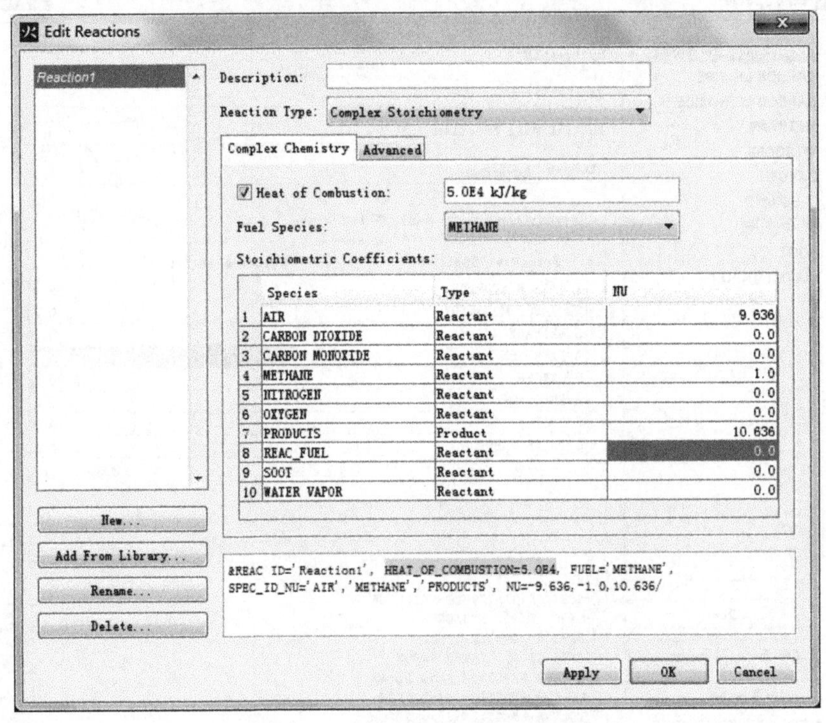


图 2-58　甲烷燃烧模型设置

① 复杂化合物的燃烧　复杂化合物是指化学分子式中含有除 C、O、H、N 外其他元素的化合物。例如 PVC（聚氯乙烯）中含有 Cl 元素，火灾中 Cl 将生成酸性气体 HCl。PVC 的分子式为 $C_2H_3Cl$，其发生化学反应的方程式为：

$$1(C_2H_3Cl)+1(1.53O_2+1.53(3.76)N_2)\longrightarrow 1(HCl+H_2O+0.14CO+0.96CO_2+0.90C+1.53(3.76)N_2)$$

具体设置方式为：

```
&SPEC ID='PVC',                    FORMULA='C2H3Cl'/
&SPEC ID =' OXYGEN',                      LUMPED_COMPONENT_ONLY =
.TRUE./
&SPEC ID =' NITROGEN',                    LUMPED_COMPONENT_ONLY =
.TRUE./
&SPEC ID =' HYDROGEN CHLORIDE',           LUMPED_COMPONENT_ONLY =
.TRUE./
&SPEC ID =' WATER VAPOR',                 LUMPED_COMPONENT_ONLY =
.TRUE./
&SPEC ID =' CARBON MONOXIDE',             LUMPED_COMPONENT_ONLY =
.TRUE./
&SPEC ID =' CARBON DIOXIDE',              LUMPED_COMPONENT_ONLY =
.TRUE./
&SPEC ID =' SOOT',                        LUMPED_COMPONENT_ONLY =
.TRUE./
&SPEC ID='AIR',              BACKGROUND=.TRUE.
SPEC_ID(1)='OXYGEN',         VOLUME_FRACTION(1)=1.53,
SPEC_ID(2)='NITROGEN',       VOLUME_FRACTION(2)=5.76/
&SPEC ID='PRODUCTS',
SPEC_ID(1)='HYDROGEN CHLORIDE',   VOLUME_FRACTION(1)=1.0,
SPEC_ID(2)='WATER VAPOR',         VOLUME_FRACTION(2)=1.0,
SPEC_ID(3)='CARBON MONOXIDE',     VOLUME_FRACTION(3)=0.14,
SPEC_ID(4)='CARBON DIOXIDE',      VOLUME_FRACTION(4)=0.96,
SPEC_ID(5)='SOOT',                VOLUME_FRACTION(5)=0.90,
SPEC_ID(6)='NITROGEN',            VOLUME_FRACTION(6)=5.76/
&REAC FUEL                ='PVC'
HEAT_OF_COMBUSTION =16400
SPEC_ID_NU                ='PVC','AIR','PRODUCTS',
NU                        =-1,-1,1/
```

② 多种物质的燃烧　多种物质的燃烧是指参与燃烧的物质为两种或两种以上。下面以聚亚安酯和木材为例介绍多种物质的燃烧方法。聚亚安酯的分子式为$C_{25}H_{42}O_6N_2$，燃烧后生成13.1%的烟气和1%的CO，反应方程式为：

$$1(C_{25}H_{42}O_6N_2)+27.3274(O_2+3.76N_2)\longrightarrow$$

$$1(19.7441CO_2+0.166587CO+21H_2O+5.0893C+103.751N_2)$$

木材燃烧的分子式为$CH_{1.7}O_{0.74}N_{0.002}$，燃烧后生成1.5%的烟气和0.4%的CO，反应方程式为：

$$1(CH_{1.7}O_{0.74}N_{0.002})+1.02121(O_2+3.76N_2)\longrightarrow 1(0.964384CO_2+0.003655CO+0.85H_2O+0.031961C+3.84076N_2)$$

这两种物质燃烧模型的定义为：

```
&SPEC ID='POLYURETHANE',          FORMULA='C25H42O6N2'/
&SPEC ID='WOOD',                  FORMULA='CH1.7O0.74N0.002'/
&SPEC ID =' OXYGEN',              LUMPED _ COMPONENT _ ONLY =
.TRUE./
&SPEC ID =' NITROGEN',            LUMPED _ COMPONENT _ ONLY =
.TRUE./
&SPEC ID =' WATER  VAPOR',        LUMPED _ COMPONENT _ ONLY =
.TRUE./
&SPEC ID =' CARBON  MONOXIDE',    LUMPED _ COMPONENT _ ONLY =
.TRUE./
&SPEC ID =' CARBON  DIOXIDE',     LUMPED _ COMPONENT _ ONLY =
.TRUE./
&SPEC ID =' SOOT',                LUMPED _ COMPONENT _ ONLY =
.TRUE./

&SPEC ID='AIR',
SPEC_ID(1)='OXYGEN',     VOLUME_FRACTION(1)=1,
SPEC_ID(2)='NITROGEN',   VOLUME_FRACTION(2)=3.76,
BACKGROUND=.TRUE./
&SPEC ID='PRODUCTS_1',
SPEC_ID(1)='CARBON DIOXIDE',      VOLUME_FRACTION(1)=19.7441,
SPEC_ID(2)='CARBON MONOXIDE',     VOLUME_FRACTION(2)=0.166587,
SPEC_ID(3)='WATER  VAPOR',        VOLUME_FRACTION(3)=21,
SPEC_ID(4)='SOOT',                VOLUME_FRACTION(4)=5.0893,
SPEC_ID(5)='NITROGEN',            VOLUME_FRACTION(5)=103.751/

&SPEC ID='PRODUCTS_2',
SPEC_ID(1)='CARBON DIOXIDE',      VOLUME_FRACTION(1)=0.964384,
SPEC_ID(2)='CARBON MONOXIDE',     VOLUME_FRACTION(2)=0.003655,
SPEC_ID(3)='WATER  VAPOR',        VOLUME_FRACTION(3)=0.85,
SPEC_ID(4)='SOOT',                VOLUME_FRACTION(4)=0.031961,
SPEC_ID(5)='NITROGEN',            VOLUME_FRACTION(5)=3.84076/
```

```
&REAC ID                 ='plastic',
FUEL                     ='POLYURETHANE',
HEAT_OF_COMBUSTION       =26200,
SPEC_ID_NU               ='POLYURETHANE','AIR','PRODUCTS_1'
NU                       =-1,-27.3274,1/
&REAC ID                 ='wood'
FUEL                     ='WOOD',
HEAT_OF_COMBUSTION       =16400,
SPEC_ID_NU               ='WOOD','AIR','PRODUCTS_2'
NU                       =-1,-1.02121,1/
```

需要说明的是，采用 SURF 命令的 HRRPUA 参数设置热释放速率仅适用于一种燃烧物的情况。本例的燃烧物质为聚亚安酯和木材，共两种燃烧物，无法使用 HRRPUA 设置，必须换算成质量流量，采用 MASS _ FLUX 参数设置。假定热释放速率的总量为 1.2MW，聚亚安酯和木材分别为 600kW，燃烧面积为 $1m^2$，则两种材料的质量流量分别为：

$$\dot{m}''_{poly}=\frac{600kW}{1m^2}\frac{1}{26200kJ/kg}=0.022901kg/(m^2\cdot s)$$

$$\dot{m}''_{wood}=\frac{600kW}{1m^2}\frac{1}{16400kJ/kg}=0.036585kg/(m^2\cdot s)$$

火源的设置方法为：

```
&SURF   ID='FIRE'
SPEC_ID(1)='POLYURETHANE'   MASS_FLUX(1)=0.022901
SPEC_ID(2)='WOOD'           MASS_FLUX(2)=0.036585/
&VENT XB        =4.0,5.0,4.0,5.0,0.0,0.0
SURF_ID ='FIRE'
COLOR   ='RED'/
```

③ 多步链式燃烧　在多步链式燃烧中，燃料中的 C 首先生成 CO，然后氧气充足时 CO 再生成 $CO_2$，如丙烷的三步燃烧为：

$$C_3H_8+3O_2 \longrightarrow 2CO+4H_2O+C$$

$$CO+0.5O_2 \longrightarrow CO_2$$

$$C+O_2 \longrightarrow CO_2$$

在第一步反应中，$C_3H_8$ 与 $O_2$ 反应生成 CO、$H_2O$ 和炭黑 C，随后若空气中 $O_2$ 充足，CO 和炭黑 C 继续与 $O_2$ 反应生成 $CO_2$。默认情况下，所有的反应同时发生，也可以采用 PRIORITY 参数指定每步反应的优先级，例如：

```
&SPEC ID='NITROGEN',                BACKGROUND        =.TRUE./
&SPEC ID='PROPANE',                 MASS_FRACTION_0=0.0/
&SPEC ID='OXYGEN',                  MASS_FRACTION_0=0.23/
&SPEC ID='WATER  VAPOR',            MASS_FRACTION_0=0.0/
&SPEC ID='CARBON MONOXIDE',         MASS_FRACTION_0=0.0/
&SPEC ID='CARBON DIOXIDE',          MASS_FRACTION_0=0.0/
&SPEC ID='SOOT',FORMULA='C',        MASS_FRACTION_0=0.0/

&REAC ID ='REACTION1'
FUEL        ='PROPANE'
SPEC_ID_NU ='PROPANE','OXYGEN','CARBON MONOXIDE','WATER
VAPOR','SOOT'
SOOT_H_FRACTION=0.
NU=-1,-3,2,4,1/
&REAC ID='REACTION2'
FUEL='CARBON MONOXIDE'
SPEC_ID_NU='CARBON MONOXIDE','OXYGEN','CARBON DIOXIDE'
NU=-1,-0.5,1
PRIORITY=2/
&REAC ID='REACTION3'
FUEL='SOOT'
SPEC_ID_NU='SOOT','OXYGEN','CARBON DIOXIDE'
NU=-1,-1,1
PRIORITY=2/
```

## 2.5 输出变量设置

FDS作为专业的火灾动力学软件，能计算输出诸多和火灾有关的计算结果，气体参数主要为温度、速度、浓度、能见度、压力、网格热释放速率、混合分数、密度和网格水滴质量；固体表面参数主要为温度、辐射与对流热流、燃烧率和单位面积水滴质量；其他参数主要为热释放速率、喷头与探测器的启动时间、通过开口或固体表面的质量流与能量流。FDS在每个时间步内计算所有网格的上述数据，同时也提供了丰富的后处理功能来获取计算结果。为节省生成文件所需的时间及存储空间，FDS默认情况下仅保留少量计算结果。用户应提前规划并正确设置所需要的数据，若在计算开始前没有指定，计算完毕后将无法获取。

用户可以根据需要得到某点、某条线、某个面或子空间的结果数据，使用命令主要包括 DEVC、PROF、SLCF、ISOF 和 BNDF。

### 2.5.1 DEVC 命令

DEVC 命令用于设置测点，即测量空间某一点的量值随时间的变化。当测量的量为温度时，其作用相当于实际火灾试验中的热电偶。FDS4 及以前版本，设置测点的命令为 THCP，即为 Thermocouple 一词的缩写，因此，DEVC 命令用于设置输出结果时经常称为设置热电偶。

（1）气体变量　使用 XYZ 参数设置测点的位置，使用 QUANTITY 参数指明输出变量名，FDS 常用输出变量见附录 1，FDS 所有变量请参考 FDS 用户手册。使用 ID 参数设置变量在输出文件中的标识。例如：

```
&DEVC  ID        ='T-1'
       XYZ       =1.0,1.0,2.0
       QUANTITY  ='TEMPERATURE'/
```

将输出坐标（1.0，1.0，2.0）处温度值随时间的变化情况。

Pyrosim 操作方法：点击【Devices】→【New Gas-Phase Device...】，弹出 Gas-phase Device 对话框。在 Properties 选项卡，Name 文本框输入 T-1，Quantity 下拉框选中 Temperature，Location 对话框分别输入 X、Y、Z 坐标 1.0、1.0、2.0，如图2-59 所示，点击【OK】键退出。另一方法为点击【Devices】→【New Thermocouple...】，弹出 Thermocouple 对话框，其他输入与 Gas-Phase Device 对话框相同。

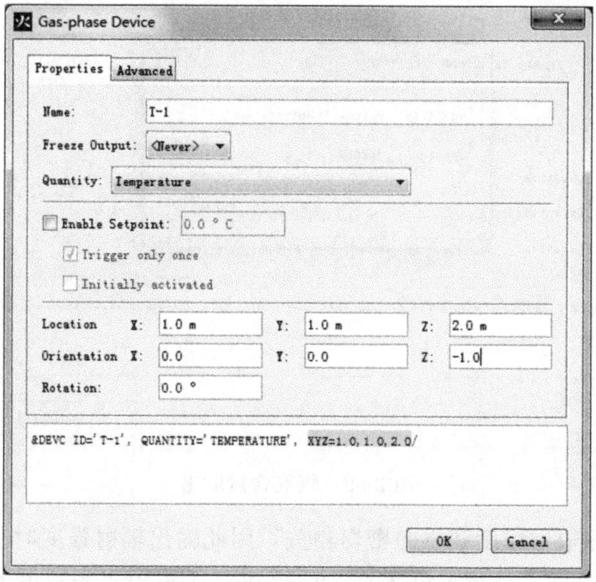

图 2-59　气体参数设置

对于体积分数 VOLUME FRACTION 和质量分数 MASS FRACTION 这两个变量，还要使用 SPEC _ ID 命令指出具体的气体种类，包括 OXYGEN、NITROGEN、WATER VAPOR、CARBON DIOXIDE、CARBON MONOXIDE 和 SOOT。比如，输出含氧量的命令如下：

```
&DEVC ID          ='O2'
      XYZ         =1.0,1.0,2.0
      QUANTITY    ='VOLUME FRACTION'
      SPEC_ID     ='OXYGEN'/
```

Pyrosim 操作方法：点击【Devices】→【New Gas-Phase Device...】，弹出 Gas-Phase Device 对话框或者点击【Devices】→【New Thermocouple...】，弹出 Thermocouple 对话框。在 Properties 选项卡，Name 文本框输入 O2，Quantity 下拉框选［Species Quantity］…，弹出 Choose Quantity 对话框，Quantity 下拉框选 Volume Fraction，Species 下拉框选 OXYGEN（见图 2-60），点击【OK】键返回 Gas-Phase Device 对话框。Location 对话框分别输入 X、Y、Z 坐标 1.0、1.0、2.0，点击【OK】键退出。

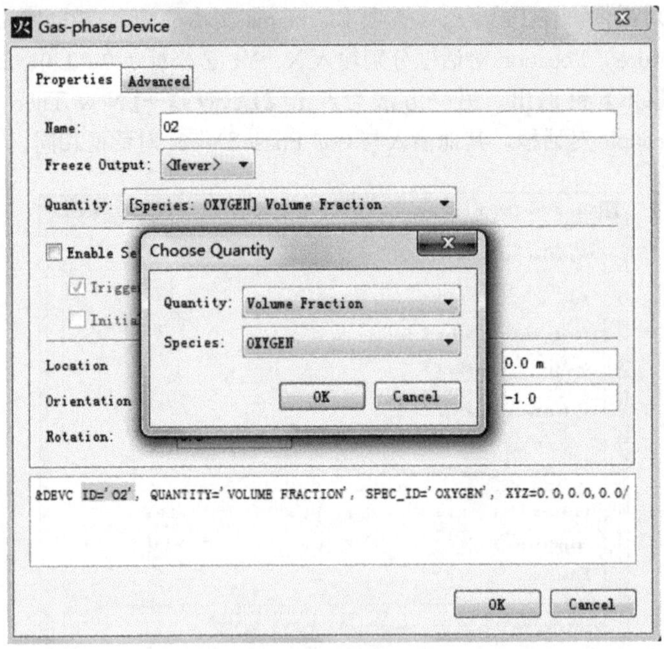


图 2-60 氧气含量输出

因为接受热辐射强度和方向密切相关，因此输出辐射强度时须采用 ORIENTATION 设置方向，该参数包含 $x$、$y$、$z$ 共 3 个数值，参数值为正表明指向坐标轴的正向，反之指向坐标轴的负向。例如：

```
&DEVC ID          ='RAD'
      XYZ         =1.7,1.5,3.5
      QUANTITY='RADIATIVE HEAT FLUX GAS'
      ORIENTATION=1,0,0/
```

使用DEVC命令需要注意，因为该命令输出的是某网格的温度，因此XYZ参数所指出的位置必须为某网格内，以便明确区分测点所在网格。例如，若计算区域为：

```
&MESH  XB=0 3 0 3 0 3 IJK=30 30 30/
```

则测点可以为：

```
&DEVC XYZ=0.75 0.75 0.75  QUANTITY='TEMPERATURE'/
```

而不能为

```
&DEVC XYZ=0.7  0.7  0.7  QUANTITY='TEMPERATURE'/
```

（2）固体表面变量　火灾模拟过程中，有时需要知道物体表面温度随时间变化的规律，以便辅助分析可燃材料的热解过程，或者将结果导入到力学分析软件（如Ansys），以进一步分析结构在高温下的力学性能，评估结构在高温下的安全性。物体表面量的获取仍采用DEVC命令，这种情况下需要将测点布置在物体的外表面上，但若直接采用XYZ参数设置测点很难获得正确的结果，主要原因有两个：一是当设置的物体坐标与计算网格不重合时，FDS将对物体坐标自动调整却并没有说明其调整规则，这造成测点不易布置在物体外表面；二是计算机的存储误差，因XYZ为浮点数组，浮点数在计算机中存储是有误差的，1可能被计算机存储为0.99999，这也造成判断测点位置的困难。为此，DEVC命令引入了IOR参数，IOR为Index of Orientation的缩写。如图2-61所示，当测点位于物体的右表面（表面的方向为$x$正向）时，其值为1；当测点位于物体的左表面（表面的方向为$x$负向）时，其值为－1；当测点位于物体的后表面（表面的方向为$y$正向）时，其值为2；当测点位于物体的前表面（表面的方向为$y$负向）时，其值为－2；当测点位于物体的上表面（表面的方向为$z$正向）

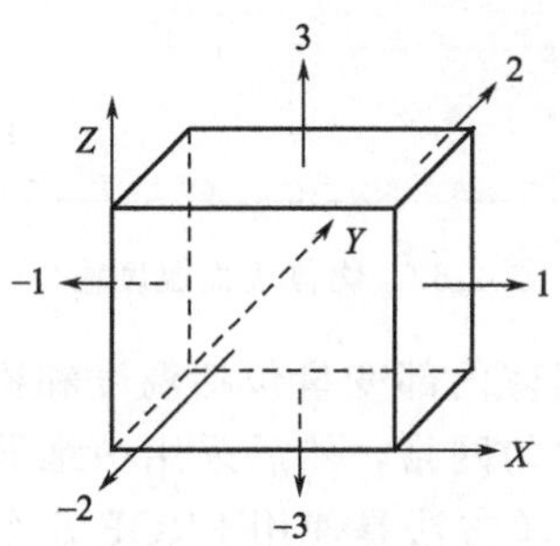


图2-61　IOR参数含义

时，其值为 3；当测点位于物体的下表面（表面的方向为 $x$ 负向）时，其值为 −3。

例如，输出某物体上表面某点温度的命令为：

```
&DEVC  ID          ='WT-Obstruction'
       XYZ         =1.0,1.0,2.0
       IOR         =3
       QUANTITY    ='WALL TEMPERATURE'/
```

Pyrosim 操作方法：点击【Devices】→【New Solid-Phase Device...】，弹出 Solid-Phase Device对话框。在 Properties 选项卡，Name 文本框输入 WT-Obstruction，Quantity 下拉框选中 Wall Temperature，Location 文本框分别输入 X、Y、Z 坐标 1.0、1.0、2.0，Normal of Solid 文本框的 X、Y、Z 分别输入 0.0、0.0、1.0，如图 2-62 所示，点击【OK】键退出。

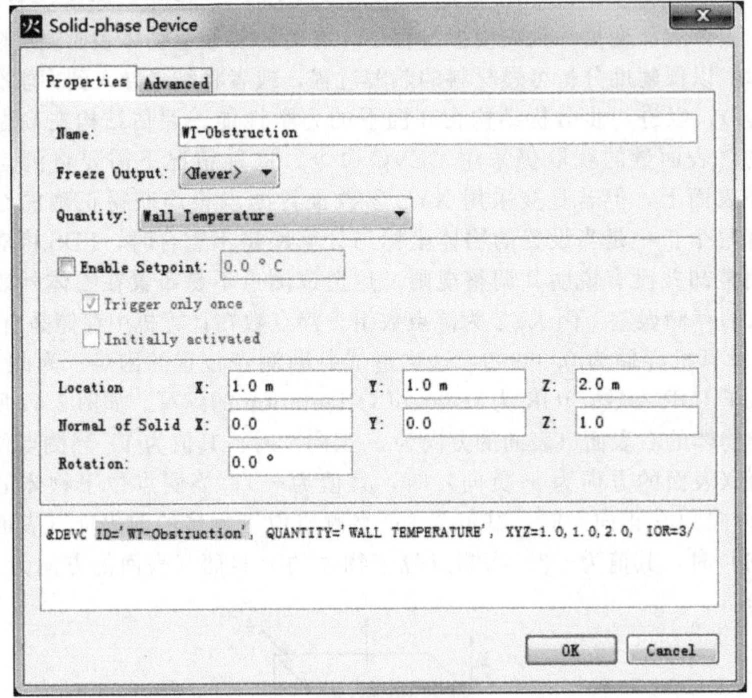


图 2-62　物体表面温度输出

（3）固体内部变量　固体内部变量包括温度和密度。FDS 将 THICKNESS 设置的厚度自动剖分成非均匀网格，然后采用一维导热模型计算每一网格的温度，获取全部网格温度的简单方法是使用 PROF 命令，其设置方法与 DEVC 相同，如下：

```
&PROF  ID        ='P1'
       XYZ       =1.0,1.0,2.0
       IOR       =3
       QUANTITY  ='TEMPERATURE'/
```

FDS 为每个 PROF 命令独立生成一个文件并命名为 CHID _ prof _ nn. csv。该文件的第一列为时间步，第二列为一维导热计算剖分的点数 Npoints，接下来的 Npoints 列为各点至表面的距离，第一点的值为 0，最后一点的值为 THICKNESS 参数设置的厚度，最后 Npoints 列为各点的温度。

Pyrosim 操作方法：点击【Output】→【Edit Solid Profiles...】，弹出 Edit Solid Profiles 对话框。在列表框的第一行，ID 输入 P1，X、Y、Z 坐标分别输入 1.0、1.0、2.0，ORIENT 下拉框选 Z+，QUANTITY 下拉框选 Temperature，如图 2-63 所示，点击【OK】键退出。

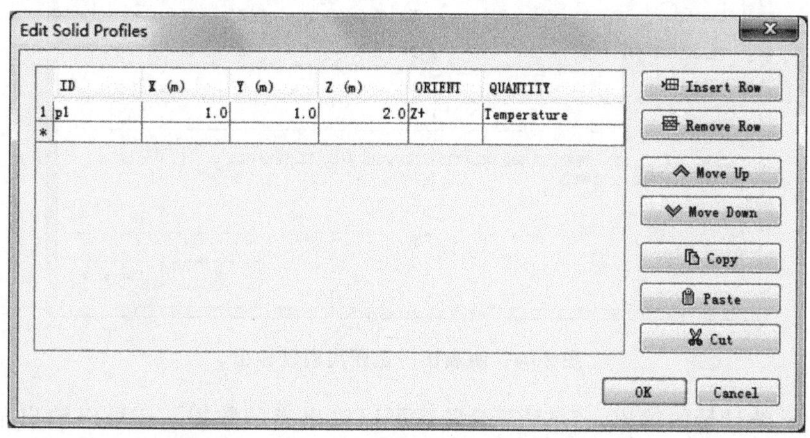


图 2-63 物体内部温度输出

若仅需要某网格内的温度值，并不需要使用 PROF 命令，而是仍然采用 DEVC 命令，例如想得到距表面 5cm 处的温度，命令如下：

```
&DEVC  ID        ='T0.05'
       XYZ       =1.0,1.0,2.0
       IOR       =3
       DEPTH     =0.05
       QUANTITY  ='INSIDE WALL TEMPERATURE'/
```

Pyrosim 操作方法：点击【Devices】→【New Solid-Phase Device...】，弹出 Solid-Phase Device 对话框。在 Properties 选项卡，Name 文本框输入 T0.05，Quantity 下拉框选中 Inside Wall Temperature，Surface Depth 文本框输入 0.05，Location 对话框分别输入 X、Y、Z 坐标 1.0、1.0、2.0，Normal of Solid 文本

框的 X、Y、Z 分别输入 0.0、0.0、1.0，如图 2-64 所示，点击【OK】键退出。

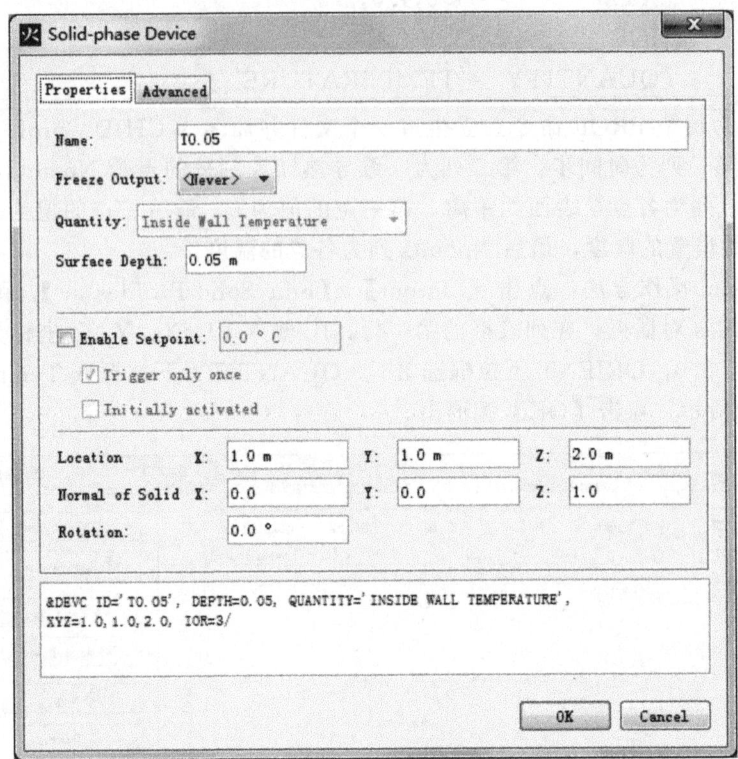


图 2-64　距表面一定距离温度输出

（4）统计量的输出　DEVC 不只是可以输出点的数据，还可以输出某一平面或某一长方体区域内的统计量，包括热释放速率、空气流量等。比如防排烟研究时经常需要分析通过某一通风口的体积流量，这时 XB 参数应设置成表示通风口的平面，命令如下：

```
&DEVC  ID        ='FLOW'
       XB        =0.3,0.6,0.3,0.6,3.0,3.0
       QUANTITY  ='MASS FLOW'/
```

Pyrosim 操作方法：点击【Devices】→【New Flow Measuring Device...】，弹出 Flow Measuring Device 对话框。在 Properties 选项卡，Name 文本框输入 FLOW，Quantity 下拉框选择 Mass Flow，Plane 下拉框选 Z，右侧文本框输入 3.0，Bounds 属性下 X、Y 坐标分别输入 0.3 、0.6、0.3、0.6，如图 2-65 所示。

再如，欲获取火源附近的热释放速率，XB 应设置成一长方体区域，命令为：

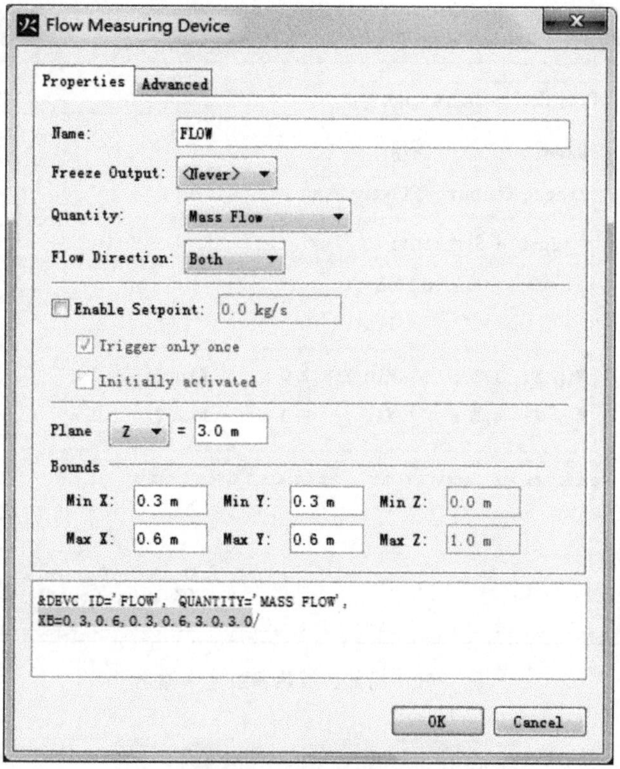

图 2-65　统计量输出

```
&DEVC  ID         ='HRR'
       XB         =1.5,4.5,2.0,6.0,1.0,2.0
       QUANTITY   ='HRR'/
```

Pyrosim 操作方法：点击【Devices】→【New Heat Release Rate Device...】，弹出 Heat Release Rate Device 对话框。在 Properties 选项卡，Name 文本框输入 HRR，在坐标处依次输入 X、Y、Z 的坐标值，如图 2-66 所示。

### 2.5.2　SLCF 命令

SLCF 命令主要用于输出某一平面的气体参数的云图动画。云图是指使用气体参数绘制的类似云状的图片，用于记录某一时刻某一平面的气体参数的变化情况。图 2-67 为 1.9s 时的温度云图。连续的云图便构成云图动画。

SLCF 的主要参数包括 XB、QUANTITY、SPEC _ ID、PBX、PBY、PBZ 和 VECTOR。其中 XB 用于设置平面位置。既然表示平面，某一坐标轴的两个坐标应相等。PBX、PBY 和 PBZ 为设置平面的简单形式，比如 PBX=12.5 表示

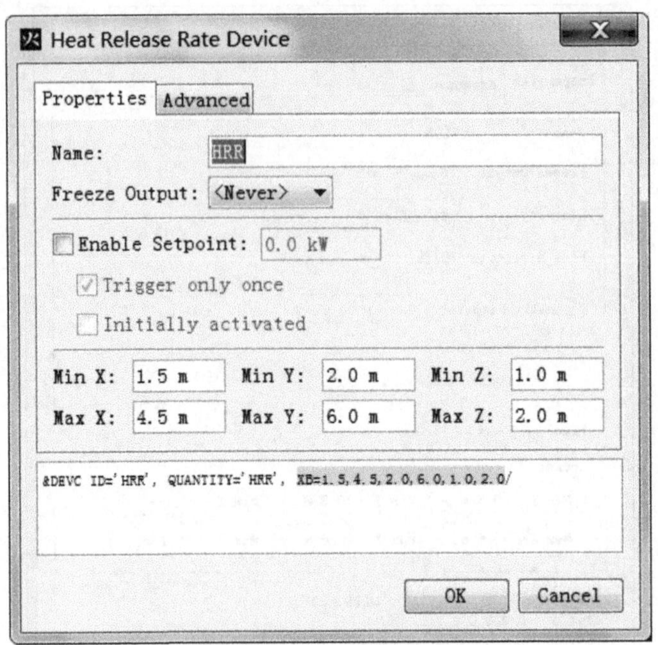


图 2-66　局部区域热释放速率输出

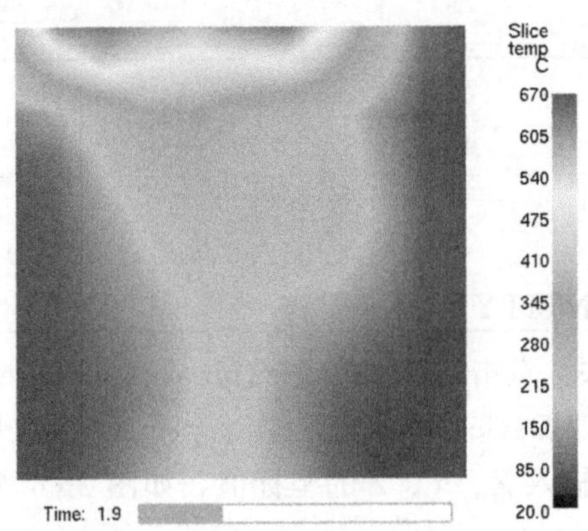


图 2-67　温度云图

与 $x=12.5$ 相垂直的整个平面，相当于：

```
&MESH   XB=0 40 0 30 0 10
        IJK=80 60 20/
&SLCF   XB=12.5 12.5 0 30 0 10/
```

当 QUANTITY 设置的输出变量为 VOLUME FRACTION 或 MASS FRACTION 输出气体的体积比或质量比时，必须采用 SPEC _ ID 指出具体的气体名称，包括 OXYGEN、NITROGEN、WATER VAPOR 和 CARBON DIOXIDE。若在燃烧模型 REAC 命令中设置输出了 SOOT _ YIELD 和 CO _ YIELD，还可以指定输出 SOOT 和 CARBON MONOXIDE，例如：

```
&REAC  FUEL        ='PROPANE'
       CO_YIELD    =0.1/
&SLCF  PBY         =1.5
       QUANTITY    ='MASS FRACTION'
   SPEC_ID     ='CARBON MONOXIDE'/
```

Pyrosim 操作方法：点击【Output】→【2D Slices...】，弹出 Animated Planar Slices 对话框。XYZ Plane 下拉框选 Y，Plane Value 输入 1.5，点击 Gas Phase Quantity 下拉框，选【Species Quantity】...，弹出 Choose Quantity 对话框，Quantity 下拉框选 Mass Fraction，Species 下拉框选 CARBON MONOXIDE，点击【OK】键返回 Animated Planar Slices 对话框。Use Vector? 下拉框选 NO，Cell Centered? 选 No，如图 2-68 所示。

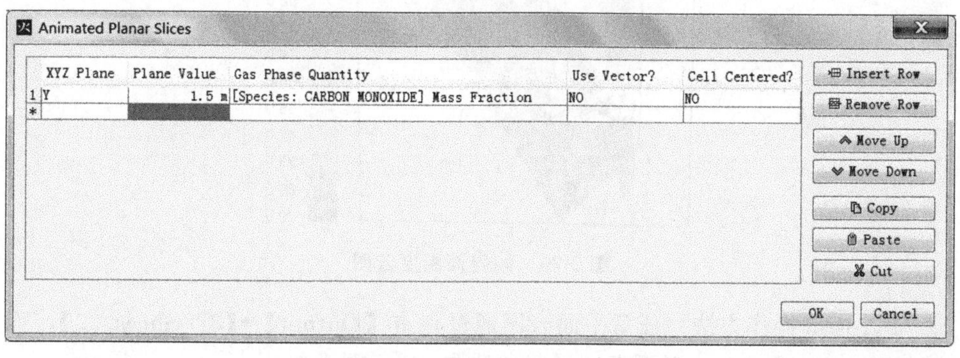


图 2-68　CO 云图动画设置

VECTOR 参数设置为 .TRUE. 时用于输出 $x$、$y$、$z$ 三个方向的气流速度，其默认值为 .FALSE.。某温度矢量图如图 2-69 所示，矢量图采用颜色表示气体温度，采用箭头方向表示气流方向，采用矢量线长短表示气流速度大小。若场景文件中含有多个 SLCF 命令，只须在一个命令中设置 VECTOR 参数，否则 FDS 会重复生成数据。

采用 XB 或 PBX、PBY 及 PBZ 设置位置输出的云图，均为垂直三个坐标轴的竖向或水平面。工程中有时需要任意平面的云图，此时可利用 SLCF 的 XB 参数设置需要输出数据的长方体区域，然后在 Smokeview 中查看倾斜平面的云图动画，如图 2-70 所示。这种设置计算输出了设置区域内的每个网格的值，势必占用巨大硬盘空间，例如，3m×3m×3m 区域内 30s 温度数据量占 115MB 空间。

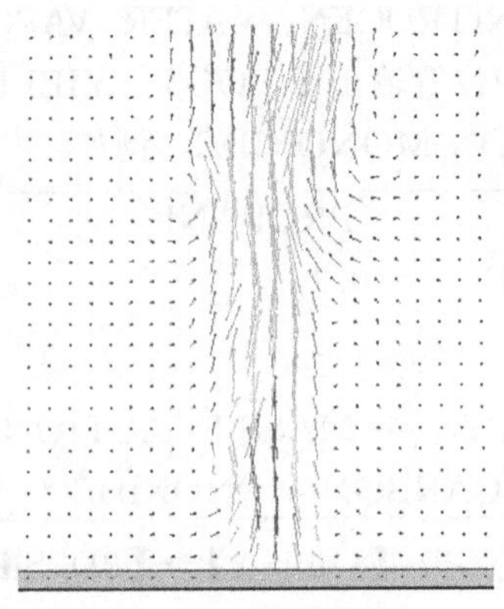

图 2-69　温度矢量图

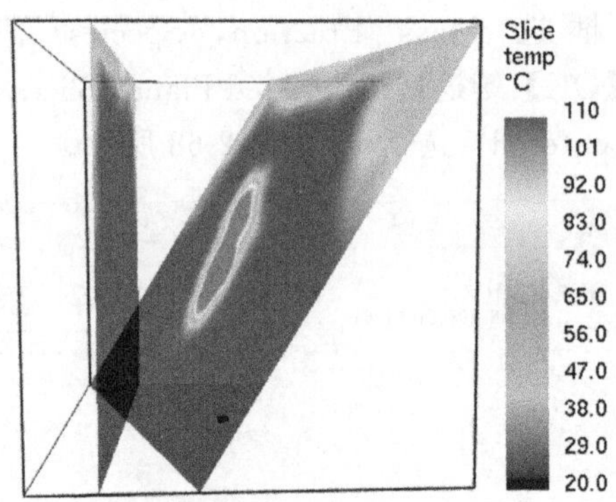


图 2-70　倾斜面温度云图

Pyrosim 操作方法：任意平面云图通过点击【Output】→【3D Slices...】，弹出 Animated 3D Slices 对话框。设置方法与 2D 云图类似。

### 2.5.3　ISOF 命令

ISOF 命令用于输出气体参数的等值面图动画。等值面图指由相同的气体参数值构成的曲面组合而成的图形，即每个曲面的各点的参数值相同。例如，600℃等值面图指显示的曲面上任意一点的值均为 600℃，等值面图能最直观地反映气体参数在空间的分布特征。美国世贸大楼的热释放速率等值面图如图 2-71 所示，可以看出热释放速率等值面图能直观地反映火焰的扩散状况。

FDS 中可以输出温度、热释放速率、能见度和气流速度等参数的等值面图。ISOF 命令的主要参数包括 QUANTITY、SPEC_ID 和 VALUE，其中 VALUE 为实数数组，最多为三个数，例如：

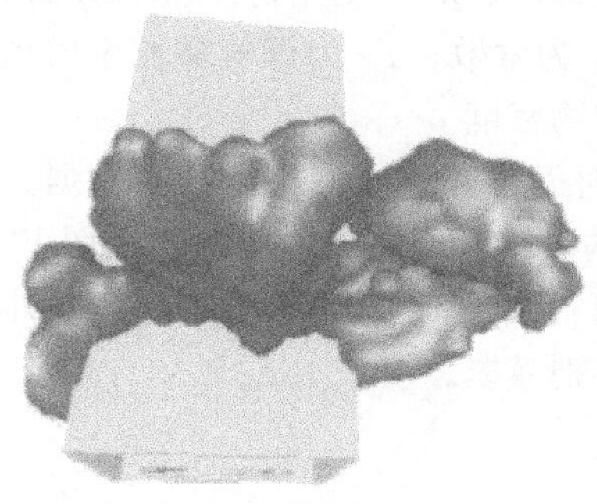

(a) 等值面图

(b) 911真实场景

图 2-71 热释放速率等值面图与 911 真实场景

```
&ISOF  QUANTITY ='VISIBILITY'
       VALUE(1) =1.0
       VALUE(2) =5.0
       VALUE(3) =10.0/
```

Pyrosim 操作方法：点击【Output】→【Isosurfaces...】，弹出 Animated Isosurfaces 对话框。在 Output 栏勾选输出变量，此处为 Visibility，选择英文输入法，在 Contour Values 栏输入“1.0；5.0；10.0”，如图 2-72 所示。

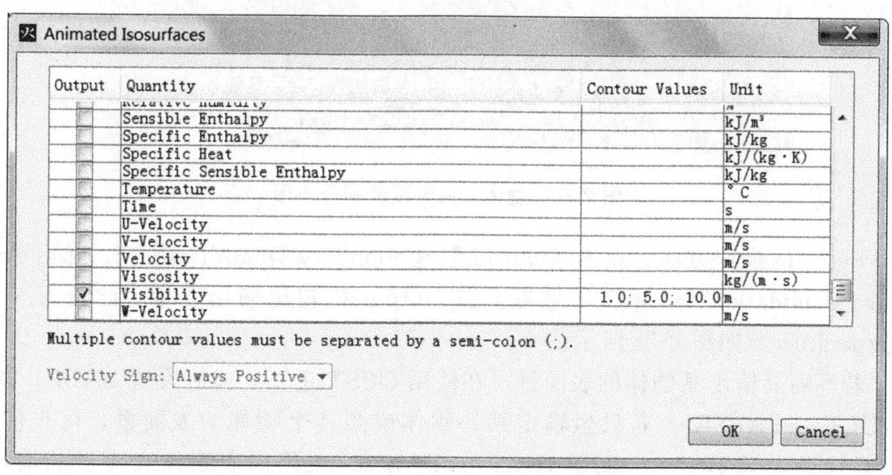


图 2-72 等值面图输出设置

上述命令用于输出能见度分别为 1m、5m 和 10m 的等值面图。能见度的表达式为：

$$S=\frac{C}{K_{\mathrm{m}}\rho Y_{s}} \tag{2-23}$$

式中，$C$ 为与物体类型有关的无量纲常数，对于发光物体，$C$ 取 8；对于反光物体，$C$ 取 3，该值的默认值为 3。$K_m$ 为常数；$Y_s$ 为烟气颗粒生成系数，参数均可在 REAC 命令中修改；$\rho$ 为燃烧产物密度。

因为输出等值面图时 FDS 应在每个时间步和每个网格上计算数据。对于守恒方程中的温度、速度和质量分数等基本参数，即使不输出等值面图 FDS 也要计算，但对于烟气密度等导出量，输出等值面图时 FDS 要增加许多额外的计算和存储工作量，因此输出等值面图时应特别谨慎。

### 2.5.4 BNDF 命令

BNDF 命令用于输出所有物体表面量的动画，这里的物体不仅指使用 OBST 命令自定义的物体，还包括 MESH 命令定义的计算区域的外边界，图 2-73 所示为某一时刻物体表面温度动画分布图。因为默认输出所有物体的表面量，并不需设定坐标，只需要一个 QUANTITY 参数。比如，输出所有物体表面的温度的命令为：

```
&BNDF   QUANTITY='WALLTEMPERATURE'/
```

图 2-73 物体表面温度动画分布图

Pyrosim 操作方法：点击【Output】→【Boundary Quantities...】，弹出 Animated Boundary Quantities 对话框。在 Output 栏勾选输出变量，此处为 Wall Temperature，如图 2-74 所示。

若不需要输出某物体的表面量，在使用 OBST 定义物体时设置 BNDF _ DEFAULT=.FALSE.。若只想输出某一物体或某几个物体的表面量，可先使用 MISC 命令设置 BNDF _ DEFAULT=.FALSE. 关闭所有物体表面量的输出，然后用 OBST 定义物体时设置 BNDF _ OBST=.TRUE.。另外，可用 OBST 命令的 BNDF _ FACE（IOR）参数控制每个表面的输出情况。

### 2.5.5 Plot3D 静态数据

Plot3D 数据格式是美国国家航空航天局制定的计算流体动力学结果数据格

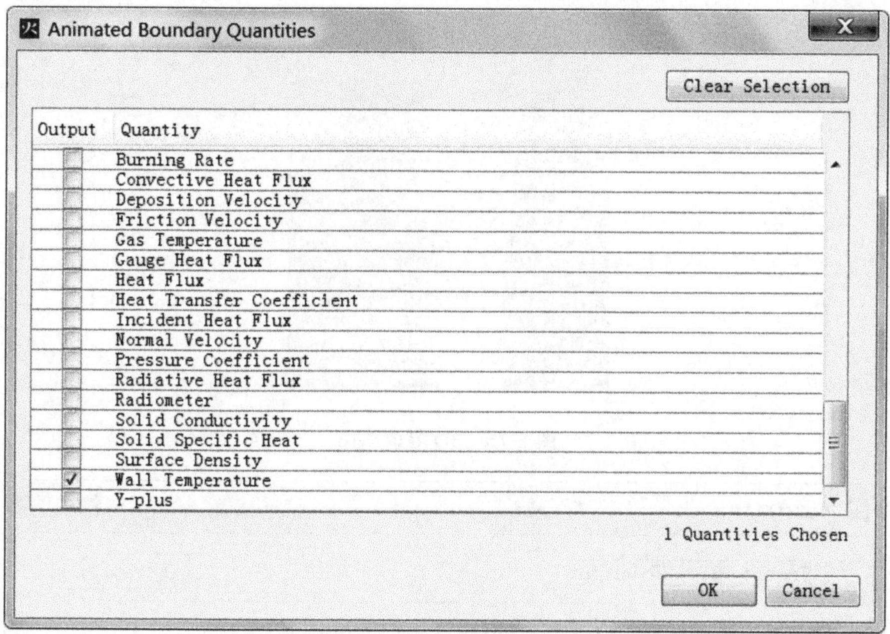


图 2-74 物体表面温度动画输出

式。与 SLCF、BNDF、ISOF 命令及 SMOKE3D 参数不同，Plot3D 数据格式为静态数据。Plot3D 输出整个计算区域 5 个量的数值。由于输出的是整个计算区域每个网格的数值，因此将占有较大存储空间，应该控制输出次数，可用 DT_PL3D 设置输出时间间隔以控制输出次数。FDS5 及以前版本，每次模拟默认输出 5 次。

Plot3D 静态数据的默认参数为：

```
&DUMP  PLOT3D_QUANTITY(1:5)='TEMPERATURE'
       'U-VELOCITY'
       'V-VELOCITY'
       'W-VELOCITY'
       'HRRPUV'/
```

在 Smokeview 中，可采用 3 种方式显示 Plot3D 数据：2D 云图、2D 矢量图及 3D 等值面图，如图 2-75 所示。Plot3D 作为通用的数据标准，受到许多科学绘图软件的支持，如 Tecplot 软件。为在 Tecplot 软件中处理 Plot3D 数据，FDS 需要生成网格位置数据，需要设置：

```
&DUMP WRITE_XYZ=.TRUE./
```

Pyrosim 操作方法：点击【Output】→【Plot3D Data...】，弹出 Plot3D Data 对话框。首先选中 Enable Plot 3D Output，在 Output 栏勾选输出变量，如图 2-76 所示。

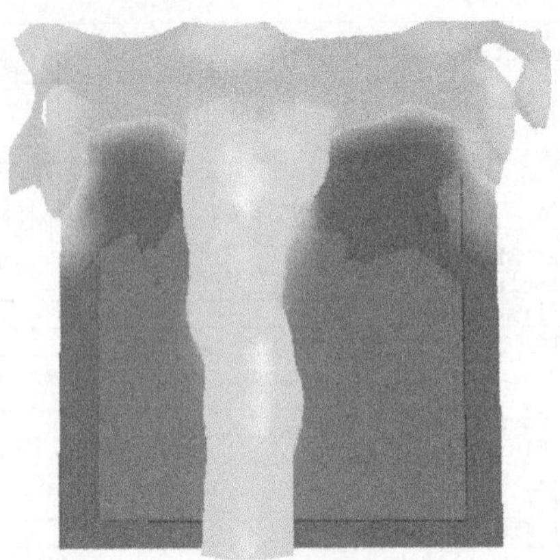

图 2-75　3D 等值面图

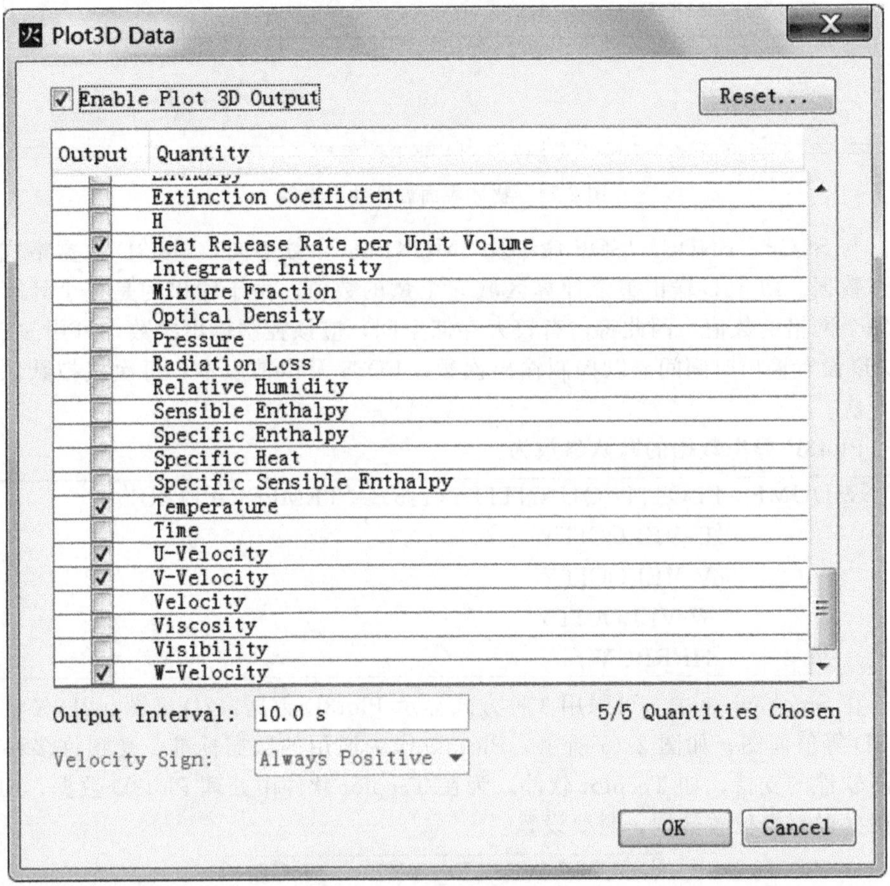

Plot3D Data

☑ Enable Plot 3D Output　　Reset...

| Output | Quantity |
| --- | --- |
| ☐ | Extinction Coefficient |
| ☐ | H |
| ☑ | Heat Release Rate per Unit Volume |
| ☐ | Integrated Intensity |
| ☐ | Mixture Fraction |
| ☐ | Optical Density |
| ☐ | Pressure |
| ☐ | Radiation Loss |
| ☐ | Relative Humidity |
| ☐ | Sensible Enthalpy |
| ☐ | Specific Enthalpy |
| ☐ | Specific Heat |
| ☐ | Specific Sensible Enthalpy |
| ☑ | Temperature |
| ☐ | Time |
| ☑ | U-Velocity |
| ☑ | V-Velocity |
| ☐ | Velocity |
| ☐ | Viscosity |
| ☐ | Visibility |
| ☑ | W-Velocity |

Output Interval: 10.0 s　　5/5 Quantities Chosen

Velocity Sign: Always Positive

OK　Cancel

图 2-76　Plot3D 输出设置

## 2.5.6 输出次数控制

FDS 运行过程中，计算导出量及生成结果文件将花费大量时间，FDS 允许减少输出次数；有时将输出动画制作成视频时，输出帧数又偏少，这种情况下又需要增加输出帧数。为此，FDS 通过 DUMP 命令控制输出次数。

（1）NFRAMES 参数为 FDS 完成模拟时间 T _ END 输出的帧数，默认值为 1000。许多变量输出受帧数的限制，包括已经介绍的测点数据、云图动画数据、等值面动画数据和表面量动画数据，以及粒子数据、3D 烟气数据、物体剖面数据和逻辑控制数据，这些数据输出时间间隔为（T _ END-T _ BEGIN）/NFRAMES，可分别采用 DT _ DEVC、DT _ SLCF、DT _ ISOF、DT _ BNDF、DT _ PART、DT _ PROF 和 DT _ CTRL 参数设置时间间隔。注意，DT _ SLCF 参数同时控制云图动画数据和 3D 烟气数据。DT _ HRR 控制热释放速率及相关导出变量的输出。

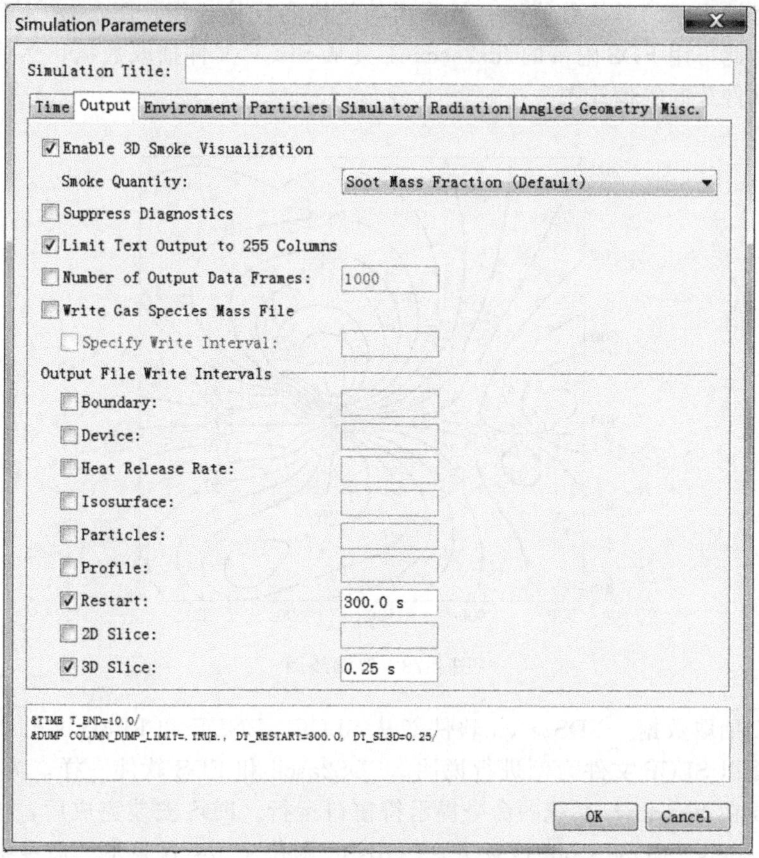

图 2-77 输出控制设置

Pyrosim 操作方法：【Analysis】→【Simulation Parameters...】，弹出 Simulation Parameters对话框，在 Output 选项卡修改输出时间间隔，如图 2-77 所示。

(2) FDS 的默认输出　若场景文件中无任何输出命令，默认的输出文件包括计算区域的热释放速率和真实烟火数据。热释放速率保存在文件 CHID_hrr.csv 中。烟火数据包括烟气数据，即烟气 SOOT 的质量分数 MASS FRACTION，保存在文件 CHID_01.s3d 中；热释放速率 HRRPUV，保存在文件 CHID_02.s3d 中。其中 SOOT 的质量分数表示火灾中的烟气，单位体积的热释放速率近似表示火灾中的火焰。可用逻辑型 SMOKE3D 参数设置是否输出该数据，SMOKE3D_QUANTITY 参数设置输出其他气体的质量分数。

### 2.5.7 等值线图绘制

图 2-67 所示的温度云图虽然能直观地表示温度的分布状况。但目前多数期刊、书籍和技术报告仍然采用黑白印刷，这种情况下云图转换为灰色图后，难以分辨各区域表示的具体数值，一般采用等值线图代替云图，图 2-78 为温度等值线图。为此可用 FDS 附带的 fds2ascii 工具从 SLCF 文件抽取数据，然后采用数学工具软件绘制等值线图。

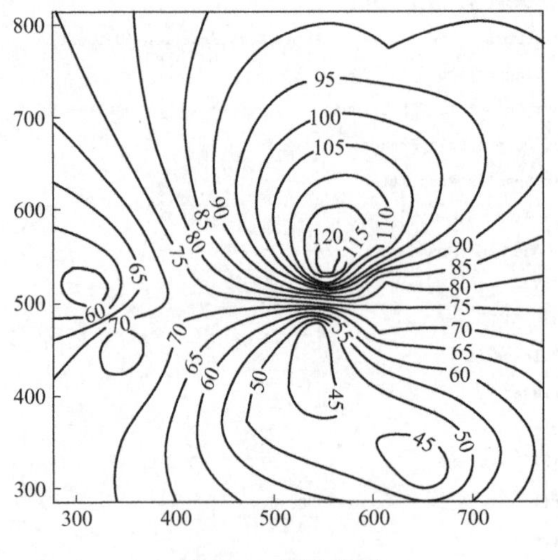


图 2-78　等温线图

(1) 抽取数据　FDS2ascii 软件能从 SLCF、BNDF 和 PL3D 文件中抽取数据，下面以 SLCF 文件为例进行说明。FDS2ascii 和 FDS 软件一样，为 DOS 软件，需要在 Windows 系统的命令提示符窗口运行。FDS 安装完成后，该软件位于 firemodels \ FDS6 \ bin 目录下，Pyrosim 则位于 fds 目录下。命令提示符窗口的打开方法有三种：一是在开始菜单的“搜索程序和文件”输入框输入 cmd，当搜索出 cmd. exe 后，用鼠标点击或直接按回车键将打开命令提示符窗口，见图 2-79，然后采用 DOS 命令 CD 进入工程文件所在目录；另一种方法是点击“开始菜单→所有程序→附近→ 命令提示符”进行运行；第三种方法，也是最方便的方法，直接在工程文件所在的目录按住 Shift 键并点击鼠标右键，在弹出菜单中选择“在此处打开命令窗口”，见图 2-80。

图 2-79 搜索程序和文件框

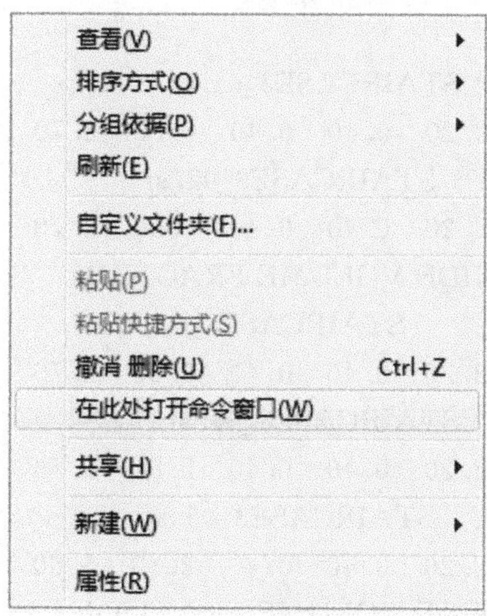


图 2-80 右键菜单

当命令提示符窗口打开后，在其中首先输入 fds2ascii，然后根据提示输入有关参数，下面的黑体表示软件的输入提示，正常字体为输入或输出值。

```
Enter Job ID string (CHID):                          输入文件名
test
What type of file to parse?                          分析哪种文件?
PL3D file? Enter 1                                   PL3D 文件输入 1
SLCF file? Enter 2                                   SLCF 文件输入 2
BNDF file? Enter 3                                   BNDF 文件输入 3
2
Enter Sampling Factor for Data?                      输入取样因子
(1 for all data,2 for every other point,etc.)      1 输出全部数据,2 隔一个输出一个
1
Domain selection:                                    区域选择
    y-domain size is limited                         限定区域输入 y
    n-domain size is not limited                     不限定区域输入 n
    z-domain size is not limited and                 不限定区域,z 坐标偏移
      z levels are offset
    ya,na or za-slice files are selected             根据类型和位置选择切片文件
      based on type and location.
      The y,n,z prefix are defined as before.  y、n、z 含义同前
n
Enter starting and ending time for averaging(s)      输入开始和结束时间以计算平均值
80 100
 1  TEMPERATURE   STAIRCASE3_01. sf
  slice bounds: 0. 00   2. 20   0. 40   0. 40   0. 00   2. 70
 2  SOOT VISIBILITY   STAIRCASE3_02. sf
  slice bounds: 0. 00   2. 20   0. 40   0. 40   0. 00   2. 70
 3  CARBON MONOXIDE VOLUME FRACTION
                          STAIRCASE3_03. sf
  slice bounds: 0. 00   2. 20   0. 40   0. 40   0. 00   2. 70
 4  TEMPERATURE   STAIRCASE3_04. sf
  slice bounds: 0. 00   2. 20   0. 40   0. 40   2. 80   5. 50
 5  SOOT VISIBILITY   STAIRCASE3_05. sf
  slice bounds: 0. 00   2. 20   0. 40   0. 40   2. 80   5. 50
 6  CARBON MONOXIDE VOLUME FRACTION
                          STAIRCASE3_06. sf
  slice bounds: 0. 00   2. 20   0. 40   0. 40   2. 80   5. 50
How many variables to read:                 读取变量的个数
```

```
1
Enter index for variable 1          输入变量 1 的索引值
1
Integral of TEMPERATURE =     1.9602E+02
Enter output file name:             设定输出文件名
temp.txt
  Writing to file...      temp.txt
Stop-Program terminated.
```

抽取出的数据保存在 temp. txt 文件中，部分内容为：

```
X,Z,TEMPERATURE
 m,m,C
 0.00000E+00,0.00000E+00,0.22482E+02
 0.10000E+00,0.00000E+00,0.22431E+02
 0.20000E+00,0.00000E+00,0.22307E+02
 0.30000E+00,0.00000E+00,0.22208E+02
 0.40000E+00,0.00000E+00,0.22204E+02
 0.50000E+00,0.00000E+00,0.22259E+02
 0.60000E+00,0.00000E+00,0.22299E+02
 0.70000E+00,0.00000E+00,0.22314E+02
 0.80000E+00,0.00000E+00,0.22328E+02
 0.90000E+00,0.00000E+00,0.22340E+02
 0.10000E+01,0.00000E+00,0.22350E+02
```

（2）绘制等值线图　绘制等值线图需要专业的数学工具软件，如 Tecplot、Origin 和 MATLAB 等，这里以 Tecplot 软件为例进行说明。Tecplot 不能直接导入 fds2ascii 抽取出的数据文件，需要根据 Tecplot 的格式进行适当转换，将 temp. txt 文件的前两行删除，用类似如下语句替换。

```
TITLE="Y=0.5 TEMPERATURE"
VARIABLES="X"
"Z"
"Temperature"
ZONE T="Data"
I=11,J=11,ZONETYPE=Ordered
DATAPACKING=POINT
DT=(SINGLE SINGLE SINGLE)
```

其中"Y=0.5 TEMPERATURE"为名称，VARIABLES="X"为横坐标轴，

"Z" 为纵坐标轴,"Temperature"为数据表示的变量。I 为第一列的不同数字的数目，J 为第二列的不同数字的数目，这两个数值分别为 FDS 场景文件中 IJK 表示的网格数加 1。

打开 tecplot 软件，点击【file】→【Load Data File(s)】，在弹出的对话框中，文件类型选 “All Files”，选取指定文件 temp. txt。对于 Select Initial Plot 对话框，选取 2D Cartesian。在 Zone 标签处，取消 Mesh 选择，并勾选 Contour，见图 2-81。对于出现的 Contour Details 对话框，选择 Legend 选项卡，选中 Show Contour Legend，见图 2-82。

图 2-81 选项

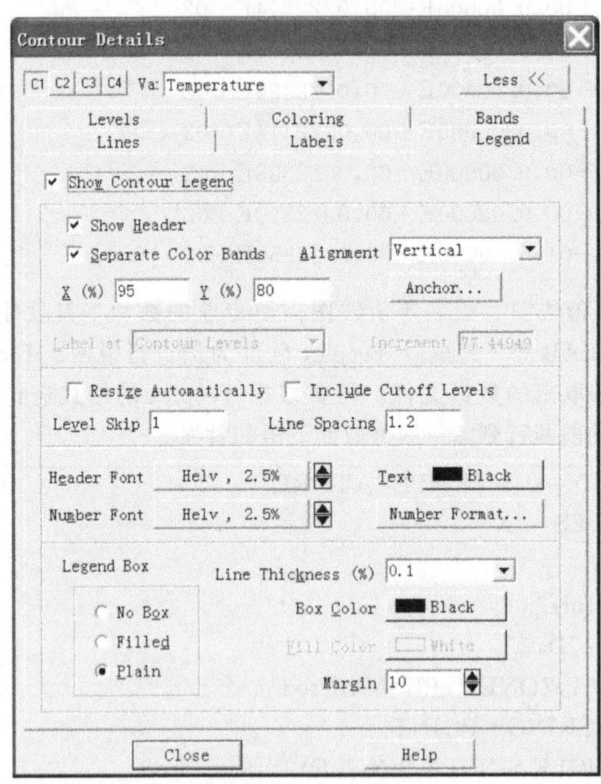


图 2-82 等值线图选项

继续设置图形选项 Zone Style，等值线类型 Contour Type 选择 Both Lines & Flood，见图 2-83，线颜色 Line Color 选 Multi Color。然后可以对等温线的数值进行标注，带填充的等值线图见图 2-84。若 Contour Type 选 Lines，则生成无填充色的等温线图，见图 2-85。

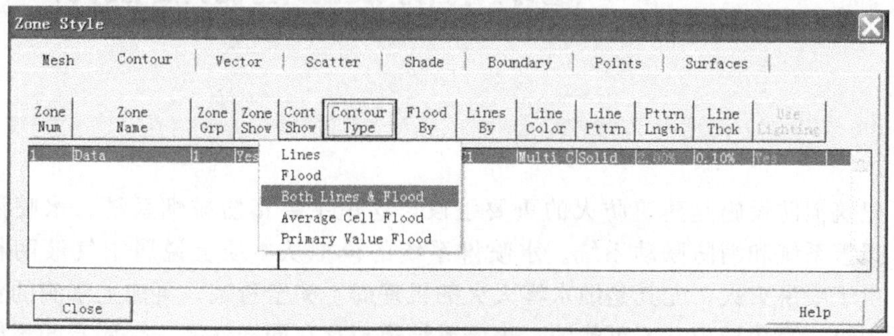


图 2-83 等值线类型选项

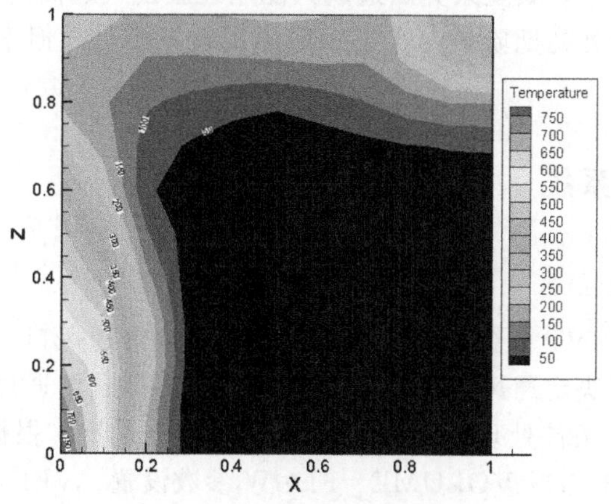


图 2-84 带填充的等值线图

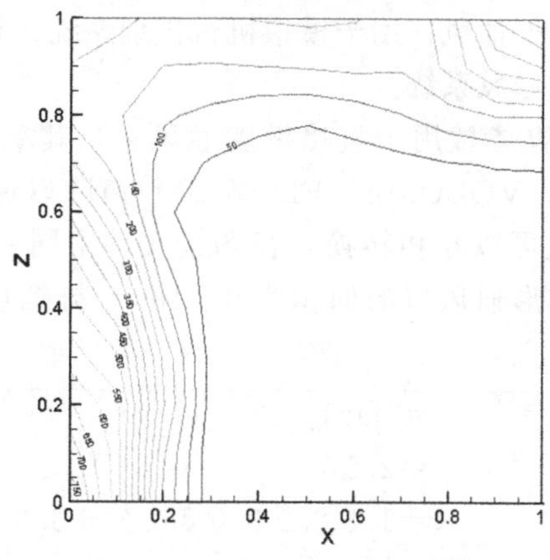


图 2-85 无填充色的等值线图

# 第 3 章 建筑消防设施的数值模拟

建筑消防设施是建筑防火的重要手段，这里主要指防排烟系统、水喷淋系统、报警系统和消防联动系统。水喷淋系统的模拟从本质上说属于气液两相流动，由于喷淋灭火，尤其是细水雾灭火的机理尚不完全清楚，再加上水滴的粒径为微米级，直接模拟是不可能的。报警系统模拟存在同样问题，探测器的报警算法并非单一的阈值法，其复杂算法造成只能用经验公式近似模拟。消防设施的联动控制模拟研究尚处初期阶段，在工程应用中也不多见，但 FDS 规划了良好的愿景。

## 3.1 机械通风系统

### 3.1.1 普通风机

前已述及，VENT 命令可在外边界上设置门窗等通风口，这时 FDS 将根据室内外压力差计算决定通风口处空气的流动情况，即自然通风。在 FDS 中机械通风同样作为边界条件处理，仍然通过 SURF 命令设置，根据已知条件的不同可选择采用 VEL 参数或 VOLUME _ FLOW 参数设置。VEL 参数用于设置通风速度，单位为 m/s，通风量取决于 VEL 参数值与通风口面积的乘积。VEL 符号为正表示由计算区域向外抽风，用于模拟机械排烟系统；符号为负表示向计算区域送风，用于模拟机械送风系统。

VOLUME _ FLOW 参数用于直接设置通风量，其单位为 $m^3/s$，该参数符号的含义同 VEL 参数。VOLUME _ FLOW 参数值除以通风口面积即为通风口速度，因此这两个参数可以互相转换，在场景文件中同一 SURF 命令只能设置两者之一。例如，某方形通风口的面积为 $0.04m^2$，排烟量为 $360m^3/h$，其设置方法为：

```
&SURF  ID        ='fan1'
       VEL       =2.5/
&VENT  XB        =1.8 2.0 8.0 8.2 3.6 3.6
       SURF_ID   ='fan1'/
```

或者

```
&SURF  ID            ='fan2'
       VOLUME_FLOW   =0.1/
&VENT  XB            =1.8 2.0 8.0 8.2 3.6 3.6
       SURF_ID       ='fan2'/
```

Pyrosim 操作方法：点击菜单【Model】→【Edit Surfaces...】或者在导航栏双击 Surfaces，弹出 Edit Surfaces 对话框，见图 3-1。在对话框的左下侧点击【New...】按钮，弹出 New Surface 对话框，Surface Name 文本框输入 fan1，选中 Surface Type 下拉框并选择 Exhaust，点击【OK】按钮，返回 Edit Surfaces 对话框。在 Air Flow 选项卡，Normal Flow Rate 属性选中 Specify Velocity 并在其右侧的文本框输入 2.5。对于指定体积流量的情况，则选中 Specify Volume Flow 并在其右侧的文本框输入 0.1。

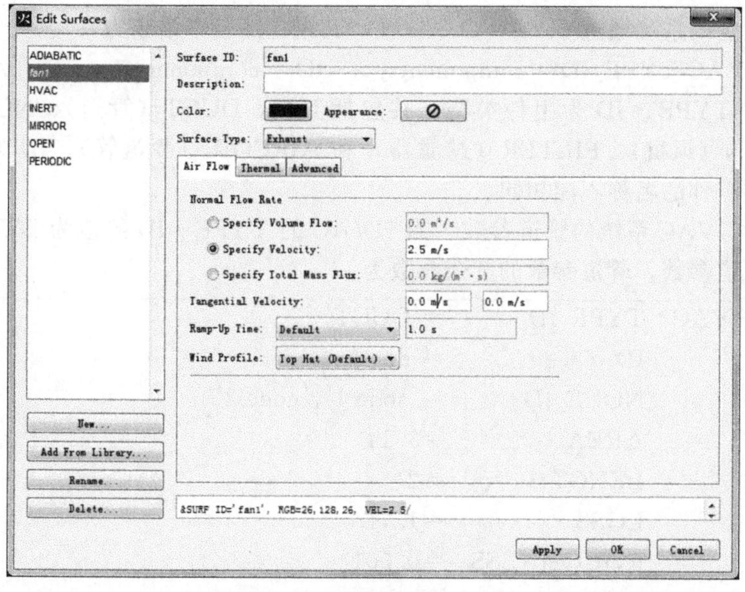

图 3-1　机械通风边界条件

需要注意的是，采用第二种设置方法设置时，即使采用 VOLUME_FLOW 正确设置了通风量，也不能随意设置通风口的面积，因为速度同样会影响排烟效果，速度过高就会出现“抽漏”现象，如图 3-2 所示。

### 3.1.2　暖通空调系统

HVAC（Heating、Ventilation、and Air Conditioning）为采暖通风与空气调节系统，简称暖通空调系统。

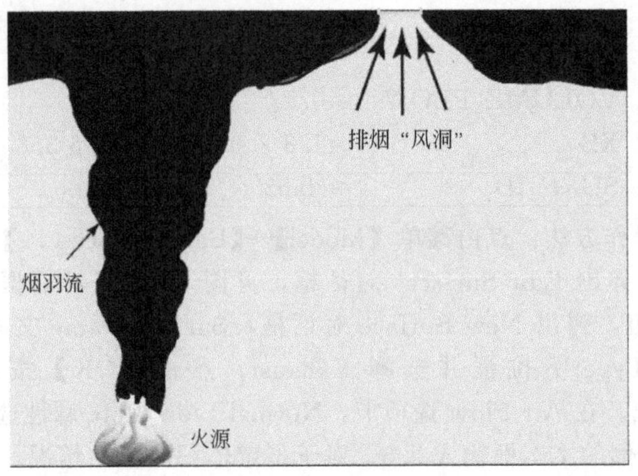


图 3-2　抽漏现象

暖通空调系统通过 HVAC 命令设置，其组件的基本语法为：

&HVAC TYPE_ID='componenttype',ID='componentname',.../

其中 TYPE _ ID 为组件类型，共包括五类，DUCT（管道）、NODE（节点）、FAN（风机）、FILTER（过滤器）和 AIRCOIL（冷盘管）。ID 为组件名称，同类组件的名称不能相同。

(1) HVAC 系统的管道参数　当 HVAC 的 TYPE _ ID 的值为 DUCT 时即为设置管道参数，管道参数的其余参数为：

```
&HVAC  TYPE_ID        ='DUCT'
       ID             ='ductname'
       NODE_ID        ='node 1','node 2'
       AREA           =3.14
       LENGTH         =2.
       LOSS           =1.,1.
       ROUGHNESS      =0.001
       FAN_ID='fan 1'
       DEVC_ID='device 1'/
```

NODE _ ID 为管道两端的节点名称，当气流从第一个节点流向第二个节点时，速度为正，称为正向流动；反之速度为负，称为反向流动。本例的第一个节点为 node 1，第二个节点为 node 2。AREA 为管道的面积，单位为 $m^2$。LENGTH 为管道的长度，单位为 m。LOSS 参数包括两个实数，第一个数为正向流动的流量损失，第二个数为反向流动的流量损失，这两个数的默认值均为 0，即计算中不考虑损失。ROUGHNESS 为管道的绝对粗糙度，单位为 m，该参数用于计算管道的摩擦系数。

管道参数中，应当包含 FAN _ ID、AIRCOIL _ ID 及 DAMPER 这三个参数的任何一个。FAN _ ID 用于设置风机的名称，当然也可以直接设置 VOLUME _ FLOW（$m^3/s$）代替 FAN _ ID。AIRCOIL _ ID 用于设置冷盘管名称。DAMPER 为逻辑型变量，用于说明管道中是否包含风量调节阀。这三种设备均受 DEVC _ ID 或 CTRL _ ID 的控制，具体控制方法见逻辑控制（3.4 节）。

管道的其他参数还包括，DIAMETER 用于设置圆形管道的直径，单位为 m。DIAMETER 和 AREA 只能设置一个。MASS _ FLOW 用于代替 VOLUME _ FLOW，设置气体的质量流量，单位为 kg/s。当管道为非圆形截面时，可用 PERIMETER 设置管道周长，单位为 m。

（2）HVAC 系统的风量调节阀　当管道中包含风量调节阀时，使用 DAMPER 参数和控制参数 DEVC _ ID 或 CTRL _ ID 共同设置。DAMPER 的默认值为 .FALSE.，即处于关闭状态。下例中当温度超过 68℃时，风量调节阀关闭。

```
&HVAC  TYPE_ID='DUCT'
       ID='EXHAUST 2'
       NODE_ID='TEE','EXHAUST 2'
       AREA=0.01,
       LENGTH=1.0
       LOSS=0,0
       DAMPER=.TRUE.
       DEVC_ID='TEMER'/
&DEVC  ID              ='TEMER'
       QUANTITY        ='TEMPERATURE'
       SETPOINT        =68
       INITIAL_STATE   =.TRUE.
       XYZ             =10,10,3.5/
```

（3）HVAC 系统的节点参数　HVAC 系统中节点共有三种类型，管道互联节点、连接计算区域的节点和连接外部环境的节点。

a. 管道互联节点　管道互联节点为管道之间互相连接的节点，例如：

```
&HVAC TYPE_ID ='NODE'
ID              ='tee'
DUCT_ID         ='duct 1','duct 2',..'duct n'
LOSS            =lossarray
XYZ             =x,y,z/
```

这里的 LOSS 为实数数组，若该节点连接的管道数为 $n$，则应为 LOSS 提供

$n \times n$ 个数。

b. 连接计算区域的节点　HVAC系统具有独立的求解器，连接计算区域的节点是HVAC系统与MESH定义的FDS计算区域连接的节点，例如：

```
&HVAC  TYPE_ID ='NODE'
       ID        ='FDS connection'
       DUCT_ID='duct 1'
       VENT_ID='vent'
       LOSS      =enter,exit/
```

在连接计算区域节点的参数中，不需要提供位置参数XYZ，FDS会自动取VENT的中心坐标作为节点的坐标。与管道节点不同，应提供与计算区域相连的VENT作为边界条件，且VENT的SURF_ID应设为HVAC。

c. 连接外部环境的节点　连接外部环境的节点是指HVAC系统与计算模型外的大气环境相连的节点。

```
&HVAC  TYPE_ID   ='NODE'
       ID         ='ambient'
       DUCT_ID   ='duct 1'
       LOSS       =enter,exit,
       XYZ        =x,y,z
       AMBIENT  =.TRUE./
```

AMBIENT为逻辑型变量，其值为真时意味着该节点为与外部环境相连的节点，其作用相当于外边界的SURF_ID='OPEN'。

隧道排烟中经常用到射流风机，射流风机原则上来说虽然不是HVAC系统，但也用HVAC命令模拟。射流风机的主要参数是排烟量，下面通过实例说明：

```
&OBST XB=4.0,5.0,-0.4,-0.2,1.4,1.8/管道
&OBST XB=4.0,5.0,0.2,0.4,1.4,1.8/管道
&OBST XB=4.0,5.0,-0.4,0.4,1.2,1.4/管道
&OBST XB=4.0,5.0,-0.4,0.4,1.8,2.0/管道

&OBST XB=4.0,4.2,-0.2,0.2,1.4,1.8/
&VENT XB=4.2,4.2,-0.2,0.2,1.4,1.8,SURF_ID='HVAC',ID='IN'/
&VENT XB=4.0,4.0,-0.2,0.2,1.4,1.8,SURF_ID='HVAC',ID='OUT'/

&HVAC ID ='IN',TYPE_ID='NODE',DUCT_ID='JET FAN',VENT_ID='IN'/
&HVAC ID ='OUT',TYPE_ID='NODE',DUCT_ID='JET FAN',VENT_ID='OUT'/
&HVAC ID ='JET FAN',TYPE_ID='DUCT',NODE_ID='IN','OUT'
      VOLUME_FLOW=0.8,AREA=0.04/
```

(4) HVAC系统的风机参数 HVAC支持三种风机模型，分别为固定风量风机、二次方风机与自定义风机。

a. 固定风量风机 固定风量风机是指不论风机两侧的压力如何变化，风机的排烟量或补风量始终不变，这是最简单的风机模型，设置方式为：

```
&HVAC  TYPE_ID        ='FAN'
       ID             ='constant volume'
       DEVC_ID        ='device 1'
       VOLUME_FLOW    =1.0
       LOSS           =2./
```

这种风机模型中，风量由VOLUME _ FLOW设置，单位为 $m^3/s$。DEVC _ ID或CTRL _ ID用于控制风机的启闭。

b. 二次方风机 在风机运行过程中，风量不可能保持不变。一般认为，压差与风量的平方呈正比，因此，把这种风机模型称为二次方风机。其风量的计算式为：

$$\dot{V}_{fan}=\dot{V}_{max}\text{sign}(\Delta p_{max}-\Delta p)\sqrt{\frac{|\Delta p-\Delta p_{max}|}{\Delta p_{max}}} \tag{3-1}$$

该类型风机的设置方法为：

```
&HVAC  TYPE_ID        ='FAN'
       ID             ='quadratic'
       DEVC_ID        ='device 1',
       MAX_FLOW       =10.
       MAX_PRESSURE   =500.
       LOSS           =2./
```

二次方风机的参数中MAX _ FLOW为风机两侧无压差时的风量，即式(3-1)中的 $\dot{V}_{max}$。$\Delta p_{max}$ 为风机能正常工作的最大压差，即MAX _ PRESSURE。压差的表达式为：

$$\Delta p=p_1-p_2 \tag{3-2}$$

式中，$p_1$ 为下风向压强，$p_2$ 为上风向压强。如图3-3所示，若上风向压强大于下风向压强，此时 $\Delta p$ 为负值，风量会超过最大风量MAX _ FLOW；若上风向压强小于下风向压强，此时 $\Delta p$ 为正值，风量会小于最大风量MAX _ FLOW。当压差达到最大压差时，图3-3中的500Pa，风量降低为0。若压差超过最大压差MAX _ PRESSURE，风机会反向运转。

c. 自定义风机 若风机的风量同压差的关系有别于二次方风机，可采用RAMP命令自定义风机风量同压差关系。当然，对于二次方风机也可采用这种方式定义，如：

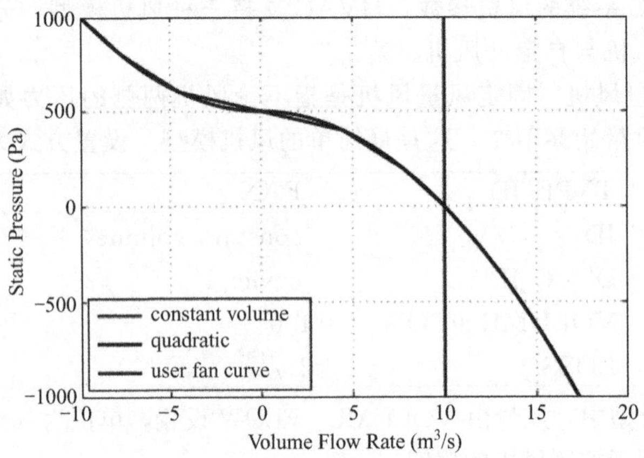


图 3-3　风机曲线

```
&HVAC TYPE_ID='FAN',ID='user fan curve',RAMP_ID='fan curve',LOSS=2./
&RAMP ID='fan curve',T=-10.00,F=1000/
&RAMP ID='fan curve',T=-7.75,F=800/
&RAMP ID='fan curve',T=-4.47,F=600/
&RAMP ID='fan curve',T=4.47,F=400/
&RAMP ID='fan curve',T=7.75,F=200/
&RAMP ID='fan curve',T=10.00,F=0/
&RAMP ID='fan curve',T=11.83,F=-200/
&RAMP ID='fan curve',T=13.42,F=-400/
&RAMP ID='fan curve',T=14.83,F=-600/
&RAMP ID='fan curve',T=16.12,F=-800/
&RAMP ID='fan curve',T=17.32,F=-1000/
```

（5）HVAC 系统的冷盘管参数　冷盘管（Aircoil）是指 HVAC 系统中对流经管道的空气进行制冷或加热的设备。在空调系统中，冷盘管中充满流动的制冷液体，对流经该处的空气进行制冷。典型的冷盘管参数如下：

```
&HVAC TYPE_ID                  ='AIRCOIL'
      ID                       ='aircoil 1'
      DEVC_ID                  ='device 1'
      EFFICIENCY               =0.5,
      COOLANT_MASS_FLOW        =1.
      COOLANT_SPECIFIC_HEAT    =4.186
      COOLANT_TEMPERATURE      =10./
```

冷盘管参数中 EFFICIENCY 为换热效率，该值的范围为 0～1。COOLANT _ MASS _ FLOW 为制冷液体的流量，单位为 kg/s。COOLANT _ SPECIFIC _ HEAT 和 COOLANT _ TEMPERATURE 分别为制冷液体的比热和温度。

Pyrosim 具有暖通空调系统的建模功能，由于这部分功能在消防工程应用较少，这里不再介绍，有需求读者请参考 Pyrosim 用户手册。

## 3.2 水喷淋系统

### 3.2.1 拉格朗日粒子

场景设置时，网格尺寸一般在厘米级别，而细水雾或烟粒子的尺寸远小于网格尺寸，无法采用网格模拟其运动轨迹。为此，FDS 采用拉格朗日（Lagrangion）粒子模型模拟粒径小于网格尺寸的物体，比如水喷淋系统的水滴、喷出的液体燃料和烟气粒子等。根据用途的不同，拉格朗日粒子分为水粒子、燃料粒子和示踪粒子。水粒子用于水喷淋系统，燃料粒子用于模拟喷射火焰，而示踪粒子用于追踪烟气蔓延状况。拉格朗日粒子还可以具有蒸发、吸收辐射的能力，而有些粒子可能比较简单，甚至没有质量。

（1）粒子物质的属性　粒子物质的属性采用 SPEC 定义，液体粒子 SPEC 命令的主要参数如下：

a. DENSITY _ LIQUID 参数　用于设置粒子密度，kg/m$^3$。

b. SPECIFIC _ HEAT _ LIQUID 参数　用于设置粒子比热，kJ/(kg・K)。比热是温度的函数时用 RAMP _ CP _ 1 设置。

c. VAPORIZATION _ TEMPERATURE 参数　用于设置粒子的沸腾温度，℃。

d. MELTING _ TEMPERATURE 参数　用于设置粒子的熔解温度，℃。

e. HEAT _ OF _ VAPORIZATION 参数　用于设置粒子的汽化热，kJ/kg。

f. H _ V _ REFERENCE _ TEMPERATURE 参数　用于设置粒子的汽化温度，单位℃。

g. ENTHALPY _ OF _ FORMATION 参数　用于设置气体的生成热，kJ/mol。

水滴为最常用的液体粒子，其属性设置的命令为：

```
&SPEC  ID                          ='WATER'
       DENSITY_LIQUID              =1000
       SPECIFIC_HEAT_LIQUID        =4.184
       VAPORIZATION_TEMPERATURE    =100
       MELTING_TEMPERATURE         =0
       HEAT_OF_VAPORIZATION        =2259/
```

Pyrosim 操作方法：点击【Model】→【Edit Species...】或在导航栏双击 Species，弹出 Edit Species 对话框，见图 3-4。在对话框左下侧点击【New】按钮，弹出 New Species 对话框，单选框选中 Custom，再选中 Primitive 并在其右侧的文本框输入 WATER，点击【OK】重回 Edit Species 对话框。在 Primitive 选项卡，选中 Molecular Weight 并在其右侧的文本框输入 18；在 Liquid 选项卡，Specific Heat 下拉框选择 Constant 并在其右侧的文本框输入 4.184，选中 Density 多选框并在其右侧的文本框输入 1000，选中 Vaporization Temperature 多选框并在其右侧的文本框输入 100，选中 Melting Temperature 多选框并在其右侧的文本框输入 0，选中 Heat of Vaporization 多选框并在其右侧的文本框输入 2259.0。

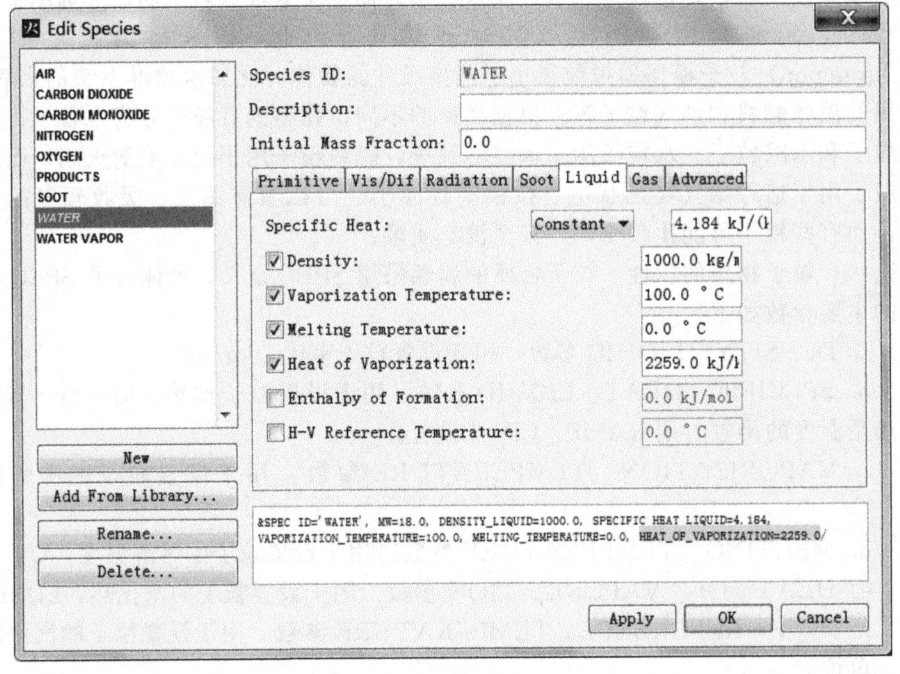


图 3-4　水物理属性设置

FDS 及 Pyrosim 有水粒子的默认值，只须采用 SPEC _ ID='WATER VAPOR'直接引用。

(2) 粒子参数　拉格朗日粒子采用 PART 命令定义，在其他命令中通过 PART _ ID 参数引用。

a. 粒径分布　FDS 中拉格朗日粒子的粒径分布有三种模型，分别为 ROSIN-RAMMLER 分布、LOGNORMAL 分布和 ROSIN-RAMMLER-LOGNORMAL 分布，采用 PART 命令的 DISTRIBUTION 设置，默认为 ROSIN-RAMMLER-LOGNORMAL 分布。其关系式见式(3-3)，粒径分布如图 3-5 所

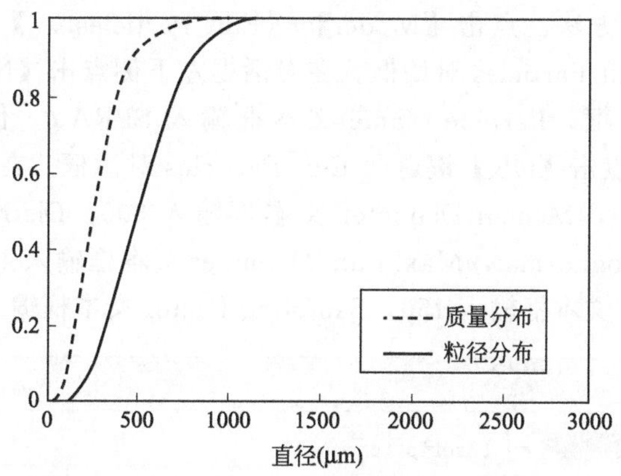


图 3-5 粒径分布

示。中数直径 $D_{v,0.5}$ 采用 DIAMETER 设置，单位为 $\mu$m。ROSIN-RAMMLER 的分布宽度 $\gamma$ 采用 GAMMA _ D 设置。LOGNORMAL 的分布宽度 $\sigma=1.15/\gamma$，也可采用 SIGMA _ D 单独设置。

$$F(D)=\begin{cases}\dfrac{1}{\sqrt{2\pi}}\displaystyle\int_0^D \dfrac{1}{\sigma D'}e^{-\frac{[\ln(D'/D_{v,0.5})]^2}{2\sigma^2}}dD'(D\leqslant D_{v,0.5})\\ 1-e^{-0.693\left(\frac{D}{D_{v,0.5}}\right)^{\gamma}}(D>D_{v,0.5})\end{cases} \tag{3-3}$$

定义粒子粒径时一般只须设置中数粒径 DIAMETER，因为最小粒径与最大粒径的默认值分别为 20 和无限大，为避免巨大直径的颗粒产生，可采用 MAXIMUM _ DIAMETER 设定粒径的最大直径

b. 粒子的控制　计算区域的每个粒子有单独的方程追踪其轨迹，需要消耗较大的计算量，可用 AGE 参数控制其生存周期，该参数的单位为 s，默认值为 100000。当模拟时间超过粒子的生存周期后，不再追踪其轨迹，粒子直接消失。为减少 Smokeview 中显示的粒子数，可通过 SAMPLING _ FACTOR 参数设置其抽样因子，对于无质量粒子，SAMPLING _ FACTOR 的默认值为 1，即每个粒子均在 Smokeview 中显示；对于其他类型粒子，SAMPLING _ FACTOR 的默认值为 10，意味着仅 1/10 的粒子在 Smokeview 中显示。

综合以上部分，细水雾可以设置为：

```
&SPEC  ID='WATER VAPOR'/

&PART  ID                    ='SPRAY'
       SPEC_ID               ='WATER VAPOR'
       DIAMETER              =300
       MAXIMUM_DIAMETER      =1000
       AGE                   =150
       SAMPLING_FACTOR       =5/
```

Pyrosim 操作方法：点击【Model】→【Edit Particles...】或在导航栏双击 Particles，弹出 Edit Particles 对话框。在对话框左下侧点击【New】按钮，弹出 New Particle 对话框，Particle Name 文本框输入 SPRAY，保持选中 Particle Type 及 Liquid，点击【OK】键返回 Edit Particles 对话框。在 Size Distribution 选项卡（见图3-6），Median Diameter 文本框输入 300，Distribution 下拉框选 Rosin-Rammler-Lognormal，Maximum Diameter 文本框输入 1000；在 Injection 选项卡，Duration 文本框输入 150，Sampling Factor 文本框输入 5。

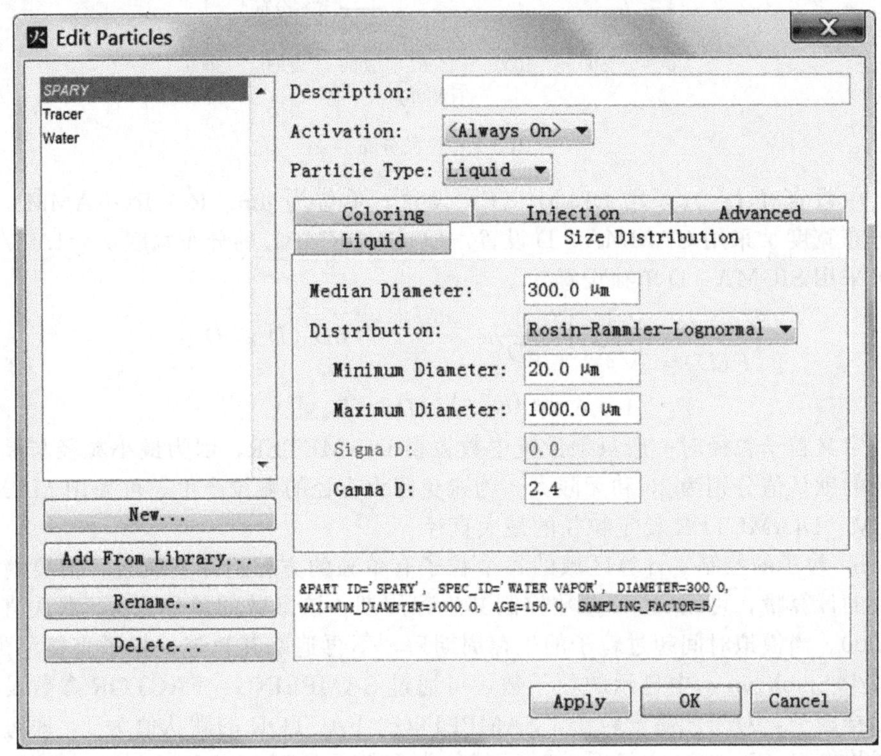


图 3-6 粒子参数设置

### 3.2.2 喷头参数设置

水喷淋系统中，喷头既是报警元件，又是喷水部件，见图 3-7。当喷头的敏感元件达到一定温度值时，喷头启动。敏感元件的温度计算方程式为：

$$\frac{\mathrm{d}T_1}{\mathrm{d}t}=\frac{\sqrt{|u|}}{RTI}(T_g-T_1)-\frac{C}{RTI}(T_1-T_m)-\frac{C_2}{RTI}\beta|\boldsymbol{u}| \tag{3-4}$$

式中 $T_1$——敏感元件温度，℃；

$u$——喷头周围气流速度，m/s；

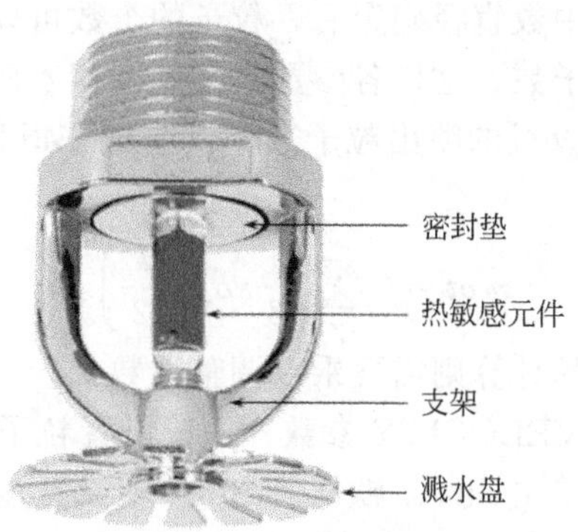


图 3-7 喷头组成

$RTI$——喷头的响应时间指数，$\sqrt{\mathrm{m} \cdot \mathrm{s}}$；

$T_g$——喷头周围气流温度，℃；

$T_m$——喷头支架温度，℃；

$C$、$C_2$——常数，$C$ 的默认值为 0，即不考虑支架吸热，$C_2$ 取 $6 \times 10^6$ K/(m/s)$^{0.5}$；

$\beta$——气流中 $H_2O$ 的体积分数。

喷头参数采用 PROP 命令设置，该命令的常用参数为 QUANTITY、RTI、C_FACTOR、FLOW_RATE、ACTIVATION_TEMPERATURE、PARTICLES_PER_SECOND、PARTICLE_VELOCITY 和 SPRAY_ANGLE。

(1) QUANTITY 参数 与其他命令中的 QUANTITY 不同，为采用敏感元件的温度计算方程计算敏感元件温度，QUANTITY 参数值必须设置为 SPRINKLER LINK TEMPERATURE。

(2) RTI 参数 用于设置喷头的响应时间指数，单位为$\sqrt{\mathrm{m} \cdot \mathrm{s}}$，默认值 100。$RTI \leqslant 28 \pm 8$ 时为早期抑制快速响应喷头，$RTI \leqslant 50$ 时为快速响应喷头，$50 < RTI < 80$ 为特殊响应喷头，$RTI > 80$ 为标准响应喷头。

(3) C_FACTOR 参数 即敏感元件温升公式(3-4) 中的 $C$，默认值为 0。

(4) FLOW_RATE 参数 用于设置喷头的体积流量，单位为 L/min。流量的计算式为：

$$\dot{m}_w = K\sqrt{p} \tag{3-5}$$

FDS 也允许输入流量特性系数 K_FACTOR 和工作压力 OPERATING_PRESSURE 代替喷头流量，K_FACTOR 的单位为 L/(min・bar$^{0.5}$)，默认值 1。OPERATING_PRESSURE 的单位为 bar，默认值 1。

(5) ACTIVATION_TEMPERATURE 参数 用于设置喷头的启动温度，单位℃，默认值 74。

(6) PARTICLES_PER_SECOND 参数 为每秒钟喷出的粒子数。当喷头的体积流量和粒子的中数直径确定后，粒子的个数可以计算出来，而这里又设置了每秒钟喷射出的粒子数，这样各参数之间就互相矛盾。若喷头喷出粒子的时间间隔为 $\delta t$，仍然保留设置的喷出粒子数，以质量守恒为原则设置一个系数 $C$，公式为：

$$\dot{m}\delta t = C\sum_{i=1}^{N}\frac{4}{3}\pi\rho_{\mathrm{w}}\left(\frac{d_i}{2}\right)^3 \tag{3-6}$$

粒子质量和热传递的计算则需要乘以调整系数 $C$。

（7）PARTICLE_VELOCITY 参数　用于设置粒子的初始速度，即粒子刚从喷头喷出时的速度，单位 m/s，默认值为 0。不设置该参数明显不合理，若不设置 FDS 将给出警告信息。

（8）SPRAY_ANGLE 参数　当水粒子从喷头喷出后，默认情况下呈锥形分布，SPRAY_ANGLE 参数设置其内外两个角度，如 SPRAY_ANGLE＝30，80/定义的水粒子空间分布如图 3-8 所示。

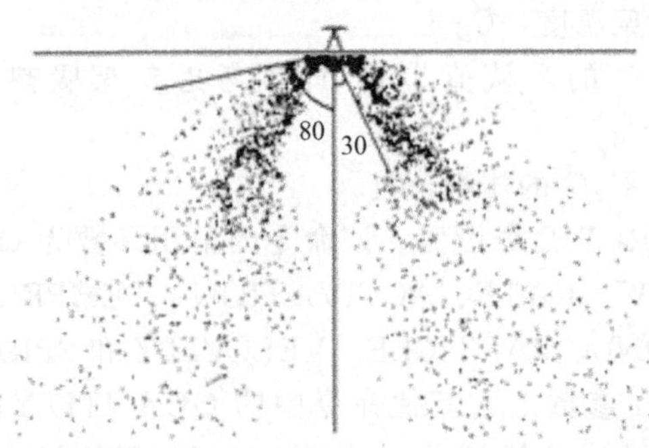


图 3-8　喷头的喷射角度

由 PROP 命令配合设置好喷头参数后，通过 DEVC 命令设置喷头位置，如某宾馆客房内设置有两个快速响应喷头，其命令段如下：

```
&SPEC ID                    ='WATER VAPOR'/
&PART ID                    ='WATER '
      SPEC_ID               ='WATER VAPOR'
      DIAMETER              =1000
      MAXIMUM_DIAMETER      =2000
      AGE                   =150
      SAMPLING_FACTOR       =5/
&PROP ID                    ='SP'
      PART_ID               ='WATER '
      QUANTITY              ='SPRINKLER LINK
```

```
                          TEMPERATURE'
      RTI                 =48
      C_FACTOR            =0.7
      ACTIVATION _TEMPERATURE =74
      FLOW_RATE           =180,
      PARTICLE_VELOCITY   =10.
      SPRAY_ANGLE         =30.,80./
  &DEVC ID                ='Spr_1'
      XYZ                 =1,2,2.8
      PROP_ID             ='SP'/
  &DEVC ID                ='Spr_2'
      XYZ                 =1,4,2.8
      PROP_ID             ='SP'/
```

Pyrosim 操作方法：从上面喷头的 FDS 命令流可以看出，喷头模拟应包含液滴参数、喷头敏感元件参数、喷水参数及喷头位置，设置步骤如下。

a. 点击【Devices】→【Edit Sprinkler Link Models...】，弹出 Sprinkler Link Models 对话框。在对话框左下侧点击【New】按钮，弹出 Sprinkler Link Models 对话框，Sprinkler Link Model Name 文本框输入 SP，点击【OK】键返回 Sprinkler Link Models 对话框。在 Properties 选项卡，Activation Temperature 文本框输入 74，Response Time Index 文本框输入 48，C Factor 文本框输入 0.7，点击【OK】键退出，如图 3-9 所示。

b. 点击【Devices】→【Edit Spray Models...】，弹出 Spray Models 对话框。在对话框左下侧点击【New】按钮，弹出 New Spray Model 对话框，Spray Model Name 文本框输入 SP2，点击【OK】键返回 Spray Models 对话框。在 Flow Rate 对话框，选中 Specify 单选框，并在其右侧的文本框输入流量 180；在 Jet Streams 选项卡，选中 Velocity 单选框并在其右侧的文本框输入粒子的出口速度 10，Latitude Angle 1 文本框输入喷射角 30，Latitude Angle 2 文本框输入喷射角 80，点击【OK】键退出。见图 3-10。

c. 点击【Devices】→【New Sprinkler...】，弹出 Sprinkler 对话框，见图 3-11。Name 文本框输入喷头编号 Spr _ 1，Spray Model 下拉框选择 SP2，Activator 属性选中 Temperature Link 单选框并在其右侧下拉框选 SP，由下侧的命令窗口可以看到自动生成的 PROP _ ID 的值为 SP _ SP2，Location 文本框为喷头的位置，X、Y、Z 分别输入 1、2、2.8，点击【OK】键退出。

d. 复制出另外一个喷头，在导航栏选中喷头 Spr _ 1，右键弹出菜单并点击 Copy/Move，弹出 Translate 对话框，Mode 属性选中 Copy 单选框，Number of

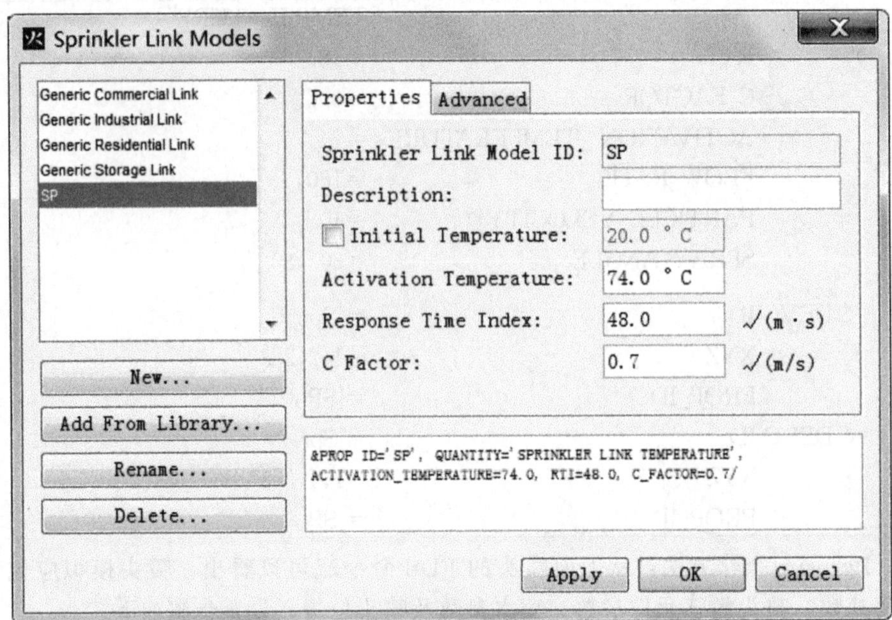


图 3-9　喷头参数设置

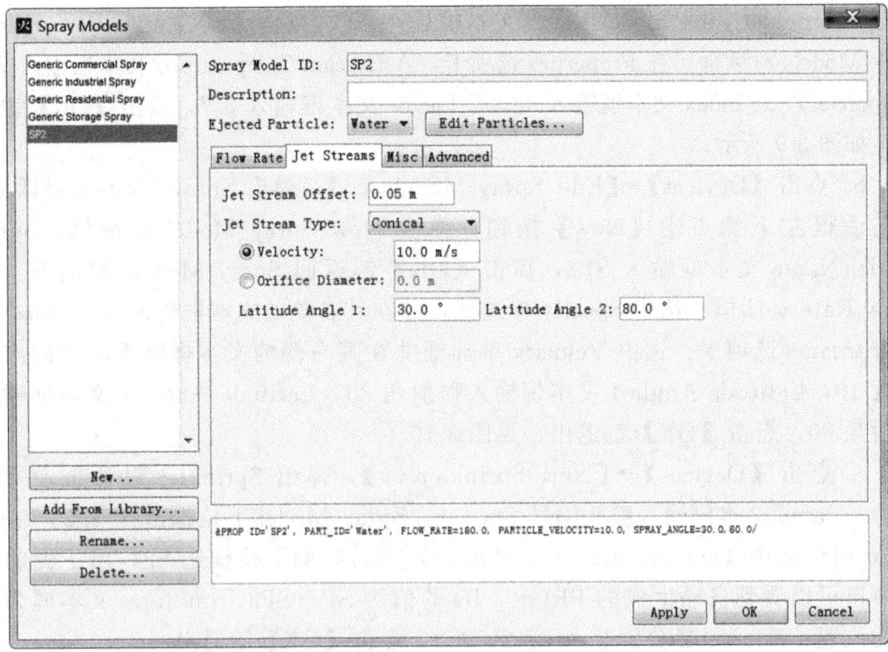


图 3-10　喷水参数设置

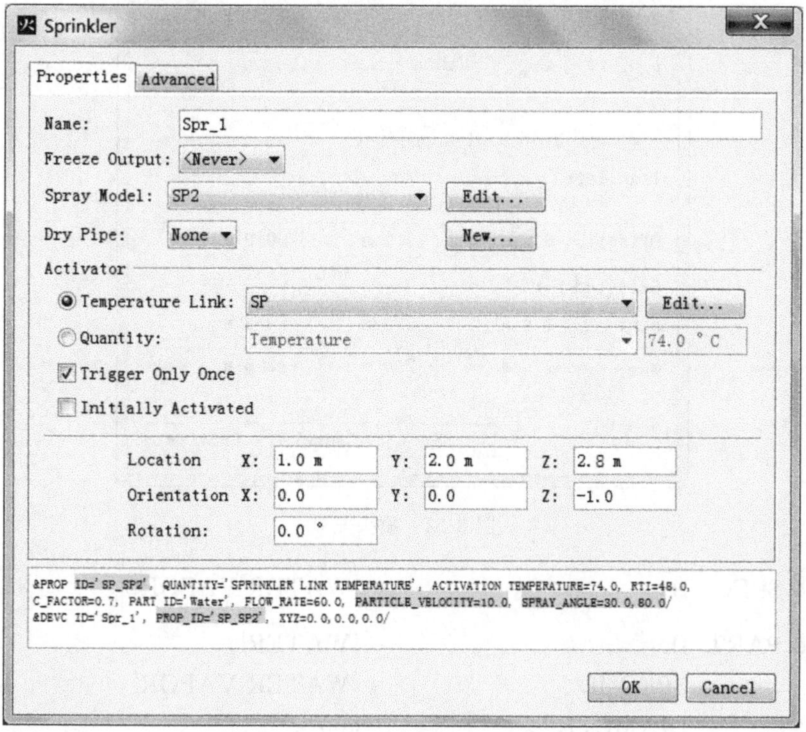

Sprinkler

Properties Advanced

Name: Spr_1

Freeze Output: <Never>

Spray Model: SP2 Edit...

Dry Pipe: None New...

Activator

Temperature Link: SP Edit...

Quantity: Temperature 74.0 °C

Trigger Only Once

Initially Activated

Location X: 1.0 m Y: 2.0 m Z: 2.8 m

Orientation X: 0.0 Y: 0.0 Z: -1.0

Rotation: 0.0 °

```
&PROP ID='SP_SP2', QUANTITY='SPRINKLER LINK TEMPERATURE', ACTIVATION TEMPERATURE=74.0, RTI=48.0,
C_FACTOR=0.7, PART ID='Water', FLOW_RATE=60.0, PARTICLE_VELOCITY=10.0, SPRAY_ANGLE=30.0,80.0/
&DEVC ID='Spr_1', PROP_ID='SP_SP2', XYZ=0.0,0.0,0.0/
```

OK Cancel

图 3-11 喷头设置

Copies 文本框输入 1，偏移坐标 Y 输入 2，点击【OK】复制完成。只是这时的编号 ID 为 Spr _ 01，不是期望的 Spr _ 2，可以采用右键 Rename 菜单更改，如图 3-12 所示。

对比 FDS 命令流和 Pyrosim 设置喷头的操作可以看出，如果能熟悉 FDS 命令及其参数，采用复制拷贝的方式建立火灾模型，建模效率要远高于 Pyrosim。

水喷淋系统模拟时，有时并不关心水喷淋系统的启动时间，只对水喷淋系统的灭火效果感兴趣。这种情况下，可不采用敏感元件的温度计算方程，只采用喷嘴（nozzle）进行模拟，即不设置 QUANTITY、RTI、C _ FACTOR 和 ACTIVATION _ TEMPERATURE 等和喷头启动时间有关的参数，只设置粒径参数、水流量及喷射角等参数，采用 DEVC 直接控制喷淋启动。这里注意喷嘴和喷头的区别，在喷头结构上，喷嘴没有敏感元件；在喷淋系统分类上，喷嘴用于干式系统；在喷水方式上，喷头于敏感元件达到启动温度破裂后喷水，而喷嘴采用逻辑控制喷水；在模拟目的上，喷头用于模拟喷头开启时间及灭火效果，而喷嘴仅关心灭火效果。喷嘴举例：

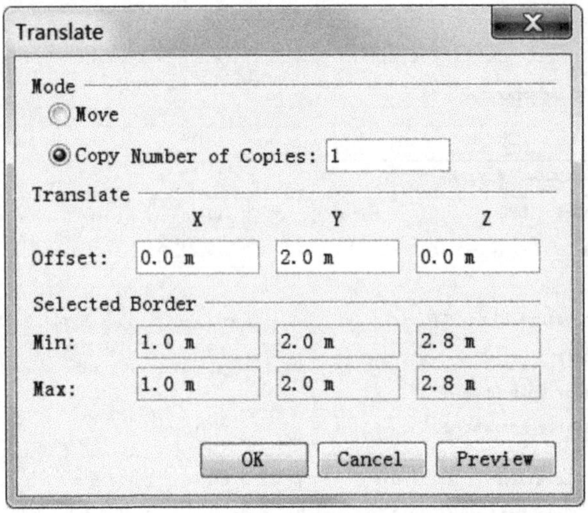

Translate

Mode

Move

Copy Number of Copies: 1

Translate

X Y Z

Offset: 0.0 m 2.0 m 0.0 m

Selected Border

Min: 1.0 m 2.0 m 2.8 m

Max: 1.0 m 2.0 m 2.8 m

OK Cancel Preview

图 3-12 喷头复制

```
&SPEC ID                  ='WATER VAPOR'/
&PART ID                  ='WATER'
      SPEC_ID             ='WATER VAPOR'
      DIAMETER            =500
      SAMPLING_FACTOR     =1
      AGE=90/
&PROP ID                  ='SP'
      PART_ID             ='WATER'
      OFFSET              =0.1
      FLOW_RATE           =50.
      PARTICLE_VELOCITY   =5
      SPRAY_ANGLE         =30,80/
&DEVC XYZ                 =1.5 1.5 2.8
      PROP_ID             ='SP'
      QUANTITY            ='TIME'
      SETPOINT            =1/
```

Pyrosim 操作方法：点击【Devices】→【Edit Spray Models...】，弹出 Spray Models 对话框，见图 3-13。在对话框左下侧点击【New】按钮，弹出 New Spray Model 对话框，Spray Model Name 文本框输入 SP，点击【OK】键返回 Spray Models 对话框。在 Flow Rate 对话框，选中 Specify 单选框，并在其右侧

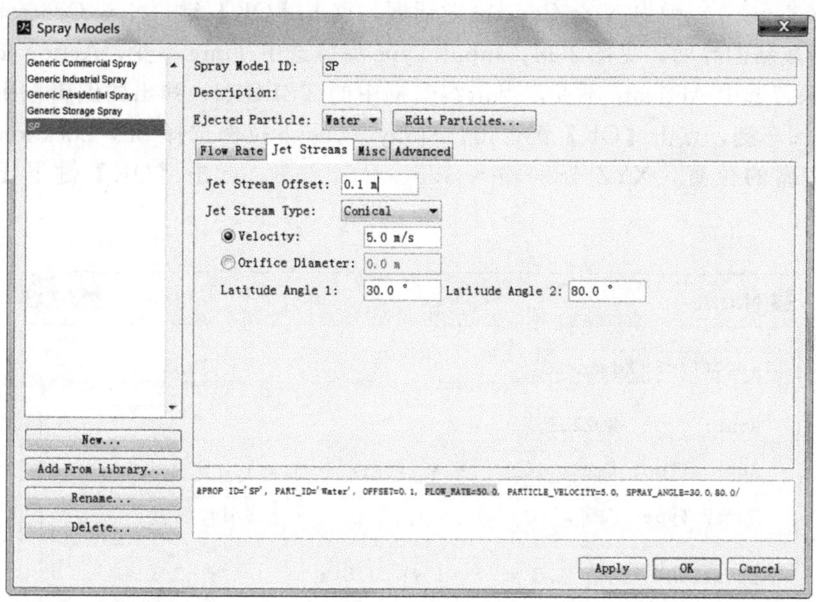


图 3-13 喷头参数

的文本框输入流量 50；在 Jet Streams 选项卡，Jet Stream Offset 文本框输入 0.1，该参数表示出水位置至喷嘴 Location 坐标的距离，选中 Velocity 单选框并在其右侧的文本框输入粒子的出口速度 5，Latitude Angle 1 文本框输入喷射角 30，Latitude Angle 2 文本框输入喷射角 80，点击【OK】键退出。

点击【Devices】→【New Nozzle...】，弹出 Nozzle 对话框。Activation 下拉

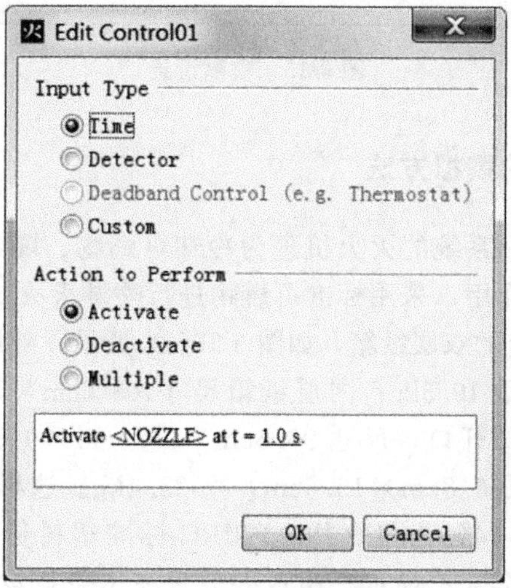

Edit Control01
Input Type
Time
Detector
Deadband Control (e.g. Thermostat)
Custom
Action to Perform
Activate
Deactivate
Multiple
Activate <NOZZLE> at t = 1.0 s.
OK
Cancel

图 3-14 控制设置

框选〈New...〉弹出 New Control 对话框，点击【OK】键，New Control 对话框将换成新的界面，见图 3-14。Input Type 保持选中 Time 不变，Action to Perform 保持选中 Activate 不变，点击编辑框中的 TBEGIN，弹出的编辑框中输入 1 并按回车键，点击【OK】键退出。Spray Type 下拉框选择 SP，Location 文本框为喷嘴的位置，XYZ 分别输入 1.5、1.5、2.8，点击【OK】键退出，见图 3-15。

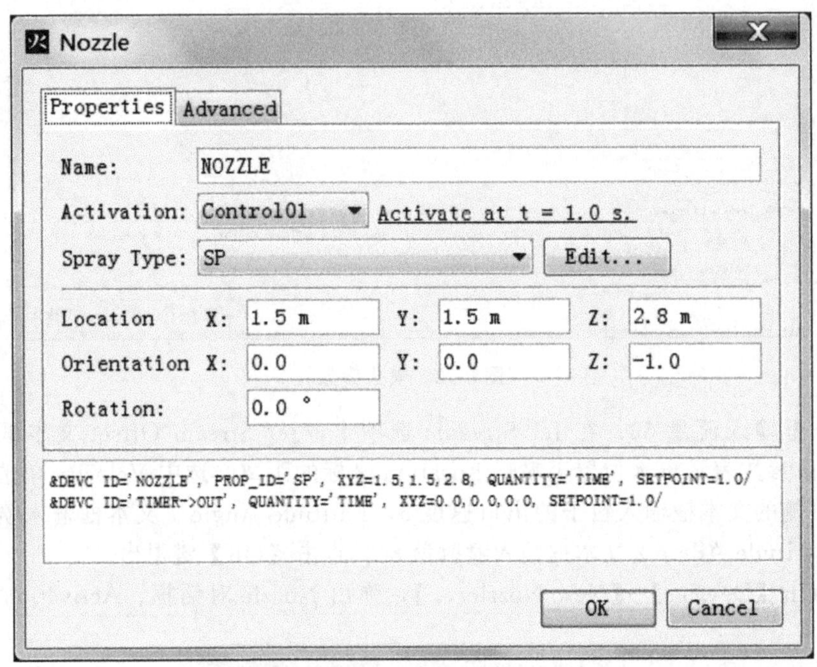


图 3-15　喷嘴设置

### 3.2.3　水抑制作用的模拟方法

一般认为，水喷淋系统的灭火机理为冷却可燃物、隔绝热辐射和窒息灭火。为研究水对火的抑制作用，采用标准可燃物进行喷淋灭火试验。FMRC 标准二类货物为放置在木托架上的双层纸箱，如图 3-16(a) 所示，外层纸箱尺寸 106.8cm×106.8cm×104.1cm，重 19.5kg；内层纸箱尺寸103.6cm×103.6cm×95.9cm，重 18.6kg；金属内衬底部开口，尺寸 96.5cm×96.5cm×94cm，重 22.2kg；木条托架尺寸 106.8cm×106.8cm×13.6cm，重 23.4kg。这样，FMRC 标准二类货物共重 83.7kg，其中 74%为可燃物。FMRC 标准塑料货物，如图 3-16(b) 所示，由装在纸箱中的聚苯乙烯水杯组成并放置在木条托盘上。FMRC 标准塑料货物的外形尺寸为 55.3cm×55.3cm×50.8cm，用 0.4cm 厚纸箱隔成 5×5×5

(a) FMRC标准二类货物

(b) FMRC标准塑料货物

图 3-16 FMRC 标准

共 125 个小室，每个小室中放置一个容积 473ml 的聚苯乙烯水杯。FMRC 标准塑料货物共重 74.6kg，其中聚苯乙烯水杯占 40%，纸箱占 29%，木托架占 31%。

为确定水喷淋系统对火的抑制作用，Yu 等人利用上述两种标准货物共进行了 98 组喷淋试验，喷水前火源的热释放速率为 1100～8680kW，涵盖了常见火灾的火源功率范围。可燃物顶部的喷水密度为 4.48～35.45mm/min。Yu et al. 利用热平衡模型得出水喷淋系统喷水后，火源的热释放速率的变化规律为：

$$\dot{Q}(t)=\dot{Q}_0 e^{-k(t-t_0)} \tag{3-7}$$

式中，$\dot{Q}_0$ 为喷水前的热释放速率，kW；$t_0$ 为喷水时刻；$k$ 为与抑制作用有关的参数，考虑了燃料密度、燃料比热、点燃温度、燃烧热、燃烧速率、热解热和喷水强度的影响。

对于 FMRC 标准塑料货物，$k$ 的表达式为：

$$k=0.716\dot{m}''_w-0.0131 \tag{3-8}$$

对于 FMRC 标准二类货物，$k$ 的表达式为：

$$k=0.536\dot{m}''_w-0.0040 \tag{3-9}$$

式中，$\dot{m}''_w$为单位面积上的喷水强度，kg/(m$^2$ · s)，计算面积包括顶部及侧面。

Yu 等人虽然采用足尺寸试验得出了水喷淋对火的抑制规律，但并不适合直接用在 FDS 中。其原因为他得出的是水对火的综合作用结果，既包括水对着火部位的作用，也包括水对未着火部位的冷却作用。在 FDS 中，水对可燃物的冷却及水对火的抑制是独立计算的，因此不能直接应用该公式。

为研究 FDS 适用的水抑制模型，即局部热释放速率的变化规律。A. Hamins 和 K. B. McGrattan 在 UL 做了 19 次喷淋试验，试验装置如图 3-17 所示，典型试验曲线如图 3-18 所示。试验过程中，当喷头喷水后，热释放速率迅速降低，当喷水量相对于火源功率较小时，热释放速率会缓慢上升。为此，式(3-10) 描述热释放速率的变化规律：

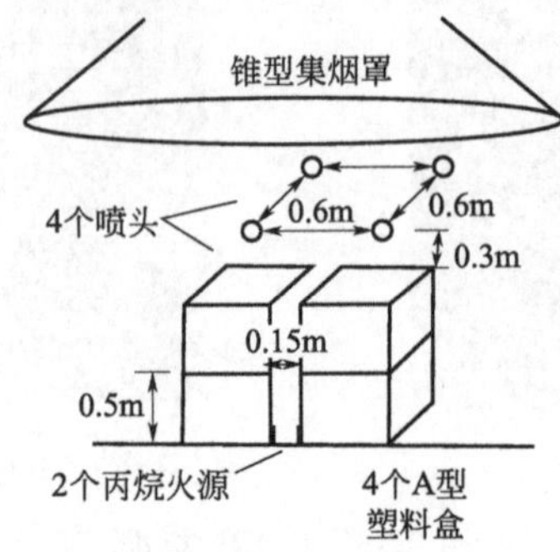


图 3-17　喷淋试验装置

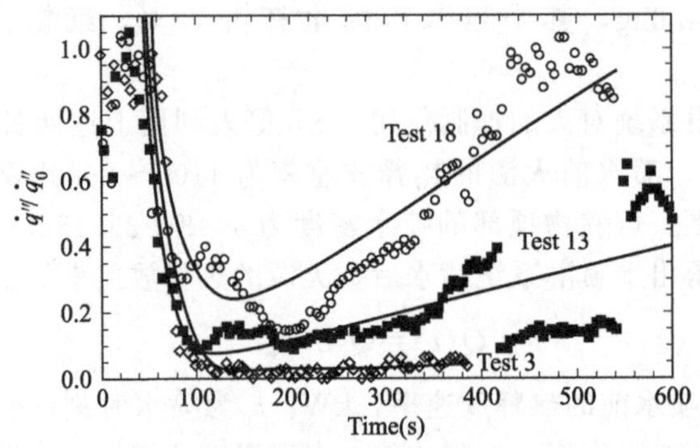


图 3-18　典型试验曲线

$$\dot{q}''_{f}(t)=\dot{q}''_{f,0}(t)(e^{-k_1(t-t_0)}+k_2(t-t_0)) \tag{3-10}$$

式中，$\dot{q}''_{f}(t)$ 为单位面积的局部热释放速率，$\dot{q}''_{f,0}(t)$ 为喷水前的单位面积的局部热释放速率，$k_1$、$k_2$ 为抑制系数，其具体表达式为：

$$k_1=-1.0209\dot{m}''_{w} \tag{3-11}$$

$$k_2=0.0014855-0.020468\dot{m}''_{w} \tag{3-12}$$

水喷淋系统对火的抑制作用机理十分复杂，尚没有成熟的数值模拟方法。在 FDS 中，默认情况下考虑了水喷淋系统喷出的水同周围环境的热交换。若火灾为设定热解参数火灾，水通过热交换吸收可燃物的热量，延长其达到分解温度的时间，起到对火的抑制作用。若为指定热释放速率的火灾，可燃气体按设置值喷出，这时通过折减热释放速率近似模拟水对火的抑制作用，可燃气体的燃烧率可表示为：

$$\dot{m}''_{f}(t)=\dot{m}''_{f,0}(t)e^{-\int k(t)dt} \tag{3-13}$$

式中，$\dot{m}''_{f,0}(t)$ 表示无水时单位面积的燃烧率，$\dot{m}''_{f}(t)$ 表示水抑制下的燃烧率，$k$ 为单位面积含水量的函数，单位 $kg/m^2$。具体公式为：

$$k(t)=E\_COEFFICIENT\dot{m}''_{w}(t) \tag{3-14}$$

默认情况下，参数 E _ COEFFICIENT 的值为 0，即不考虑水对热释放速率的影响，这与实际情况明显不符，采用指定热释放速率法设置火源时，要在 SURF 命令中设置 E _ COEFFICIENT。

Pyrosim 操作方法：在图 2-37 的热释放速率设置对话框中，Extinguish Cofficient 文本框中设置 E _ COEFFICIENT 参数。

### 3.2.4 示踪粒子及其应用

前已述及，拉格朗日粒子可以没有质量，仅作为示踪粒子使用，常用于显示气流的轨迹或气体的扩散情况，设置时只需将 MASSLESS 设置成 . TRUE. 。下列为沙林毒气扩散的模拟并采用示踪粒子在 Smokeview 中显示扩散范围。

```
&MESH   XB             =0 3 0 3 1 3
        IJK            =30 30 20/
&TIME   T_END          =15/
&SPEC   ID             ='SARIN'
        MW             =139/
&PART   ID             ='TRACER'
        MASSLESS       =.TRUE./
&SURF   ID             ='LEAK'
        SPEC_ID        ='SARIN'
        MASS_FLUX(1)   =0.05
        PART_ID        ='TRACER'/
&OBST   XB             =1.5 1.6 1.5 1.6 2.5 2.6
        SURF_ID        ='LEAK'/
&SURF   ID             ='FAN'
        VEL            =-1.5/
&VENT   XB             =1.5 1.6  1.5 1.6 1 1
        SURF_ID        ='FAN'/
```

Pyrosim 操作方法：定义示踪粒子时，点击【Model】→【Edit Particles...】或在导航栏双击 Particles，弹出 Edit Particles 对话框，见图 3-19。在对话框左下侧点击【New】按钮，弹出 New Particle 对话框，Particle Name 文本框输入 TRACER，保持选中 Particle Type 并在其右侧的下拉框选 Massless Tracer，点击【OK】键

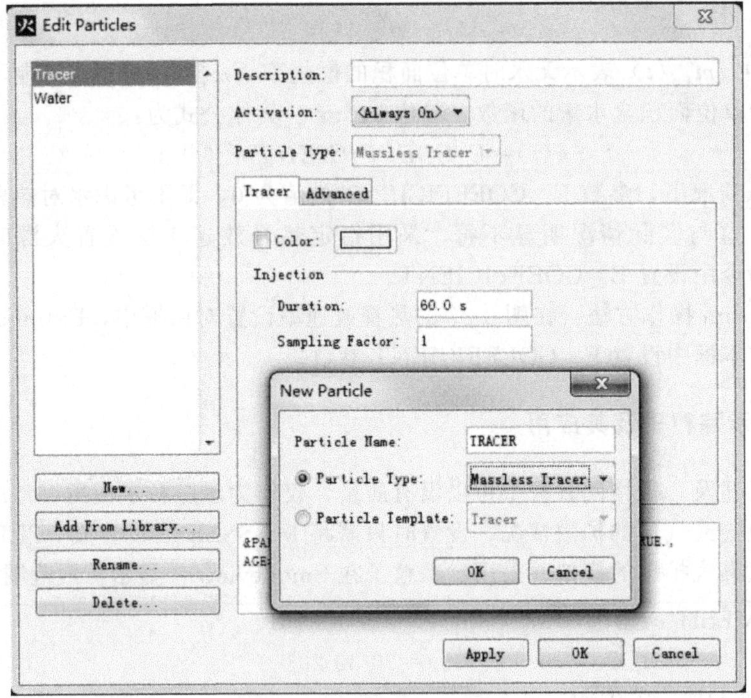


图 3-19　示踪粒子设置

返回Edit Particles对话框。需要注意的是 FDS 中 AGE 的默认值是 $1\times10^5$ s，而 Pyrosim的默认值是 60s。作为示踪粒子，60s 太小，应该适当增大。

### 3.2.5　燃料粒子及其应用

燃料粒子用于模拟喷射火焰，如测试建筑构件耐火极限的耐火炉内的火、石油化工厂的火炬等。当采用粒子模拟喷射火时，组成粒子的物质也必须是燃烧模型中的物质，即 PART 命令中 SPEC _ ID 的值应与 REAC 命令中 FUEL 的值一样，燃烧热 HEAT _ OF _ COMBUSTION 即可在 PART 命令定义，又可以在 REAC 命令定义，还可以由 FDS 自动计算。另外，可以省略采用 SPEC 命令对燃烧物质的定义。举例如下：

```
&MESH  IJK                          =16,16,16
       XB                           =0,4,0,4,0,4/
&TIME  TWFIN                        =10/
&REAC  FUEL='PROPANE'/
&PART  ID                           ='PROPANE_DROPLETS'
       SPEC_ID ='PROPANE'
       HEAT_OF_COMBUSTION=46460.
```

```
          DIAMETER              =1000/
&PROP     ID                    ='NOZZLE'
          PART_ID               ='PROPANE_DROPLETS'
          FLOW_RATE             =2
          PARTICLE_VELOCITY     =2/
&DEVC     ID                    ='NOZZLE_1'
          XYZ                   =2,2,1
          PROP_ID               ='NOZZLE'
          ORIENTATION           =0,0,1
          QUANTITY              ='TIME'
          SETPOINT              =0./
&VENT     MB                    ='XMIN'
          SURF_ID               ='OPEN'/
&VENT     MB                    ='XMAX'
          SURF_ID               ='OPEN'/
&VENT     MB                    ='YMIN'
          SURF_ID               ='OPEN'/
&VENT     MB                    ='YMAX'
          SURF_ID               ='OPEN'/
&VENT     MB                    ='ZMAX'
          SURF_ID               ='OPEN'/
```

### 3.2.6 预作用灭火系统

预作用喷水灭火系统的管道中平时无水，呈干式。管道中充以低压压缩空气，空气压力一般不大于0.03MPa，用以监测管道是否漏水。火灾发生时，由火灾探测系统或手动开启控制预作用阀，使消防水进入阀后管道，整个系统充水而变成湿式系统，以后的动作程序与湿式系统相同。当闭式喷头开启后，即可喷水灭火。

预作用喷水灭火系统适用于严格要求非火灾时不准有水渍损失的场所，也适用于干式系统适用的场所。该系统要求火灾探测器的动作必须先于喷头动作，以便喷头敏感元件破裂前管道充满水。预作用喷水系统管道的充水时间不宜超过3min。

从预作用系统的工作原理可以看出，模拟的关键是当火灾探测系统探测到火灾后，采用适当的控制命令模拟延迟时间，命令段如下：

```
&SPEC  ID='WATER VAPOR'/
&PART  ID='WATER DROPS'
       SPEC_ID='WATER VAPOR'
       DIAMETER=500
       SAMPLING_FACTOR=1
       AGE=90/
&PROP  ID='Acme Nozzle'
       PART_ID='WATER DROPS'
       OFFSET   =0.1
       FLOW_RATE=50.
       PARTICLE_VELOCITY=5
       SPRAY_ANGLE=30,80/
&PROP  ID='Acme Smoker'
       QUANTITY='CHAMBER OBSCURATION'
       LENGTH=1.8,
       ACTIVATION_OBSCURATION=3.24/

&DEVC  XYZ=1,1,2.9,PROP_ID='Acme Smoker',ID='SD_1'/
&DEVC  XYZ=1,2,2.9,PROP_ID='Acme Smoker',ID='SD_2'/
&DEVC  XYZ=2,1,2.9,PROP_ID='Acme Smoker',ID='SD_3'/
&DEVC  XYZ=2,2,2.9,PROP_ID='Acme Smoker',ID='SD_4'/

&CTRL  ID='smokey'
       FUNCTION_TYPE='AT_LEAST'
       N=2
       INPUT_ID='SD_1','SD_2','SD_3','SD_4'/
&CTRL  ID='delay'
       INPUT_ID='smokey'
       FUNCTION_TYPE='TIME_DELAY'
       DELAY=90./
&CTRL  ID='nozzle trigger'
       INPUT_ID='smokey','delay'
       FUNCTION_TYPE='ALL'/

&DEVC  ID='SP'
       XYZ=2,2,2.8
       PROP_ID='Acme Nozzle'
       QUANTITY='CONTROL',
       CTRL_ID='nozzle trigger'/
```

上述程序段的含义为当四个感烟探测器的两个探测到火灾（CTRL smokey）后，预作用阀门开启，管道开始充水，90s（CTRL delay）后管道充水完成，CTRL nozzle trigger 的值为真，受其控制的喷头 SP 开启喷水。

### 3.2.7 干式灭火系统

干式系统主要由闭式喷头、管网、干式报警阀、充气设备、报警装置和供水设备组成。平时报警阀后管网充有压力气体，水源至报警阀前端的管段内充有压力水。干式自动喷水灭火系统在火灾发生时，火源处温度上升，使火源上方喷头开启，排出管网中的压缩空气，报警阀后管网压力下降。干式报警阀阀前压力大于阀后压力，干式报警阀开启，水流向配水管网，并通过已开启的喷头喷水灭火。干式系统平时报警阀上下阀板压力保持平衡，当系统管网有轻微漏气时，由空压机进行补气，安装在供气管道上的压力开关监视系统管网的气压变化状况。

干式自动喷水灭火系统主要是为了解决某些不适宜采用湿式系统的场所。干式自动喷水灭火系统适用于环境温度低于4℃和高于70℃的场所，如不采暖的地下停车场、冷库等。其缺点是灭火效率不如湿式系统，造价也高于湿式系统。

与预作用系统不同之处在于，预作用系统是靠火灾探测系统感知火灾信息，然后管道充水，干式灭火系统是靠喷头敏感元件破碎感知火灾发生，先排气再喷水，命令段如下：

```
&SPEC  ID='WATER VAPOR'/
&PART  ID='WATER DROPS'
       SPEC_ID='WATER VAPOR'
       DIAMETER=500
       SAMPLING_FACTOR=1
       AGE=90/
&PROP  ID='Acme Nozzle'
       PART_ID='WATER DROPS'
       OFFSET=0.1
       FLOW_RATE=50.
       PARTICLE_VELOCITY=5
       SPRAY_ANGLE=30,80/

&PROP  ID='Acme Sprinkler Link'
       QUANTITY='LINK TEMPERATURE'
       ACTIVATION_TEMPERATURE=68.
       RTI=30./
```

```
&DEVC  ID='LINK 1',XYZ=1,2,3,PROP_ID='Acme Sprinkler Link'/
&DEVC  ID='LINK 2',XYZ=2,2,3,PROP_ID='Acme Sprinkler Link'/

&CTRL  ID='check links',FUNCTION_TYPE='ANY',INPUT_ID='LINK 1','LINK 2'/

&CTRL  ID                ='delay'
       INPUT_ID          ='check links'
       FUNCTION_TYPE     ='TIME_DELAY'
       DELAY             =60./

&CTRL  ID='nozzle 1 trigger',FUNCTION_TYPE='ALL',INPUT_ID='delay','LINK 1'/

&CTRL  ID='nozzle 2 trigger',FUNCTION_TYPE='ALL',INPUT_ID='delay','LINK 2'/

&DEVC  ID='NOZZLE 1'
       XYZ=1,2,3
       PROP_ID='Acme Nozzle'
       QUANTITY='CONTROL',
       CTRL_ID='nozzle 1 trigger'/
&DEVC  ID='NOZZLE 2'
       XYZ=2,2,3
       PROP_ID='Acme Nozzle'
       QUANTITY='CONTROL',
       CTRL_ID='nozzle 2 trigger'/
```

位于喷头处的感温特测器 LINK 1 或 LINK 2 按喷头参数设置其属性。当感温特测器 LINK 1 或 LINK 2 探测到火灾后，管道冲水，冲水 60s（CTRLdelay）后，CTRLnozzle 1 trigger 或 CTRLnozzle 2 trigger 的值为真，或者两者同时为真，满足条件的喷头按 Acme Nozzle 设置的喷淋参数喷水。

## 3.3 火灾自动报警系统

### 3.3.1 感温探测器

感温探测器的原理同喷头启动算法，采用喷头的敏感元件升温公式的第一项，即

$$\frac{dT_1}{dt}=\frac{\sqrt{|u|}}{RTI}(T_g-T_1) \tag{3-15}$$

式中 $T_1$——探测器温度，℃；

$u$——探测器周围气流速度，m/s；

$RTI$——探测器的响应时间指数，$(m \cdot s)^{1/2}$；

$T_g$——探测器周围气流温度，℃。

感温探测器的参数设置方法与喷头基本相同，比如：

```
&PROP  ID                          ='DETECTOR'
       QUANTITY                    ='LINK TEMPERATURE'
       RTI                         =120
       ACTIVATION_TEMPERATURE      =70/
&DEVC  ID                          ='dt1'
       XYZ                         =1.8,1.6,3.6
       PROP_ID                     ='DETECTOR'/
```

Pyrosim 操作方法：点击【Devices】→【Edit Heat Detector Models...】，弹出 Heat Detector Models 对话框。点击左下侧的【New...】按钮，弹出 New Heat Detector Model 对话框，在 Heat Detector Model ID 文本框输入 DETECTOR，点击【OK】键返回 Heat Detector Models 对话框。在 Activation Temperature 文本框输入 70，Response Time Index 文本框输入 120，如图 3-20 所示。

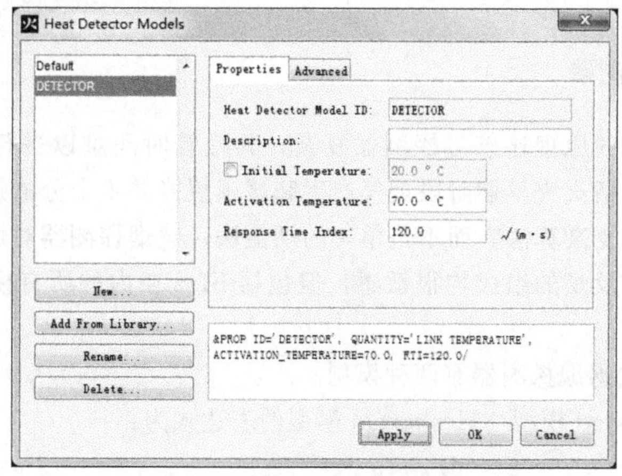


图 3-20 感温探测器参数设置

点击【Devices】→【New Heat Detector...】，弹出 Heat Detector 对话框。在 Properties 选项卡，探测器编号 Name 文本框输入 dt1，探测器模型 Link 下拉框选择 DETECTOR，位置对话框 Location 分别输入 XYZ 坐标 1.8、1.6、3.6，如图 3-21 所示。

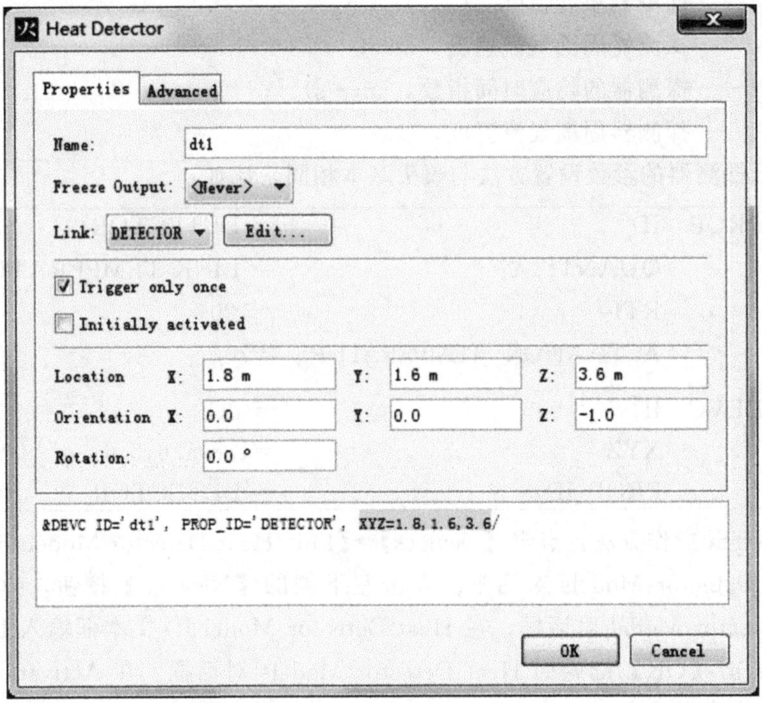

Heat Detector

Properties Advanced

Name: dt1

Freeze Output: <Never>

Link: DETECTOR Edit...

Trigger only once

Initially activated

Location X: 1.8 m Y: 1.6 m Z: 3.6 m

Orientation X: 0.0 Y: 0.0 Z: -1.0

Rotation: 0.0 °

&DEVC ID='dt1', PROP_ID='DETECTOR', XYZ=1.8,1.6,3.6/

OK Cancel

图 3-21 感温探测器设置

### 3.3.2 感烟探测器

感烟探测器的原理比感温探测器复杂，其报警时间难以进行有效的数值模拟，主要原因包括火灾早期阶段烟气产生和蔓延规律并不十分清楚；感烟探测器的启动往往采用复杂算法，而不是单一的阈值法；感烟探测器对烟粒子密度、粒径分布、折射率及烟的组成均很敏感，但包括 FDS 在内的所有模型均无法完全考虑上述因素。

FDS 中点式感烟探测器有两种模型。

(1) Heskestad 模型 Heskestad 模型的表达式为：

$$\frac{\mathrm{d}Y_{\mathrm{c}}}{\mathrm{d}t}=\frac{u}{L}[Y_{\mathrm{e}}(t)-Y_{\mathrm{c}}(t)] \tag{3-16}$$

式中 $Y_c$——检测室中烟气的质量分数，kg/ kg；

$Y_e$——周围气体中烟气的质量分数，kg/ kg；

$L$——探测器的特征长度，m；

$u$——气流速度，m/s。

当 $Y_c$ 超过设定值后，探测器动作。FDS 设置方法为：

```
&DEVC  ID                              ='sd'
       PROP_ID                         ='Smoke Detector'
       XYZ                             =2.3,4.6,3.4/
&PROP  ID                              ='Smoke Detector'
       QUANTITY                        ='CHAMBER OBSCURATION'
       LENGTH                          =1.8
       ACTIVATION_OBSCURATION=3.28/
```

（2）Cleary 模型　Cleary 模型共有 4 个参数，详细考虑了感烟探测器的探测过程。火灾中，烟气先到达探测器的外部空腔（Exterior Housing），穿过过滤装置后再进入探测室（Sensing Chamber），两者之间有一个时间差。外部空间的烟气充填时间用 $t_e$ 表示，检测室的烟气充填时间用 $t_c$ 表示，两者均是探测器外部烟气速度的函数，表达式为：

$$\delta t_e = \alpha_e u^{\beta_e}, \quad \delta t_c = \alpha_c u^{\beta_c} \tag{3-17}$$

式中的 $\alpha_e$、$\beta_e$、$\alpha_c$ 和 $\beta_c$ 对于特定尺寸的探测器为常量，某些离子探测器的推荐值见表 3-1。

**表 3-1　Cleary 模型参数**

| 探测器 | $\alpha_e$ | $\beta_e$ | $\alpha_c$ | $\beta_c$ |
|---|---|---|---|---|
| Cleary Ionization I1 | 2.5 | −0.7 | 0.8 | −0.9 |
| Cleary Ionization I2 | 1.8 | −1.1 | 1.0 | −0.8 |
| Cleary Photoelectric P1 | 1.8 | −1.0 | 1.0 | −0.8 |
| Cleary Photoelectric P2 | 1.8 | −0.8 | 0.8 | −0.8 |
| Heskestad Ionization | — | — | 1.8 | — |

检测室中烟气的质量分数为：

$$\frac{dY_c}{dt} = \frac{1}{\delta t_c}[Y_e(t-\delta t_e) - Y_c(t)] \tag{3-18}$$

计算时，将探测室内的烟气质量分数转换成每米减光率，其表达式为：

$$\text{Obsc} = (1 - e^{-K_m \rho Y c l}) \times 100\% \tag{3-19}$$

式中　Obsc——每米减光率，%/m；

$K_m$——质量消光系数，推荐值 8700 $m^2/kg$；

$\rho$——探测器外部烟气密度，$kg/m^3$；

$l$——单位长度，lm。

采用 Cleary 模型模拟感烟探测器时，须同时设置 $\alpha_e$、$\beta_e$、$\alpha_c$ 和 $\beta_c$ 共 4 个常数，例如：

```
&DEVC  ID                    ='sd'
       PROP_ID               ='Smoke Detector'
       XYZ                   =2.3,4.6,3.4/
&PROP  ID                    ='Smoke Detector I1'
       QUANTITY              ='CHAMBER OBSCURATION'
       ALPHA_E               =2.5
       BETA_E                =-0.7
       ALPHA_C               =0.8
       BETA_C                =-0.9
       ACTIVATION_OBSCURATION=3.24/
```

相比 Heskestad 模型，Cleary 模型适用于烟气流速较低（$u<0.5$m/s）的场合。

### 3.3.3 红外光束线型感烟探测器

红外光束线型感烟探测器由发射器和接收器两部分组成，如图 3-22 所示，其工作原理是：在正常情况下，红外光束探测器的发射器发送一个不可见的、波长为 940nm 的脉冲红外光束，红外光束经过保护空间射到接收器的光敏元件上。当发生火灾时，由于受保护空间的烟雾扩散到红外光束内，使得到达接收器的红外光束衰减，接收器接收的红外光束辐射通量减弱。当辐射通量减弱到预定的感烟动作阈值时，如果保持衰减 5s（或 10s）时间，探测器动作，发出火灾报警信号。

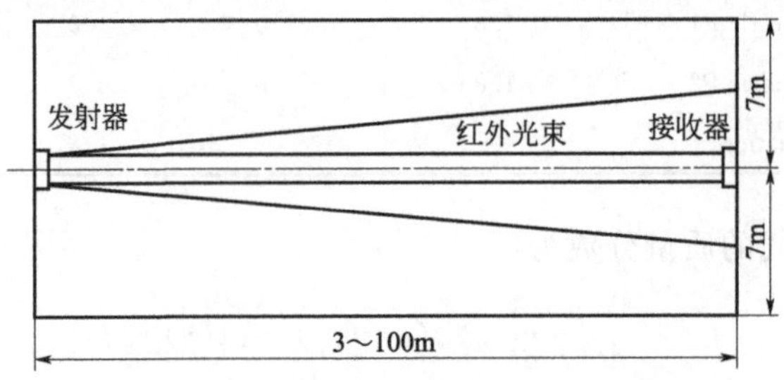


图 3-22 红外光束线型感烟火灾探测器原理

红外光束线型感烟探测器适合保护大空间场所，尤其适合保护难以使用点型探测器甚至根本不可能使用点型探测器的场所，例如库房、博物馆、档案馆、飞机库等；古建筑、文物保护场所等；发电厂、变配电站等场所。

红外光束线型感烟探测器模拟时，应设置发生器和接收器的位置，并给出每米减光率的报警阈值，每米减光率采用式计算：

$$\text{Obscuration}=\left(1-\exp\left(-K_{\mathrm{m}}\sum_{i=1}^{N}\rho_{\mathrm{s},i}\Delta x_{i}\right)\right)\times 100\% \tag{3-20}$$

式中 $N$——光束经过的网格数；

$\rho_{s,i}$——第 $i$ 个网格的烟气密度，$kg/m^3$；

$x_i$——光束在第 $i$ 个网格穿过的距离，m。

红外光束线型感烟探测器的设置命令为：

```
&DEVC ID          =' beam detector'
      XB          =2,2,3,20,15,15
      QUANTITY    =' PATH OBSCURATION'
      SETPOINT    =30.0/
```

Pyrosim 操作方法：点击【Devices】→【New Beam Detector Device...】，弹出 Beam Detector Device 对话框。在 Properties 选项卡，探测器编号 Name 文本框输入 beam detector，勾选 Enable Setpoint 并在其右侧文本框输入，位置对话框 EndPoint1 分别输入 XYZ 坐标 2、3、15，EndPoint2 分别输入 X、Y、Z 坐标 2、20、15，如图 3-23 所示。

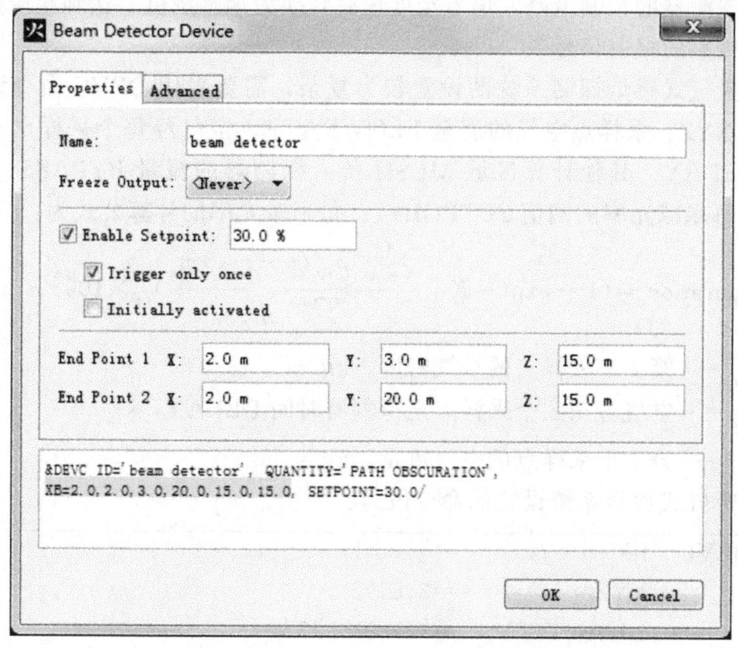


图 3-23 红外光束线型感烟探测器设置

### 3.3.4 主动吸气式感烟探测器

主动吸气式探测器又称主动采样式探测器，是目前灵敏度最高的火灾探测器，其组成原理如图 3-24 所示。探测器系统由抽气泵、管网、过滤器、激光腔、控制电路等组成。抽气泵通过 PVC 管或钢管所组成的采样管网从被保护区域抽

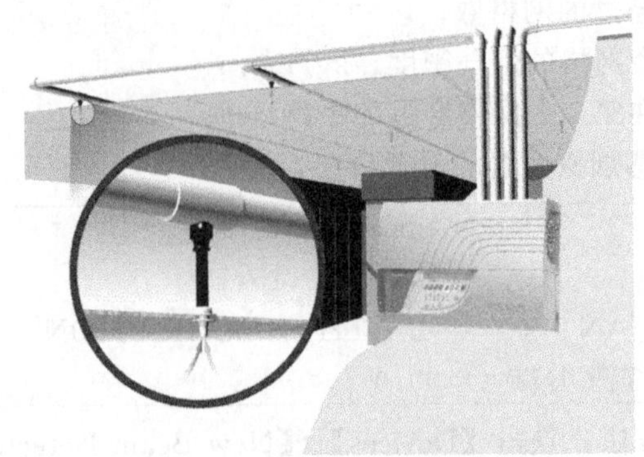

图 3-24 主动采样式探测器系统

取空气，空气由过滤器过滤后送入激光腔，在激光腔内利用激光照射空气样品，其中烟雾粒子所造成的散射光被阵列式接收器接收，接收器将光信号转换成电信号后送到探测器的控制电路，信号经处理后转换为烟雾浓度，达到相应阈值时便发出不同级别的报警信号。

主动吸气式感烟探测系统的设置较为复杂，需要采用 DEVC 命令设置采样点的位置 XYZ、采样点空气的流量 FLOWRATE、空气经每个采样点至探测器的时间 DELAY、其他计算区域 MESH 传入探测器的流量 BYPASS _ FLOWRATE 及每米减光率的阈值 SETPOINT。每米减光率的计算公式为：

$$\text{Obscuration}=\left(1-\exp\left(-K_{\mathrm{m}}\frac{\sum_{i=1}^{N}\rho_{s,i}(t-t_{d,i})\dot{m}_i}{\sum_{i=1}^{N}\dot{m}_i}\right)\right)\times 100\%/\mathrm{m} \quad (3\text{-}21)$$

式中 $\rho_{s,i}$——第 $i$ 个采样点的烟气密度，kg/m³；

$t_{d,i}$——空气经第 $i$ 个采样点至探测器时间 DELAY，s；

$\dot{m}_i$——第 $i$ 个采样点的空气流量，kg/s。

主动吸气式探测系统设置的命令段为：

```
&DEVC ID          ='soot1'
      XYZ         =3,5,12
      QUANTITY    ='DENSITY'
      SPEC_ID     ='SOOT'
      DEVC_ID     ='ASP',
      FLOWRATE    =0.2
      DELAY       =20/
&DEVC ID          ='soot2'
      XYZ         =3,8,12
```

```
          QUANTITY     =' DENSITY'
          SPEC_ID      =' SOOT'
          DEVC_ID      =' ASP ',
          FLOWRATE     =0.2
          DELAY        =60/
 .
 .
 .
&DEVC     ID           =' sootn'
          XYZ          =6,8,10
          QUANTITY     =' DENSITY'
          SPEC_ID      =' SOOT'
          DEVC_ID      =' ASP ',
          FLOWRATE     =0.2
          DELAY        =200/
&DEVC     ID                   =' ASP '
         XYZ                   =1,1.6,1.4
         QUANTITY              =' ASPIRATION'
         BYPASS_FLOWRATE       =0
         SETPOINT              =0.02/
```

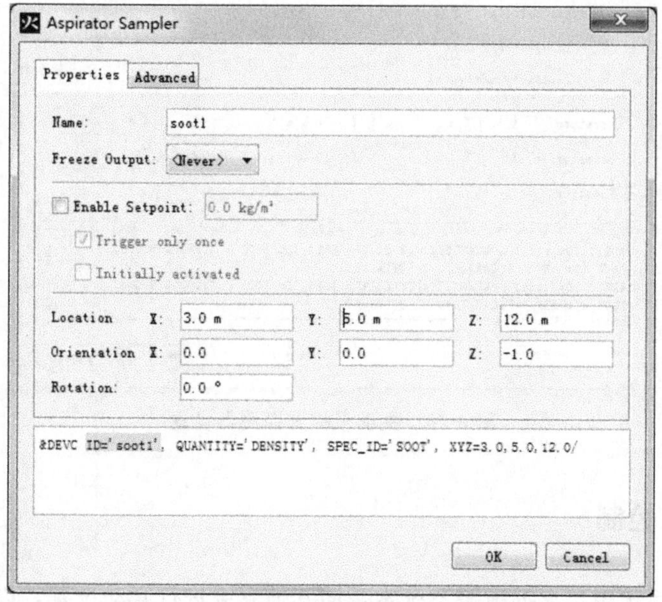


图 3-25 采样点设置

Pyrosim 操作方法：首先设置采样点，点击【Devices】→【New Aspirator Sampler...】，弹出 Aspirator Sampler 对话框。在 Properties 选项卡，Name 文本框输入采样点编号 soot1，采样点位置 Location 分别输入坐标 3、5、12，点击【OK】键退出，如图 3-25 所示。采用同样的方法设置其余采样点 soot2，...，soot*n*。

然后设置探测器，点击【Devices】→【New Aspirator...】，弹出 Aspirator 对话框。在 Properties 选项卡，Name 文本框输入 ASP，采样点列表框勾选 soot1、soot2、soot*n*，然后分别输入每个采样点输入气体样品至探测器的时间 Transfer Delay 及采样点空气流量 Flowrate，选中每米减光率的阈值 Enable Setpoint 并在其右侧文本框输入 0.02，最后输入探测器位置 Location 的坐标 1.0、1.6、1.4，如图 3-26 所示。

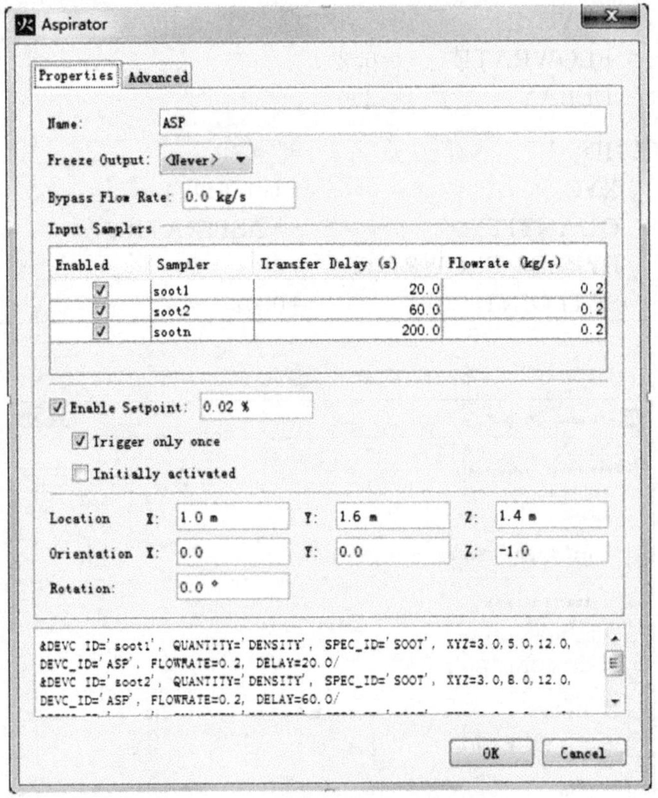


图 3-26　主动采样式探测器设置

## 3.4　逻辑控制

在消防系统中，火灾报警系统常常同其他系统进行联动设置，以便探测器探测到火灾后尽早对火灾进行处置。模拟联动系统时就会用到 FDS 的逻辑控制命令。除联动系统外，控制命令还可实现对物体、火源和通风口，甚至 FDS 本身的控制，喷头喷射就是一种简单的控制系统。FDS 的控制命令分为基本控制和高级控制两类。

### 3.4.1 基本逻辑控制

基本控制的实施采用 DEVC 命令，主要参数为 QUANTITY、SETPOINT、INITIAL _ STATE、TRIP _ DIRECTION 和 LATCH。其中 QUANTITY 参数用于设置控制命令所依据的变量，可以为 DEVC 命令能输出的任何变量；SETPOINT 参数用于设置控制状态（.TRUE. 和 .FALSE.）改变时的阈值；INITIAL _ STATE 为初始状态，默认为 .FALSE. 。TRIP _ DIRECTION 用于设置状态改变的方式，若其值为正，当 QUANTITY 设置的变量由小变大超过 Setpoint 阈值时状态改变；若其值为负，当 QUANTITY 设置的变量由大变小超过 Setpoint 阈值时状态改变，TRIP _ DIRECTION 的默认值为 1。LATCH 设置状态改变次数，若该值为 .TRUE.，DEVC 逻辑状态仅改变一次；若 LATCH 的值为 .FALSE.，DEVC 逻辑状态可多次改变，LATCH 默认为 .TRUE. 。例如：

```
&DEVC  ID          ='DOOR'
       QUANTITY    ='TIME'
       SETPOINT    =300
       XYZ         =1,1,1/

&OBST  XB          =1.2,1.4,0,3.3,0,2.8/
&HOLE  XB          =1.2,1.4,1,2.2,0,2.1
       DEVC_ID     ='DOOR'/
```

图 3-27 门窗洞口的开启

上例中，由于 DEVC 的初始状态为 .FALSE.，HOLE 命令不起作用，相当于门处于关闭状态。模拟开始300s后，时间TIME的值达到设定值300，DEVC的状态变为.TRUE.，HOLE命令作用于墙上，表示门开启，如图3-27所示。注意，若QUANTITY的变量为TIME，XYZ参数并没有实际的意义，可以设置为计算区域任何位置。若将QUANTITY参数设为TEMPERATURE，可用于模拟当温度达到设定值时玻璃破碎。

Pyrosim操作方法：点击【Devices】→【New Time Device...】，弹出Time对话框，见图3-28。Name文本框输入DOOR，选中Enable Setpoint并在其右侧的文本框输入300，位置Location输入坐标值1、1、1，点击【OK】键退出。Pyrosim的HOLE不支持DEVC_ID，可手动输入。

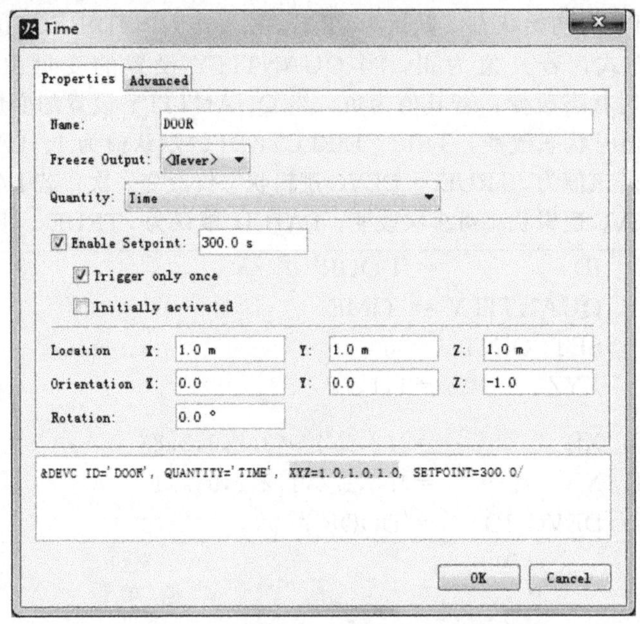


图3-28 时间控制

再如排烟风机的例子：

```
&DEVC  ID            ='det'
       QUANTITY      ='TEMPERATURE'
       SETPOINT      =68
       XYZ           =1,1,2.5/
&SURF  ID            ='fan'
       VOLUME_FLOW   =10/
&VENT  XB            =0,0,1.6,1.8,2.6,2.8
       SURF_ID       ='fan'
       DEVC_ID       ='det'/
```

上例中，排烟风机开始处于关闭状态，当设置在（1，1，2.5）处的热电偶的温度达到68℃时，DEVC的状态变为.TRUE.，排烟风机启动以10$m^3$/s的速度向外排烟。

Pyrosim操作方法：点击【Devices】→【New Gas-phase Device...】，弹出Gas-phase Device对话框。Name文本框输入det，Quantity下拉框选Temperature，选中Enable Setpoint并在其右侧的文本框输入68，位置Location输入坐标值1、1、2.5，如图3-29所示，点击【OK】键退出。Pyrosim的VENT不支持DEVC_ID，可手动输入。

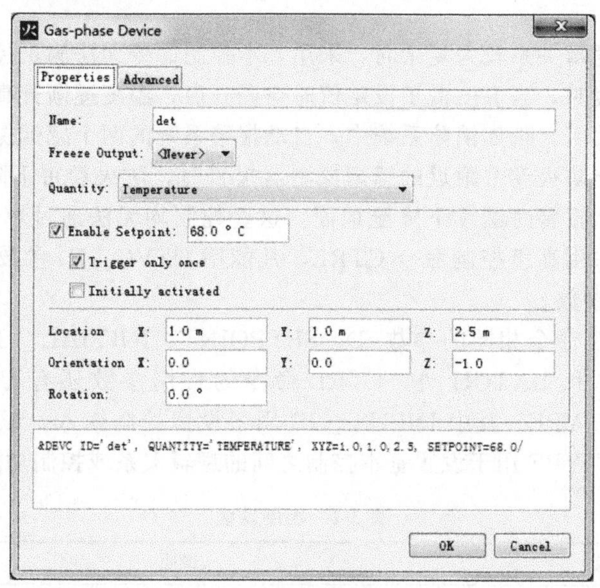


图3-29　温度控制设置

注：当VENT的边界条件为OPEN或MIRROR时，不能通过控制命令改变其状态，这是因为如果允许这样设置，会引起FDS数值计算的不稳定。但若要模拟外边界上门窗的开关。可在通风口处设置OBST，通过控制OBST的存在与否间接控制门窗的开关，设置方法为：

```
&VENT  XB             =5.0,6.2,1.6,1.6,1.1,2.6
       SURF_ID        ='OPEN'/
&DEVC  ID             ='det'
       INITIAL_STATE  =.TRUE.
       QUANTITY       ='TEMPERATURE'
       SETPOINT       =68
       XYZ            =5.5,1.4,2.5/

&OBST  XB             =4.9,6.3,1.5,1.6,1.0,2.7
       DEVC_ID        ='det'/
```

上例中 DEVC 的初始状态为 . TRUE. ，表明与之相连的 OBST 开始时存在，窗户处于关闭状态。当位置（5.5，1.4，2.5）处的温度达到 68℃时，DEVC 的状态由 . TRUE. 变为 . FALSE. ，这时 OBST 消失，由于 VENT 为 OPEN，意味着窗口开启。

Pyrosim 操作方法：如图 3-29 所示，只要在对话框中勾选 Initially activated，即相当于 INITIAL _ STATE =. TRUE. 。

### 3.4.2 高级逻辑控制

当控制的逻辑关系较为复杂时，采用基本控制命令无法满足控制要求。如暖通空调系统供暖时，当温度低于设定值时空调开启，温度逐渐升高；当温度高于设定值时空调关闭。再如消防系统中，自动报警系统的两个感烟探测器报警时表明火灾发生；当防火卷帘附近的感烟探测器报警时，防火卷帘下降至地面 1.8m 处，感温探测器报警时继续下降至地面。这些控制均无法通过单一的 DEVC 命令控制，必须采用高级控制命令 CTRL，凡能用 DEVC _ ID 参数的命令，也能用 CTRL _ ID 参数。

除与 DEVC 命令相同的参数 ID、SETPOINT、INITIAL _ STATE、TRIP _ DIRECTION 和 LATCH 外，CTRL 命令的常用参数还有 INPUT _ ID 和 FUNCTION _ TYPE。其中 INPUT _ ID 用于设置控制输入，最大可达 40 个，FUNCTION _ TYPE 用于设置基本控制之间的逻辑关系或控制功能，见表 3-2。

**表 3-2　控制功能**

| 控制功能标识 | 说明 |
|---|---|
| ANY | 只要输入之一为真时，控制改变状态 |
| ALL | 所有输入为真时，控制改变状态 |
| ONLY | 当且仅当 N 个输入为真时，控制改变状态 |
| AT_LEAST | 至少 N 个输入为真时，控制改变状态 |
| TIME_DELAY | 输入为真时 DELAY 秒后，控制改变状态 |
| CUSTOM | 自定义控制 |
| DEADBAND | 设置控制状态的双临界区 |
| KILL | 输入为真时，FDS 停止计算并保存临时变量 |
| RESTART | 输入为真时，保存临时变量以供重新模拟 |
| SUM | 加 |
| SUBTRACT | 减 |
| MULTIPLY | 乘 |
| DIVIDE | 除 |
| POWER | 指数 |
| PID | 比例-积分-微分控制 |

（1）输入值的逻辑关系 当 FUNCTION _ TYPE 参数的值为 ANY、ALL、ONLY 或 AT _ LEAST 之一时，CTRL 状态的改变取决于各输入状态的逻辑值及其关系。ANY 表示只要输入之一为真，控制就改变状态。比如常开式防火门往往与火灾报警系统联动，只要其中一个报警器报警，防火门就要关闭。假定两个感温报警器与一个感烟报警器与某常开式防火门联动，控制命令为：

```
&DEVC  ID                       ='detector1'
       QUANTITY                 ='TEMPERATURE'
       SETPOINT                 =50
       XYZ                      =1,1,4.0
       INITIAL_STATE            =.FALSE./
&DEVC  ID                       ='detector2'
       QUANTITY                 ='TEMPERATURE'
       SETPOINT                 =50
       XYZ                      =6,1,4.0
       INITIAL_STATE            =.FALSE./
&PROP  ID                       ='Smoke Detector'
       QUANTITY                 ='CHAMBER OBSCURATION'
       LENGTH                   =1.8
       ACTIVATION _OBSCURATION  =3.28/
&DEVC  ID                       ='detector3'
       PROP_ID                  ='Smoke Detector'
       XYZ                      =6,1.2,4
       INITIAL_STATE            =.FALSE./
&CTRL  ID                       ='DT'
       FUNCTION_TYPE            ='ANY'
       INPUT_ID                 ='detector1','detector2','detector3'
       INITIAL_STATE            =.FALSE./
&OBST  XB                       =3 4.5 1.2 1.2 0 3.0
       CTRL_ID                  ='DT'/ Door
```

Pyrosim 操作方法：CTRL 命令的设置方法，点击【Devices】→【Edit Activation Controls...】，弹出 Activation Controls 对话框。在左下侧点击【New...】按钮，弹出 New Control 对话框，在 Name 文本框输入 DT，点击【OK】键返回 Activation Controls 对话框。Input Type 属性选中 Detector，即按探测器控制，Actionto Perform 选中 Activate，点击 when 后的〈nothing〉，在

弹出的对话框中点击 Select All，如图 3-30 所示，再点击右下角的【OK】键，Activation Controls对话框变为图 3-31。

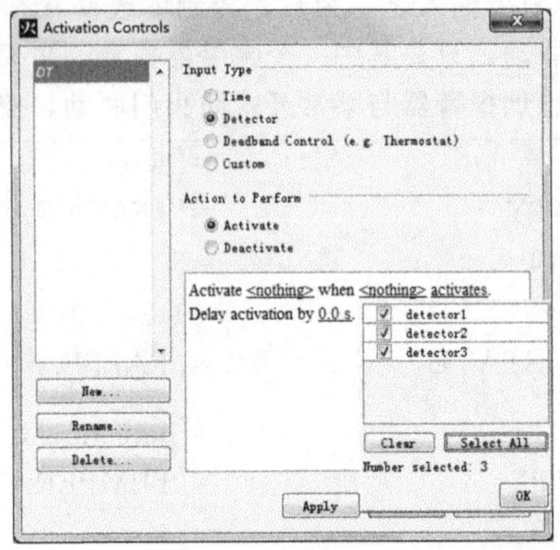


图 3-30　选择探测器

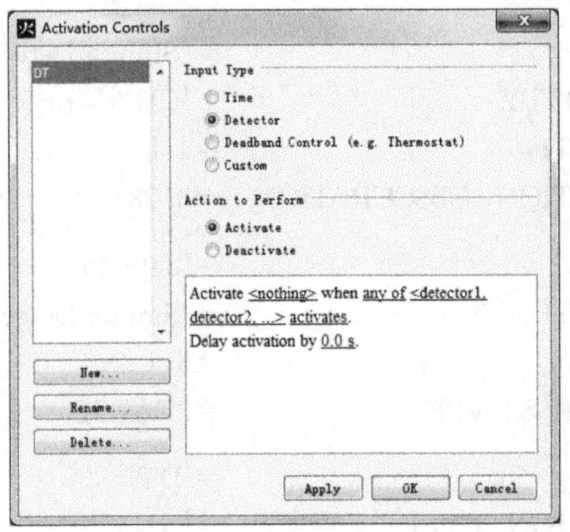


图 3-31　CTRL 设置

Pyrosim 操作方法：点击【Model】→【New Obstruction...】或在工具栏点击，弹出 Obstruction Properties 对话框。在 Geometry 选项卡中，将 XB 参数的六个值 3，4.5，1.2，1.2，0，3.0 依次填入 Min X、Max X、Min Y、Max Y、Min Z、Max Z；在 General 选项卡，Activation 下拉框选择 DT，如图 3-32 所示。

ALL 表示所有输入为真时，控制改变状态；ONLY 表示当且仅当设定的 *N* 个输入为真时，控制改变状态；AT _ LEAST 表示至少 *N* 个输入为真时，控制改变状态。例如当两个感烟探测器报警时，火灾发生的命令语句可设置为：

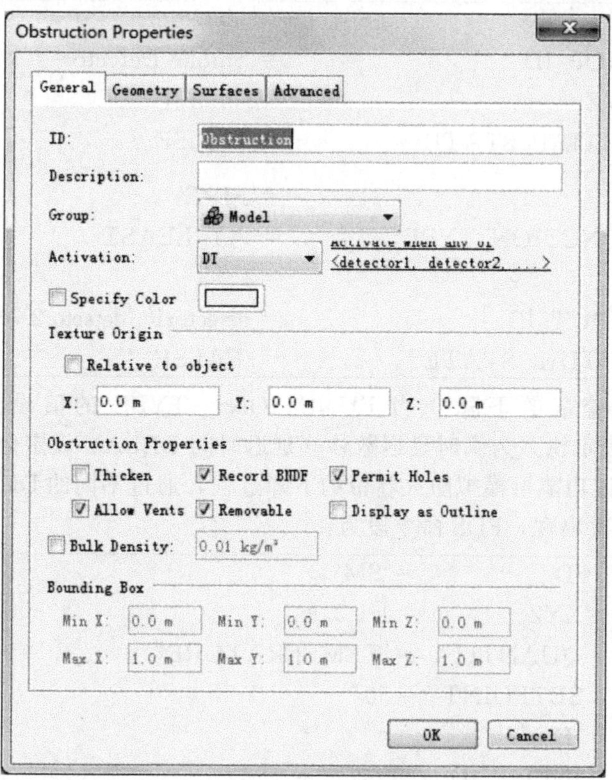


图 3-32 防火门设置

```
&PROP  ID                         ='Smoke Detector'
       QUANTITY                   ='CHAMBER OBSCURATION'
       LENGTH                     =1.8
       ACTIVATION_OBSCURATION     =3.28/
&DEVC  ID                         =' detector1'
       PROP_ID                    ='Smoke Detector'
       XYZ                        =6,1.2,4
       INITIAL_STATE              =.FALSE./
&DEVC  ID                         =' detector2'
       PROP_ID                    ='Smoke Detector'
       XYZ                        =6,4.2,4
       INITIAL_STATE              =.FALSE./
.
.
.
```

```
&DEVC  ID                        =' detectorn'
       PROP_ID                   ='Smoke Detector'
       XYZ                       =5,4.2,4
       INITIAL_STATE             =.FALSE./
&CTRL  ID                        ='FIRE'
       FUNCTION_TYPE             ='AT_LEAST'
       N                         =2
       INPUT_ID                  ='detector1','detector2',…,'detectorn'
       INITIAL_STATE             =.FALSE./
```

(2) 防火卷帘的下降　当 FUNCTION _ TYPE 的值设置为 TIME _ DELAY 时，表示输入为真时延迟数秒（延迟时间 DELAY 设定值）后，控制改变状态。利用该功能可模拟防火卷帘的下降过程，通过不同的 DELAY 值控制不同的 OBST 依次出现，FDS 命令段为：

```
&DEVC  ID          ='SM'
       XYZ         =1 1 2.8
       QUANTITY    ='TEMPERATURE'
       SETPOINT    =50/
&CTRL  ID='1'
       INPUT_ID              ='SM'
       FUNCTION_TYPE='TIME_DELAY'
       DELAY                 =1/
&CTRL  ID='2'
       INPUT_ID              ='SM'
       FUNCTION_TYPE='TIME_DELAY'
       DELAY                 =2/
&CTRL  ID='3'
       INPUT_ID              ='SM'
       FUNCTION_TYPE         ='TIME_DELAY'
       DELAY                 =3/
&OBST XB=0 3 1.5 1.6 2.0 3.0 COLOR='GRAY'/
&OBST XB=0 3 1.5 1.6 1.8 2.0 COLOR='GRAY' CTRL_ID ='1'/
&OBST XB=0 3 1.5 1.6 1.6 1.8 COLOR='GRAY' CTRL_ID ='2'/
&OBST XB=0 3 1.5 1.6 1.4 1.6 COLOR='GRAY' CTRL_ID ='3'/
```

(3) FDS 的停止与继续计算　FDS 运行过程中，若未达到设定的模拟时间而欲强行停止模拟时，有两种方法：一是用鼠标关闭 FDS 所在的 DOS 模拟窗口；二是当FDS模拟窗口为当前窗口时按Ctrl+Break键。这两种终止方式均为强行终止，无法从结束时刻重新计算。在模拟过程中，若发现需要对场景文件稍加修改后再接着计算，可手动停止FDS，方法为在FDS场景文件目录下放置CHID.stop文件，FDS只检测文件名，可以为空文件。FDS探测到该文件存在时会保存中间结果，然后自动终止计算。继续计算时须删除CHID.stop文件，再设置：

```
&MISC  RESTART=.TRUE./
```

重新计算时即可接续停止前的时刻继续计算。若为了防止计算机出现故障或停电造成不必要的损失，可使计算机每隔一定时间自动生成恢复文件，方法为：

```
&DUMP  DT_RESTART=30/
```

该命令表示每计算30s数据生成一次恢复文件。

在火灾模拟时，有时达到一定的条件，模拟达到目的即可停止。如判定室内轰燃的条件为：辐射强度达到20kW/m²和温度超过600℃。达到轰燃条件时FDS即停止运行的命令为：

```
&DEVC  ID                  ='con1'
       QUANTITY            ='RADIATIVE HEAT FLUX GAS'
       SETPOINT            =20
       XYZ                 =0.5,0.5,0
       INITIAL_STATE       =.FALSE.
       ORIENTATION         =1,0,0/
&DEVC  ID                  ='con2'
       QUANTITY            ='TEMPERATURE'
       SETPOINT            =600
       STATISTICS          ='MEAN'
       XB                  =0,3,0,4.5,2.0,2.8/
       INITIAL_STATE       =.FALSE./
&CTRL  ID                  ='DT'
       FUNCTION_TYPE       ='ANY'
       INPUT_ID            ='con1','con2'
       INITIAL_STATE       =.FALSE./
&CTRL  ID                  ='kill'
       FUNCTION_TYPE       ='KILL'
       INPUT_ID            ='DT'
       INITIAL_STATE       =.FALSE./
```

（4）数学运算　数学运算表示对CTRL命令的输入值进行加、减、乘、除及幂运算，再根据计算结果及设定阈值判断 CTRL 状态。一般认为，火灾中的玻璃破碎是由不均匀温度场引起的。温差造成玻璃产生温度应力场，当应力超过一定值时玻璃破碎。为示范控制命令的数学运算功能，这里假定玻璃附近某两点的温差超过 80℃时玻璃破碎，命令段为：

```
&DEVC ID        ='TU'
      XYZ       =1.5,2.9,2.5
      QUANTITY  ='TEMPERATURE'/

&DEVC ID        ='TD'
      XYZ       =1.5,2.9,1.5
      QUANTITY  ='TEMPERATURE'/

&CTRL ID                ='FRACTURE'
      FUNCTION_TYPE     ='SUBTRACT'
      INPUT_ID          ='TU','TD'
      SETPOINT          =80/
```

（5）控制 RAMP　RAMP 命令的作用是设置变量随时间或温度的变化，如热释放速率随时间的变化，导热系数、比热随温度的变化等。但有时随环境条件的变化，这些人为预先设定的变化规律可能发生变化，此时可采用 DEVC 或 CTRL 的逻辑控制功能对 RAMP 加以控制，达到适应环境参数的目的。例如：

```
&SURF ID=' PY'
      VEL=5
      RAMP_V=' PY RAMP'/
&DEVC XYZ=2,3,3
      QUANTITY=' TEMPERATURE'
      ID=' TEMP DEVC'/

&RAMP ID=' PY RAMP',T=20,F=0.0,DEVC_ID=' TEMP DEVC'/
&RAMP ID=' PY RAMP',T=50,F=0.5/
&RAMP ID=' PY RAMP',T=80,F=1.0/
```

上例中，初始时刻不排烟。当 DEVC 测到的温度达到 50℃时按设计量的 50%排烟，当 DEVC 测到的温度达到 80℃时完全按设计量排烟。

当采用 HRRPUA 设置热释放速率时，无法直接考虑空气中的氧气含量对热释放速率的影响。在通风控制型火灾中，氧气含量对热释放速率有较大影响，可采用对 RAMP 控制的方法考虑氧气含量对热释放速率的影响，方法为采用 DEVC 测量氧气含量，当氧气含量低于设置值时，热释放速率停止增长，命令段如下：

```
&SURF  ID='FIRE'
       HRRPUA=1000.
       RAMP_Q='FRAMP'/
&RAMP ID='FRAMP'T=0 F=0  DEVC_ID='FREEZE TIME'/
&RAMP ID='FRAMP'T=50  F=1/
&VENT XB=0.3,0.7,0.3,0.7,0.0,0.0  SURF_ID='FIRE'/
&DEVC  XYZ            =0.5,0.5,0.8
       QUANTITY       ='MASS FRACTION'
       SPEC_ID        ='OXYGEN'
       ID             ='OXY'/
&CTRL  ID='CT'
       INPUT_ID       ='CONSTANT'  'OXY'
       CONSTANT       =0.23
       SETPOINT       =0.02
       FUNCTION_TYPE='SUBTRACT'/
&DEVC  XYZ=0.5,0.5,0.8
       QUANTITY='TIME'
       NO_UPDATE_CTRL_ID='CT'
       ID='FREEZE TIME'/
```

# 第4章 Pyrosim火灾模拟案例

本章提供单室火灾、宾馆标准间火灾、住宅火灾、办公楼火灾和体育馆火灾5个案例，每个案例均给出Pyrosim建模步骤，前三个案例还附有FDS命令流。单室火灾采用命令对话框完成，宾馆标准间火灾采用绘图工具栏的相关工具完成，住宅火灾主要采用背景图片的方式建立模型，办公楼火灾通过导入平面CAD二维模型建立火灾模型，体育馆火灾通过导入CAD三维模型进行建模。这些案例详细展示了Pyrosim的建模能力。除模型建立外，单室火灾案例还提供了恒定火源、燃烧模型、温度测点的设置与模拟结果查看方法，宾馆标准间火灾介绍了绘图工具、提供了$t^2$火设置和切片云图动画的设置方法，住宅火灾示范了背景图片尺寸获取及等值面动画输出方法，办公楼火灾介绍了大型模型的简化方法、楼梯建立方法、编辑工具和外边界的打开方法，体育馆火灾示范了三维模型导入和模型内部剖视图的建立方法。

## 4.1 单室火灾——命令对话框建模

Pyrosim有三种建模方式：命令对话框建模、绘图工具建模和导入图形建模。命令对话框是指与FDS命令直接对应的对话框，如OBST命令对应的对话框为Obstruction Properties对话框。第二章和第三章分别介绍了FDS主要命令及其对应对话框与应用方法。

### 4.1.1 场景的FDS命令

该场景为最简单的火灾模型场景，包括火灾模拟不可缺少的基本要素，即计算网格、模拟时间、窗户设置、火源设置、燃烧模型及时间变量输出，场景文件为：

```
&HEAD  CHID='test'
       TITLE='a simple test '/
&MESH  XB=0.0,1.0,0.0,1.0,0.0,1.0
       IJK=10,10,10/
```

```
&TIME  T_END=300/
&VENT  XB=0,1,1,1,0.5,0.9
       SURF_ID='OPEN'/
&SURF  ID='FIRE'
       HRRPUA=500/
&OBST  XB=0.4,0.6,0.4,0.6,0,0.2
       SURF_ID ='FIRE'/
&REAC  FUEL     ='PROPANE'
       SOOT_YIELD=0.08/
&DEVC  XYZ=0.5 0.5 0.5
       QUANTITY='TEMPERATURE'/
&TAIL/
```

### 4.1.2 Pyrosim 建模过程

（1）设定模拟时间

① 点击【File】→【Save】或者点击工具栏的保存按钮或者按 Ctrl+S 组合键，弹出保存对话框，将工程保存为 test.psm，只有文件名为 test，生成的 HEAD 命令的 CHID 参数值方能为 test。

② 点击【Analysis】→【Simulation Parameters...】，弹出 Simulation Parameters 对话框，如图 4-1 所示，在 Simulation Title 文本框中输入“a simple test”；在 Time 选项卡，End Time 文本框输入模拟时间 300。

（2）建立计算区域　点击【Model】→【Edit Meshes...】或在导航栏双击 Meshes，将弹出 Edit Meshes 对话框，如图 4-2 所示。在该对话框中点击【New...】按钮，弹出 New mesh 对话框，点击【OK】按钮。Properties 选项卡的 Mesh Boundary 用于定义计算区域边界，Min X 文本框输入 0，Max X 文本框输入 1.0，Min Y 文本框输入 0，Max Y 文本框输入 1.0，Min Z 文本框输入 0，Max Z 文本框输入 1.0，X Cells、Y Cells 及 Z Cells 文本框均输入 10，最后点击【OK】键退出。

（3）建立火源　本模型涉及两个边界条件，OPEN 和 FIRE。OPEN 为 FDS 的默认边界条件，相当于自然通风口，这里表示窗户，不需要自定义；FIRE 为火源，大小为 500kW/m$^2$。

定义火源边界条件的方法，点击【Model】→【Edit Surfaces...】或在导航栏双击 Surfaces，弹出 Edit Surfaces 对话框。在对话框中点击左下角的【New】按钮，弹出 Edit Surface 对话框，输入边界条件名称为 FIRE，选择边界条件类型为 Burner 并点击【OK】按钮，返回到 Edit Surfaces 对话框。在 Heat Release

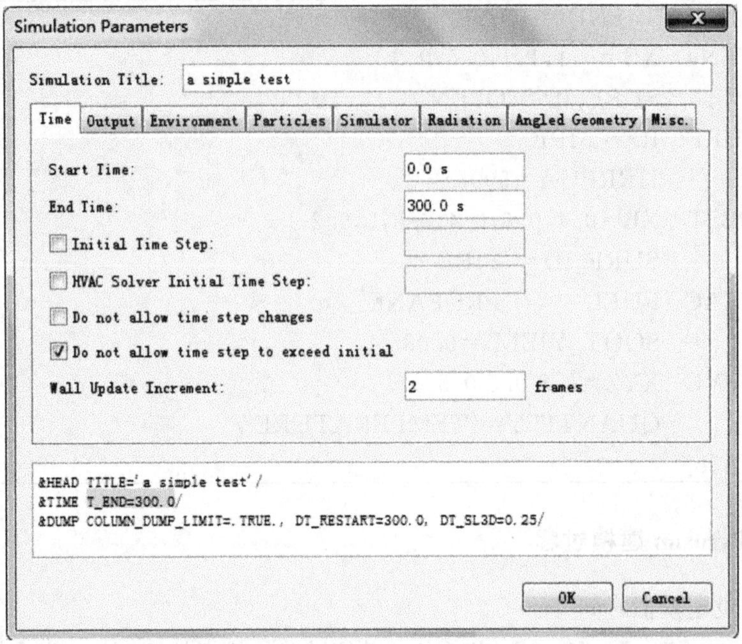

Simulation Parameters

Simulation Title: a simple test

Time | Output | Environment | Particles | Simulator | Radiation | Angled Geometry | Misc.

Start Time: 0.0 s

End Time: 300.0 s

Initial Time Step:

HVAC Solver Initial Time Step:

Do not allow time step changes

Do not allow time step to exceed initial

Wall Update Increment: 2 frames

```
&HEAD TITLE='a simple test'/
&TIME T_END=300.0/
&DUMP COLUMN_DUMP_LIMIT=.TRUE., DT_RESTART=300.0, DT_SL3D=0.25/
```

OK Cancel

图 4-1 Simulation Parameters 对话框

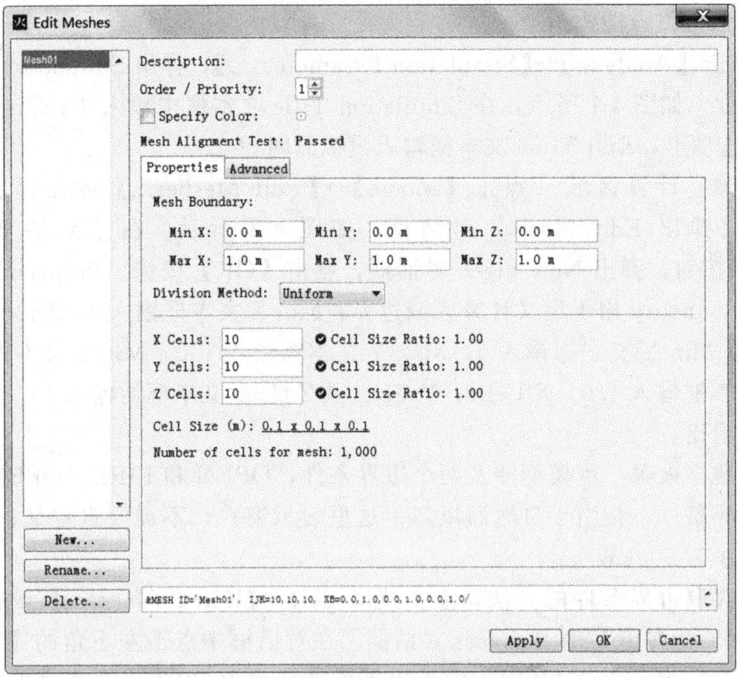

Edit Meshes

Mesh01

Description:

Order / Priority: 1

Specify Color:

Mesh Alignment Test: Passed

Properties | Advanced

Mesh Boundary:

Min X: 0.0 m Min Y: 0.0 m Min Z: 0.0 m

Max X: 1.0 m Max Y: 1.0 m Max Z: 1.0 m

Division Method: Uniform

X Cells: 10 Cell Size Ratio: 1.00

Y Cells: 10 Cell Size Ratio: 1.00

Z Cells: 10 Cell Size Ratio: 1.00

Cell Size (m): 0.1 x 0.1 x 0.1

Number of cells for mesh: 1,000

New... Rename... Delete...

```
&MESH ID='Mesh01', IJK=10,10,10, XB=0.0,1.0,0.0,1.0,0.0,1.0/
```

Apply OK Cancel

图 4-2 Edit Meshes 对话框

选项卡中，Heat Release Rate Per Area 文本框输入 500.0kW/m²，如图 4-3 所示。注意这里的 500.0kW/m² 并非随意的一个值，它是一般火灾单位面积热释放速率的最大值，即设定边界条件时，单位面积的热释放速率不应超过 500.0kW/m²。

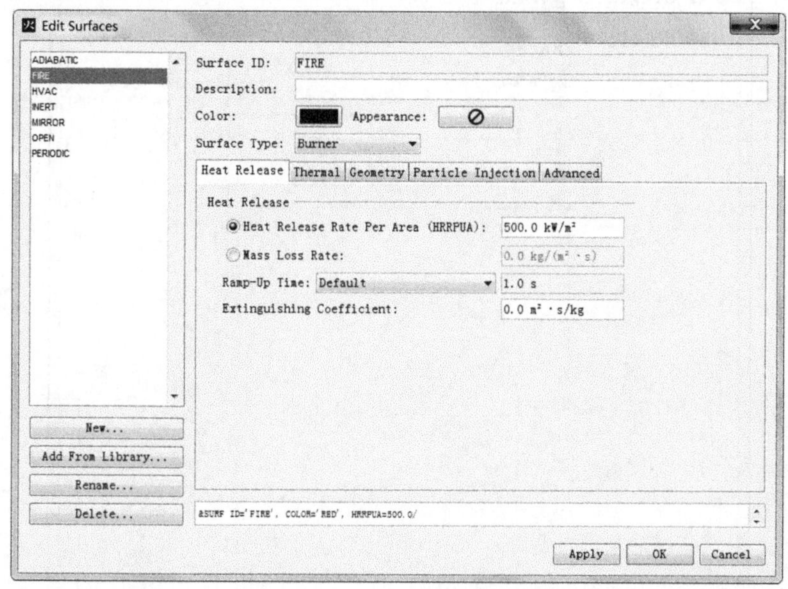


图 4-3 火灾模型设置

然后建立火源，点击【Model】→【New Obstruction...】或在工具栏点击，弹出 Obstruction Properties 对话框。在 Geometry 选项卡中，Min X 文本框输入 0.4、Max X 文本框输入 0.6、Min Y 文本框输入 0.4、Max Y 文本框输入 0.6、Min Z 文本框输入 0.0、Max Z 文本框输入 0.2；在 Surfaces 选项卡，选中 Single 单选框并在其右侧的下拉框选中 FIRE 边界条件，如图 4-4 所示，点击【OK】键退出。

(4) 设定燃烧模型　点击【Model】→【Edit Species...】或在导航栏双击 Species，弹出 Edit Species 对话框。在对话框左下侧点击【New】按钮，弹出 New Species 对话框，在 Predefinded 下拉框选中 PROPANE 并点击【OK】，重回 Edit Species 对话框，再次点击【OK】键退出。

接着点击【Model】→【Edit Reactions...】或在导航栏双击 Reactions，弹出 Edit Reactions 对话框。在对话框左下侧点击【New】按钮，弹出 New Reaction 对话框，输入任意名称，点击【OK】键返回 Edit Reactions 对话框。在 Fuel 选项卡，Fuel Type 下拉框选 Predefinded，Fuel Species 下拉框选 PROPANE；在 Byproducts 选项卡，Soot Yield 文本框输入 0.08，如图 4-5 所示。

(5) 设置窗户　点击【Model】→【New Vent...】或在工具栏点击，弹出

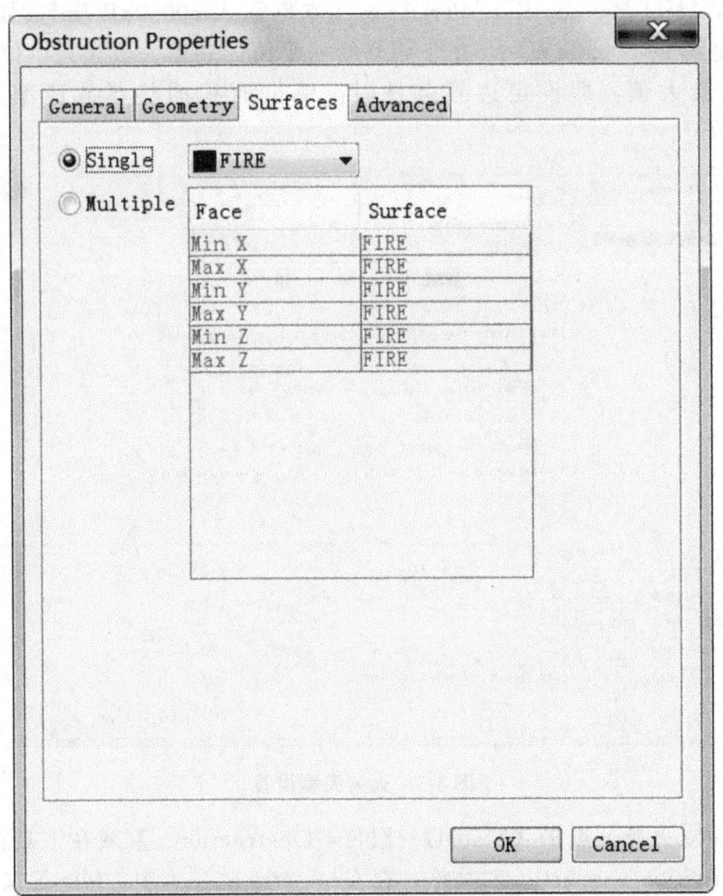


图 4-4　火源设置

Vent Properties 对话框。在 General 选项卡中，Surface 下拉框选 OPEN 边界条件；在 Geometry 选项卡中，Plane 下拉框选 Y，即平面垂直于 $y$ 轴，等号右侧的文本框输入 1.0m，边界 Bounds 下 $x$ 坐标分别输入 0.0，1.0，$z$ 坐标分别输入 0.5，0.9，如图 4-6 所示。

(6) 设置输出变量　点击【Devices】→【New Gas-Phase Device...】，弹出 Gas-phase Device 对话框。在 Properties 选项卡，Name 文本框输入 GAS，Quantity 下拉框选中 Temperature，Location 对话框分别输入 X、Y、Z 坐标 0.5，0.5，0.5，如图 4-7 所示，点击【OK】键退出。FDS 的结束命令 TAIL 不需要设置，Pyrosim 会自动加入。

(7) 模拟计算　点击【Analysis】→【Run FDS...】或者点击工具栏的▶，弹出 Fire Simulation 对话框并进计算，计算完成后将显示 STOP：FDS completed successfully，如图 4-8 所示。

Edit Reactions
Reaction1
Description:
Fuel
Fire Suppression
Byproducts
Advanced
Energy Released:
Specify release per unit mass oxygen:
1.31E4 kJ/k
Specify heat of combustion:
0.0 kJ/kg
Radiative Fraction:
0.35
Energy is Ideal (does not account for yields of CO, $H_2$, or Soot)
CO Yield ($Y_{co}$):
0.0
Soot Yield ($Y_s$):
0.08
Hydrogen Fraction:
0.1
New...
Add From Library...
Rename...
Delete...
&REAC ID='Reaction1', FUEL='PROPANE', SOOT_YIELD=0.08/
Apply
OK
Cancel

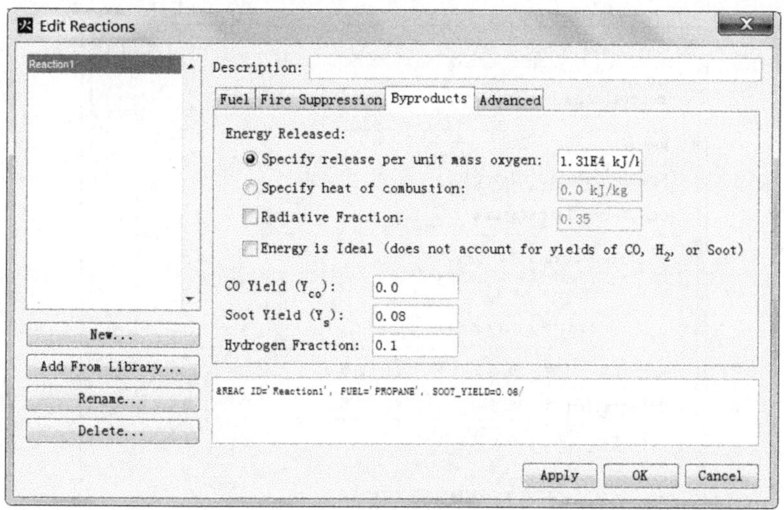

图 4-5 燃烧模型设置

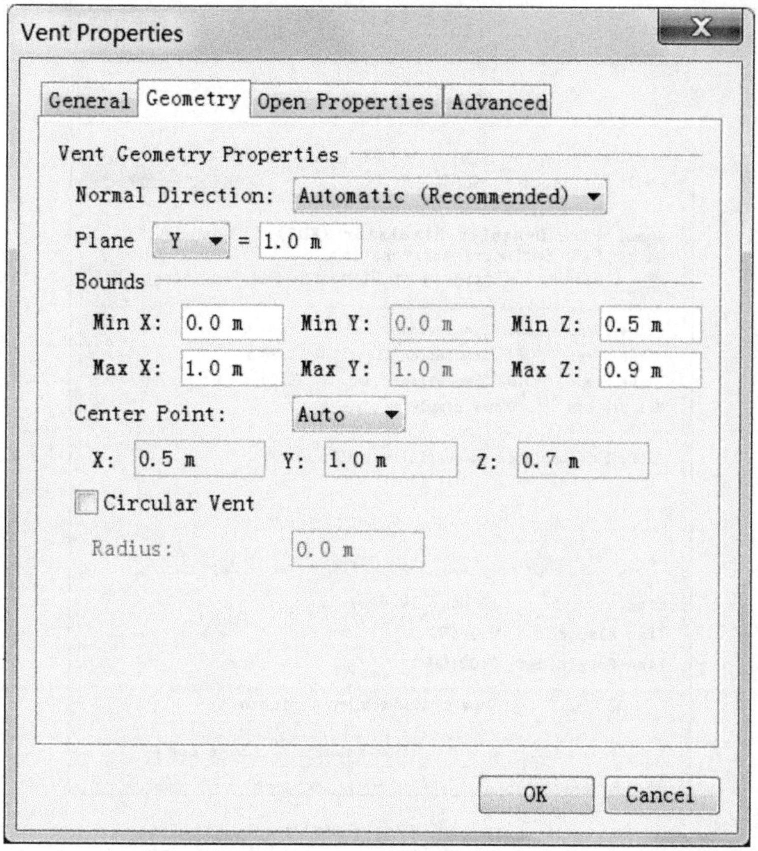

Vent Properties
General
Geometry
Open Properties
Advanced
Vent Geometry Properties
Normal Direction:
Automatic (Recommended)
Plane
Y
=
1.0 m
Bounds
Min X:
0.0 m
Min Y:
0.0 m
Min Z:
0.5 m
Max X:
1.0 m
Max Y:
1.0 m
Max Z:
0.9 m
Center Point:
Auto
X:
0.5 m
Y:
1.0 m
Z:
0.7 m
Circular Vent
Radius:
0.0 m
OK
Cancel

图 4-6 窗户设置

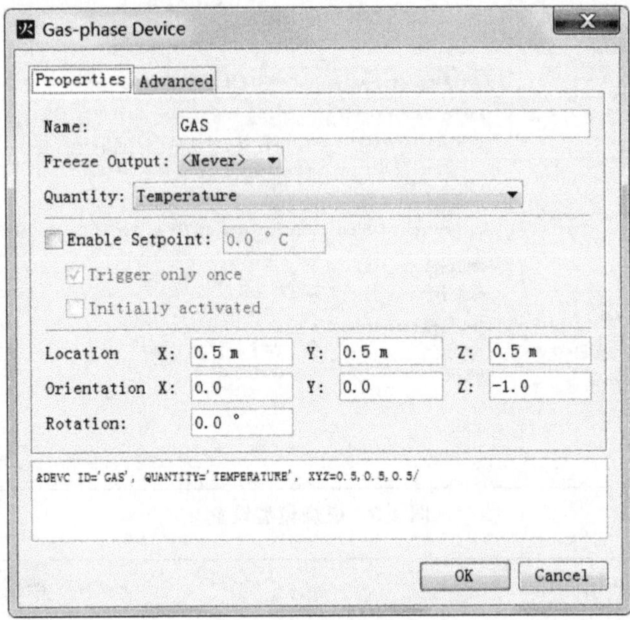


图 4-7 温度测点设置

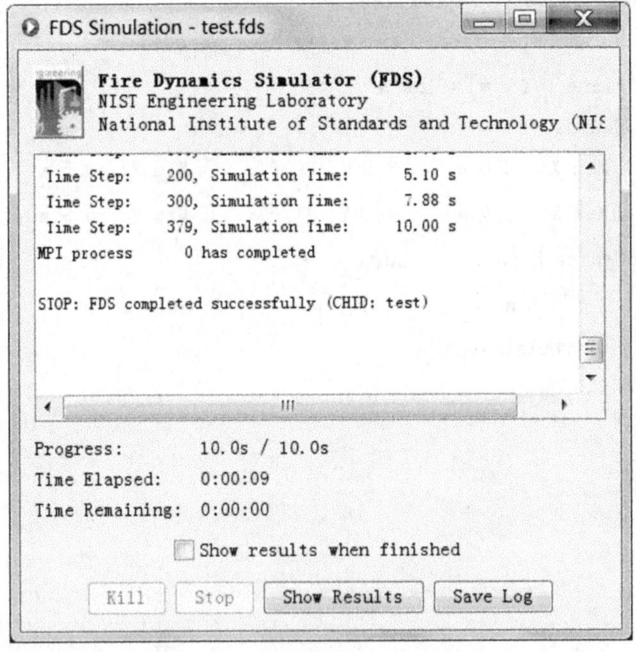


图 4-8 计算状态对话框

（8）后处理 本算例的后处理包括两个方面，查看烟气蔓延和绘制温度时间曲线。查看烟气蔓延有两种方法，通过 Pyrosim Results 或者通过 FDS 的 Smokeview。若在图 4-8 所示的计算状态对话框选中 Show results when finished，计算完成后会自动打开 Pyrosim Results；否则点击【Analysis】→【Run Results...】或者点击工具栏的同样可打开 Pyrosim Results，如图 4-9 所示。在其导航视图双击 3D Smoke 即可查看火灾烟气蔓延过程。

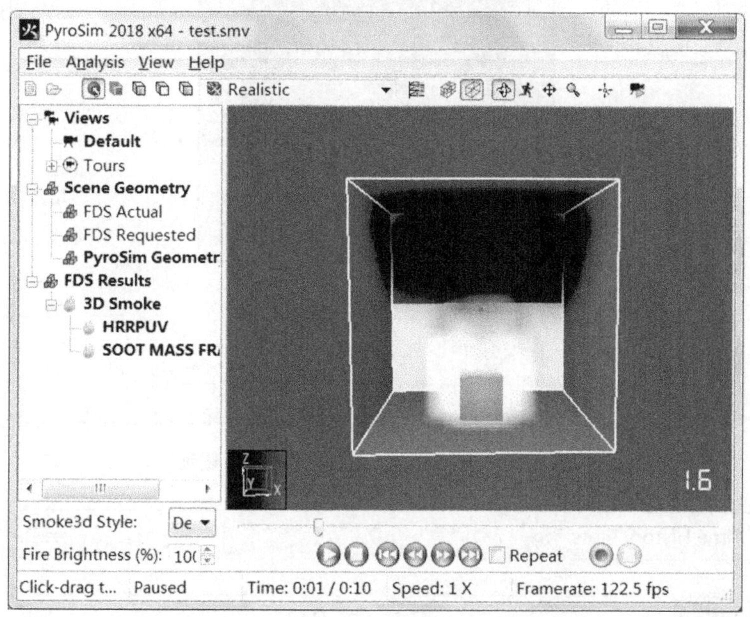


图 4-9 Pyrosim Results 显示火灾烟气蔓延

点击【Analysis】→【Run Smokeview...】，将弹出对话框，选择 test 则会打开 Smokeview。Smokeview 已显示基本场景，点击鼠标右键，在弹出菜单依次选择【Load/Unload→3D smoke→SOOT MASS FRACTION】即可查看烟气蔓延，如图 4-10 所示。

绘制温度时间曲线则在 Pyrosim 软件中完成，点击【Analysis】→【Plot Time History Results...】或在工具栏点击，弹出 Choosea Time History Plot，在文件列表框中选择 test _ devc. csv 并点击打开按钮，则弹出如图 4-11 所示的 Time History Plots 对话框，在其中显示温度时间曲线。

Pyrosim 虽然能绘制温度时间曲线，但没有提供编辑功能，因此直接应用 Pyrosim 绘制的图形撰写科技论文显得专业性不足，还是应该采用专业数学软件，如 Tecplot、Origin 及 MATLAB 等，导入 test _ devc. csv 文件绘图，才能显示插图的科学性、艺术性。

从本节的案例可以看出，对于火灾场景比较简单的模型，采用 FDS 命令直

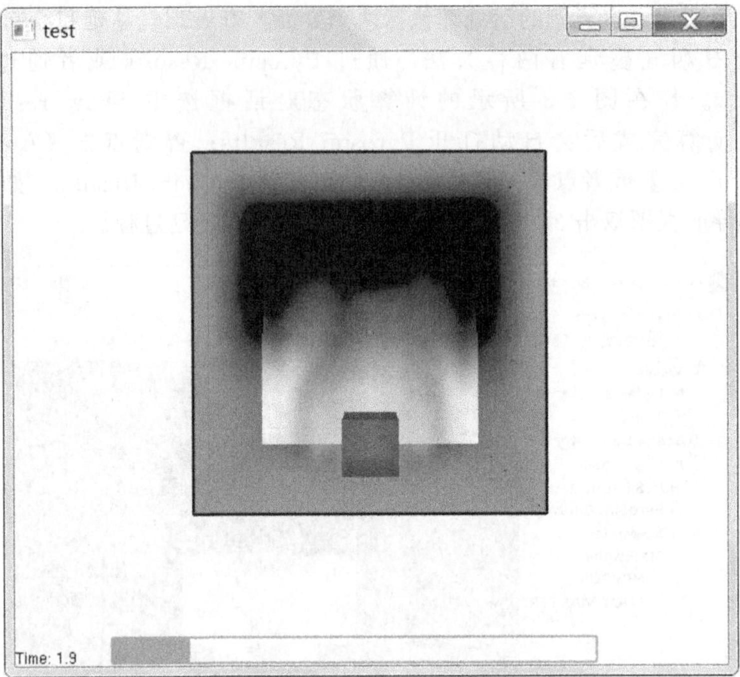


图 4-10　Smokeview 显示火灾烟气蔓延

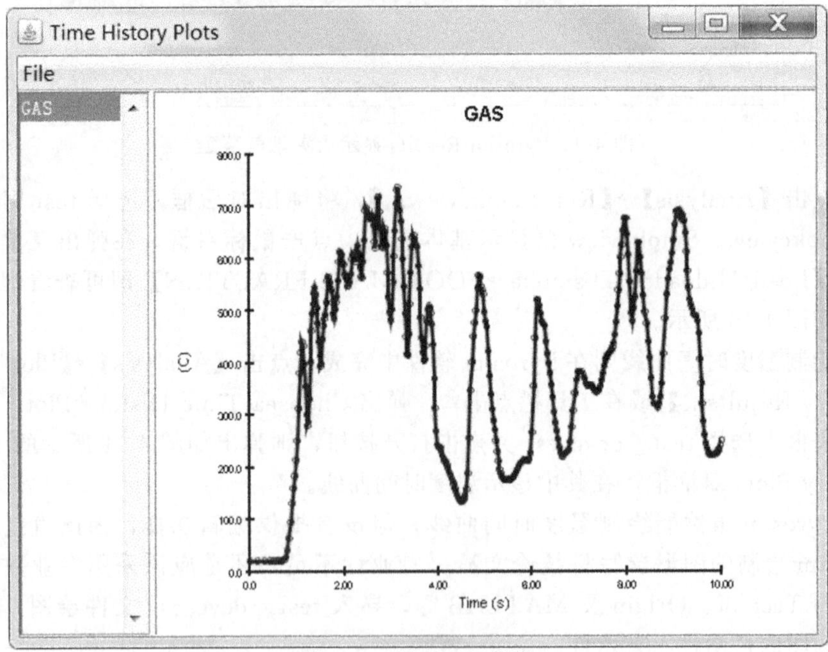


图 4-11　温度时间曲线

接建模，无论建模速度、模型的可读性及易传播性均明显优于 Pyrosim。要想成为专业的 FDS 火灾模拟专家，不能也无法避免学习 FDS 命令。

## 4.2 宾馆火灾——绘图工具建模

### 4.2.1 Pyrosim 绘图工具

为方便建立火灾模型，Pyrosim 提供多种绘图命令和三个编辑命令，见表 4-1。绘图工具没有提供菜单和快捷键，只能用鼠标选择工具。当然，仅采用绘图工具建立火灾模型是不够的，还要使用适当的命令对话框，如材料设置、边界条件、热解模型等。

表 4-1 Pyrosim 编辑工具

| 工具 | 名称 | | 功能 | 对应命令 |
|---|---|---|---|---|
| | 英文 | 中文 | | |
| | Move Objects | 移动 | 物体移动 | |
| | Rotate Objects | 旋转 | 物体旋转 | |
| | Mirror Objects | 镜像 | 物体镜像 | |
| | Draw a Mesh | 网格 | 绘制计算区域及划分网格 | MESH |
| | Split selected meshes along a grid division | 剖分 | 将已有区域剖分为多个区域 | MESH |
| | Draw a Slab Obstruction | 板 | 绘制水平的板，仅在水平面（Top 或 Bottom）绘图有效。若将厚度增大，也可绘制其他物体 | OBST |
| | Draw a Slab Hole | 板洞 | 在水平板上挖洞，仅在水平面（Top 或 Bottom）绘图有效 | HOLE |
| | Draw a Wall Obstruction | 墙 | 绘制墙体 | OBST |
| | Draw a Wall Hole | 墙洞 | 在墙体上挖洞 | HOLE |
| | Draw a Block Obstruction | 块 | 绘制正方形截面物体，特别适合绘制柱子、桌椅腿等细高物体 | OBST |
| | Draw a Block Hole | 块洞 | 在物体上挖洞 | HOLE |

续表

| 工具 | 名称 | | 功能 | 对应命令 |
|---|---|---|---|---|
| | 英文 | 中文 | | |
| | Draw a Vent | 通风口 | 绘制自然通风口、机械通风口或者平面火源等平面边界 | VENT |
| | Draw a Room | 房间 | 绘制房间,仅在水平面(Top 或 Bottom)绘图有效 | OBST |
| | Draw a Zone | 压力区 | 绘制压力区域 | ZONE |
| | Draw an Init Region | 初始区 | 绘制具有初始值的区域 | INIT |
| | Draw Particles at a Point | 粒子 | 绘制粒子 | INIT |
| | Draw a Particle Cloud | 粒子云 | 绘制粒子云 | INIT |
| | Draw a Planar Slice | 切面 | 绘制切面,输出云图 | SLCF |
| | Draw a 3D Slice | 3D 切面 | 绘制 3D 切面,即绘制长方形区域,输出计算结果 | SLCF |
| | Draw a Device | 测点 | 绘制变量测点,输出量值 | DEVC |
| | Draw a HVAC Node | HVAC 结点 | 绘制暖通空调系统的结点 | HVAC |
| | Draw a HVAC Duct | HVAC 管道 | 绘制暖通空调系统的管道 | HVAC |
| | Paint Obstruction Surfaces | 喷色 | 为物体的表明喷涂颜色 | |
| | Pick a Surface from an Obstruction | 吸管 | 拾取物体的边界条件 | |
| | Measure | 测量 | 测量直线距离 | |
| | Tool Properties | 工具属性 | 弹出工具属性对话框 | |

### 4.2.2 单室火灾简介

采用绘图工具建模最适宜对火灾模型及家具尺寸没有严格要求的场合，因此没有先给出 FDS 命令流，而是采用 Pyrosim 建立模型，再导出 FDS 命令流。宾馆标准间的房间开间 3.9m，进深 4.8m，房间净高 2.8m。在 FDS 模型中，由于建筑尺寸必须和网格尺寸协调，故采用 0.1m 网格。

### 4.2.3 建模过程

（1）绘制网格　选择 2D View 视图，在绘图工具栏点击工具，再点击工具属性，弹出 Tool Properties 对话框，如图 4-12 所示。将高度 Hight 由默认的 2.75m 改为 2.8m；单元格 Cells 选中固定尺寸 Fixed Size 单选框，三个轴的文本框均输入 0.1m，即火灾模型的单元格尺寸为 0.1m×0.1m×0.1m，点击【OK】键退出。

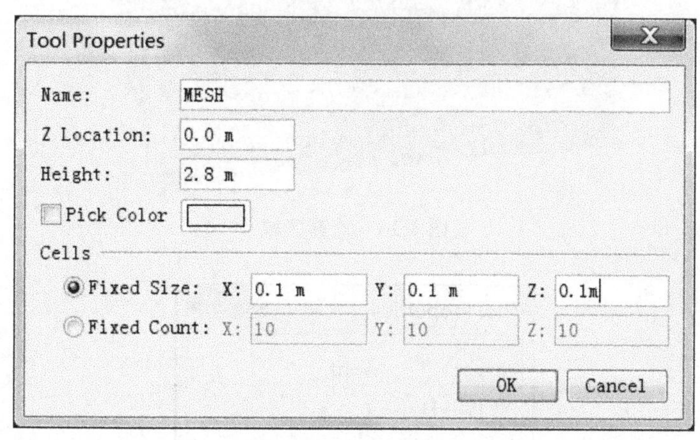


图 4-12　网格属性

当鼠标在模型视图区捕捉住（0.0，0.0，0.0）点时，点击一下确认，然后向右上方移动，按 TAB 键，键盘输入（3.9，4.8，2.8），然后回车。重新回到 3D View 视图并适当旋转刚建立的网格，建好的计算区域如图 4-13 所示。注意，模型的六个表面均处于封闭状态，正好作为四面墙壁、屋顶和地板。

（2）绘制窗户　在工具栏选择前视图（Reset to Front），用鼠标滚轮适当放大。单击绘图工具栏的通风口工具，再点击工具属性，弹出 Tool Properties 对话框，如图 4-14 所示。将 Surface 下拉框选择 OPEN，表示自然通风口。绘制窗口时注意，一般窗户距地面距离为 1m 左右。建成后如图 4-15 所示。

（3）绘制卫生间　房间四壁的墙是用网格的四个边界代表的，在房间内要隔成一个卫生间，将用到墙工具。在绘制卫生间前，应先定义墙的边界条件，为此在导航视图双击 Materials，弹出 Edit Materials 对话框，点击【Add From Library...】按钮，弹出 Pyrosim Libraries 对话框，在右侧的列表框选中混凝土 CONCRETE，点击中间的左箭头按钮，然后退出。

在导航视图双击 Surfaces，弹出 Edit Surfaces 对话框，点击【New...】按

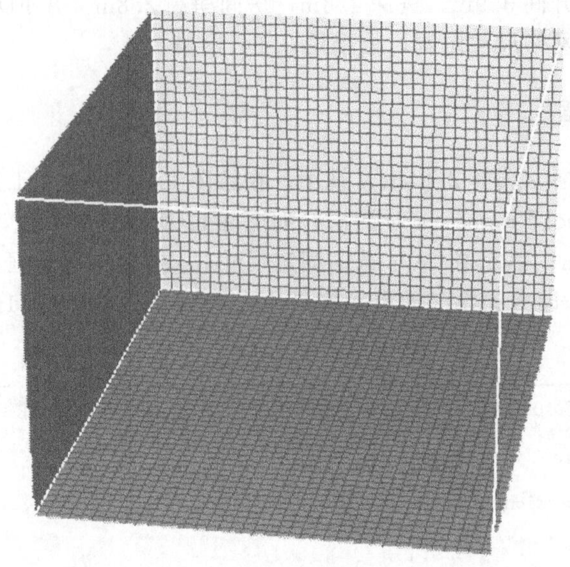

图 4-13　计算区域

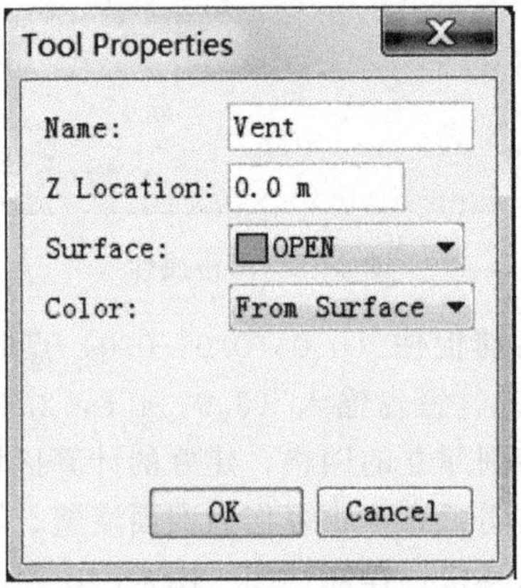

Tool Properties
Name: Vent
Z Location: 0.0 m
Surface: OPEN
Color: From Surface
OK　Cancel

图 4-14　窗户属性

钮，弹出 New Surface 对话框，Surface Name 对话框输入 wall，Surface Type 选 layered，点击【OK】键返回 Edit Surfaces 对话框。在 Material layers 选项卡，Thickness 文本框输入 0.2m，Material Composition 文本框输入“1.0 CONCRETE”，如图 4-16 所示，按【OK】键退出。

在绘图工具栏点击墙工具，再点击工具属性，弹出 Tool Properties 对话框，高度 Height 输入 2.8m，Surface Type 选中 wall 边界条件，按【OK】键返回。在 2D View 视图，绘制两面墙围成一个卫生间。接下来绘制卫生间的门，

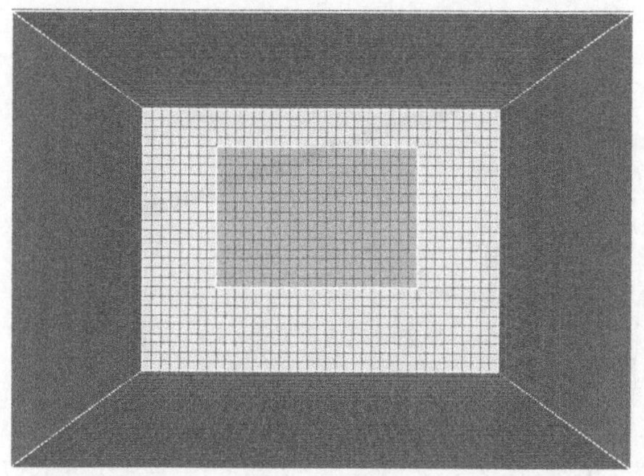

图 4-15 窗户

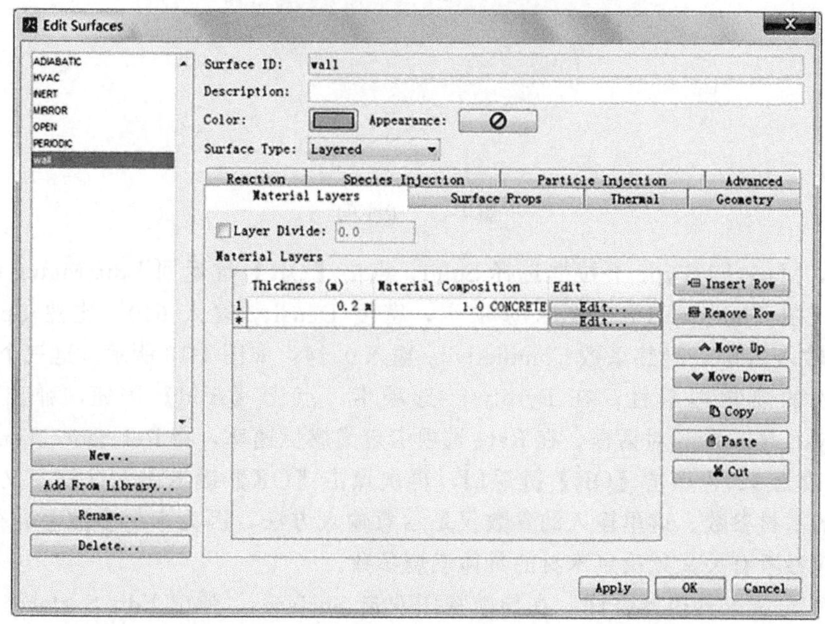


图 4-16 墙材料设置

点击墙洞工具，再点击工具属性，弹出 Tool Properties 对话框，高度 Height 输入 2.1m，点击【OK】键返回，然后绘制代表卫生间门的洞口，绘制完毕后如图 4-17 所示。

(4) 绘制家具

① 定义木材性质 在导航视图双击 Materials，弹出 Edit Materials 对话框，点击【New...】按钮，弹出 New Material 对话框，Material Name 文本框输入

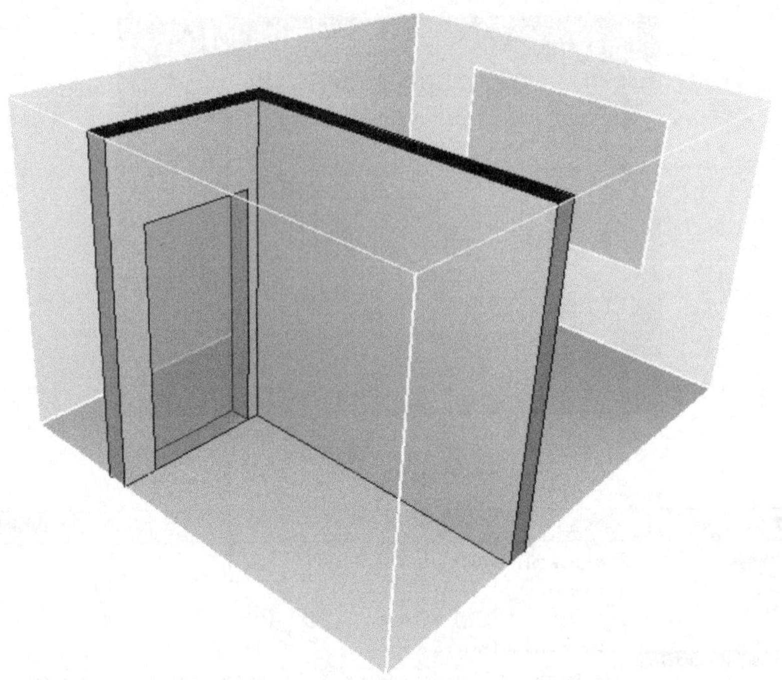

图 4-17　卫生间

wood，Material Type 下拉框选择 Solid，点击【OK】键返回 Edit Materials 对话框。在 Thermal Properties 选项卡，密度 Density 输入 640，比热 Specific Heat 输入 2.85，导热系数 Conductivity 输入 0.14，如图 4-18 所示，这三个参数是黄松的热物理属性；在 Pyrolysis 选项卡，点击【Add】按钮，弹出 Edit Pyrolysis Reaction 对话框，在 Rate 选项卡定义燃烧速率，将 Reference Temperature 改为 320，点击【OK】键返回，再次点击【OK】键退出。这就定义了可燃烧的木材参数。这里输入的参数仅是示意输入方法，因为木材参数差异很大，读者应参考有关文献决定木材的具体燃烧参数。

② 定义家具边界条件　在导航视图双击 Surfaces，弹出 Edit Surfaces 对话框，点击【New...】按钮，弹出 New Surface 对话框，Surface Name 文本框输入 furniture，Surface Type 选 layered，点击【OK】键返回 Edit Surfaces 对话框。颜色 Color 选择暗红色；在 Material layers 选项卡，Thickness 文本框输入 0.1m，Material Composition 文本框输入“1.0 wood”，按【OK】键退出。

③ 绘制办公桌　切换至 2D 建模视图，双击块工具，这样可以连续建模，再点击工具属性，弹出 Tool Properties 对话框，高度 Height 输入 0.8m，正方形边长 Size 输入 0.1，边界条件 Surface 选 furniture，点击【OK】键返回，在左侧紧贴墙的位置绘制办公桌的四条腿，完成后按 Esc 键退出绘制状态；点击板工

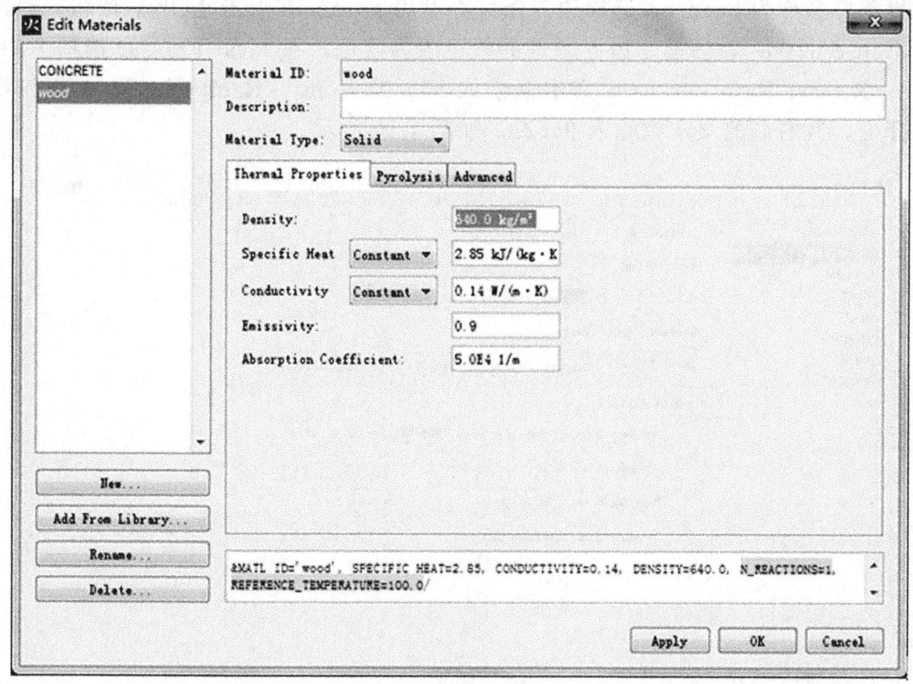


图 4-18 木材性质

具，再点击工具属性，弹出 Tool Properties 对话框，高度坐标 Z Location 输入 0.8，桌面厚度 Thickness 输入 0.1m，边界条件 Surface 选 furniture，点击【OK】键返回，在桌腿正上方绘制桌面。

④ 绘制床 单击房间工具，再点击工具属性，弹出 Tool Properties 对话框，高度坐标 Z Location 输入 0.0，高度 Height 输入 0.5m，厚度 Wall Thickness 输入 0.1，边界条件 Surface 选 furniture，点击 OK 键返回，在房间内适当位置绘制床；点击板工具，再点击工具属性，弹出 Tool Properties 对话框，高度坐标 Z Location 输入 0.5，厚度 Thickness 输入 0.1m，边界条件 Surface 选 furniture，点击【OK】键返回，在床正上方绘制床盖板。

(5) 设置火源 火源为中速 $t^2$ 火，最大热释放速率 100kW，位于床的上表面。烟气生成率 5%，CO 生成率 3‰，燃烧气体为丙烷。若单位面积的热释放速率为 500kW/m²，则火源面积应为 0.2m²，可设置为 0.4m×0.5m。中速火的火灾增长系数为 0.01127，则达到 100kW 的时间为：

$$\tau=\sqrt{\frac{100}{0.01127}}\approx 94.2\mathrm{s}$$

定义火源边界条件的方法为，在导航栏双击 Surfaces，弹出 Edit Surfaces 对话框。在对话框中点击左下角的【New】按钮，弹出 New Surface 对话框，输入边界条件名称为 burner，选择边界条件类型为 burner 并点击【OK】按钮，返回到 Edit Surfaces 对话框。边界条件的颜色改为蓝色；在 Heat Release 选项卡中，Heat Release Rate Per Area 文本框输入 500.0kW/$m^2$，Ramp-Up Time 下拉框选择 $t^2$，其右侧的文本框输入 94.2s，如图 4-19 所示。

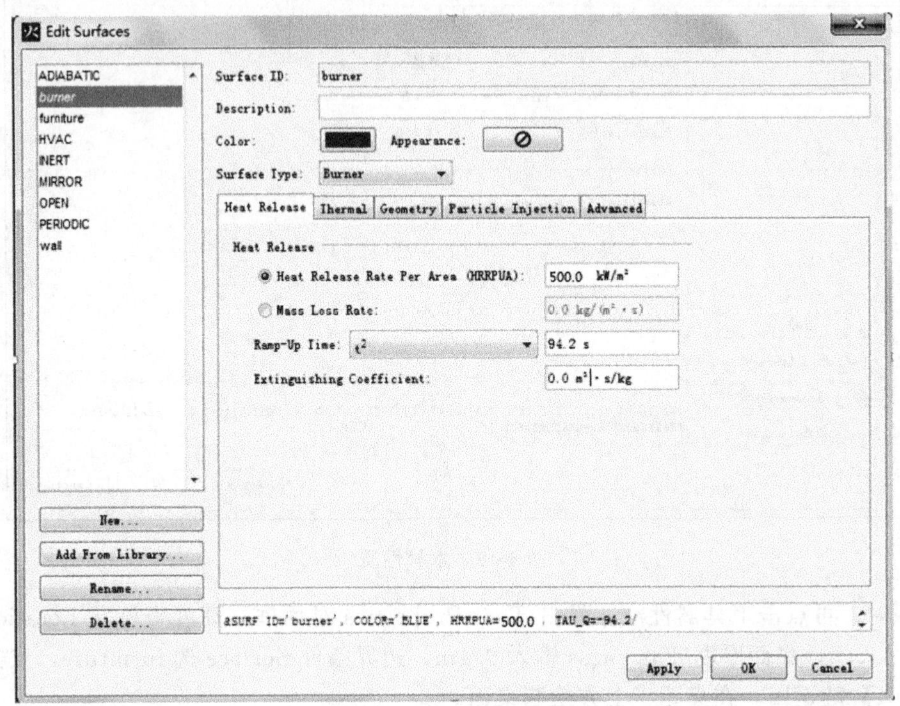


图 4-19　火灾模型设置

在 2D 建模视图，点击绘图工具栏的通风口工具，再点击工具属性，弹出 Tool Properties 对话框，Z Location 文本框输入 0.6m（床高度），Surface 下拉框选择 burner，表示火源。在床上表面适当位置绘制 0.4m×0.5m 的火源，建成后如图 4-20 所示。

在导航栏双击 Reactions，弹出 Edit Reactions 对话框。在对话框左下侧点击【New】按钮，弹出 New Reaction 对话框，输入任意名称，按【OK】键返回 Edit Reactions 对话框。在 Fuel 选项卡，Carbon atoms 输入 3.0，Hydrogen atoms输入 8.0，如图 4-21 所示；在 Byproducts 选项卡，CO Yield 文本框输入 0.003，Soot Yield 文本框输入 0.05。燃烧模型定义完成后计算时会自动使用，不像边界条件还用其他物体明确引用。

(6) 输出 1m 高度 CO 含量云图　首先切换至 3D 建模视图，点击切面工具，再点击工具属性，弹出 Tool Properties 对话框，Quantity 选择［Species

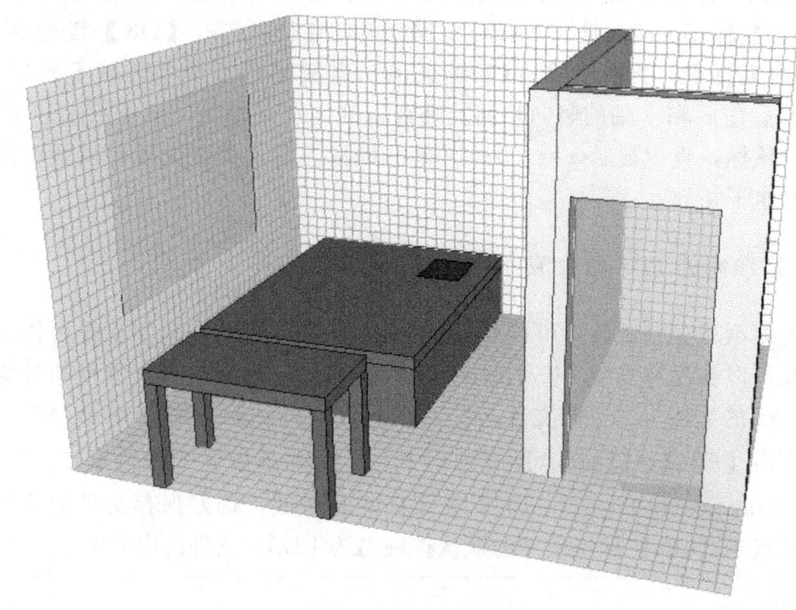

图 4-20 标准间模型

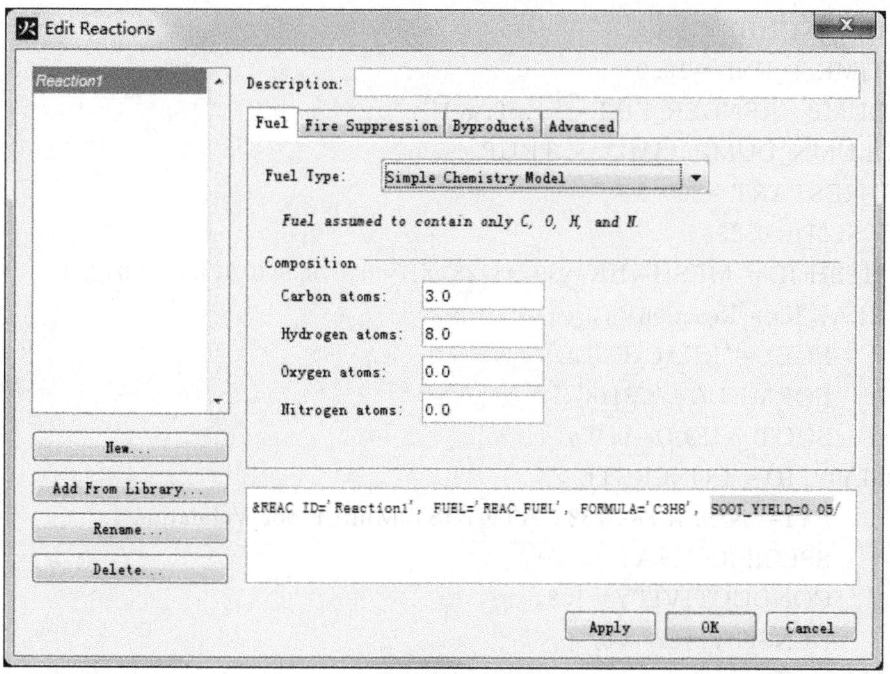


图 4-21 燃烧模型设置

Quantity】…，弹出 Choose Quantity 对话框，Quantity 选体积百分比 Volume Fraction，气体 Species 选 CARBON MONOXIDE，点击【OK】键返回 Tool Properties 对话框，再点击【OK】键退出。当鼠标位于模型区域不同位置时，分别显示垂直 $x$ 和 $y$ 轴的竖向切面及垂直 $z$ 轴的水平切面，当显示水平切面时，上下移动鼠标，直至显示 $z=1.0$m 时单击鼠标左键，完成设置，模型中能看到设置好的水平切面。

### 4.2.4 标准间的 FDS 命令流

火灾模型建立完成后，可以导出 FDS 命令流。导出的命令流既可作为文档保存，又可以在没有安装 Pyrosim 的计算机上运行 FDS 进行火灾模拟计算。因为 Pyrosim 的文档为二进制文件，在论坛上交流时一般采用 FDS 命令流。导出方法为点击【File】→【Export】→【FDS File】或者在命令工具栏点击，弹出 Choosea Location to Save the FDS Data File 对话框，选好保存文件的位置并输入文件名点击【OK】键，文件的默认扩展名为 FDS，文件的内容为：

```
case2.fds
Generated by PyroSim - Version 2018.1.0417
2018-7-2 16:00:17
&HEAD CHID='case2'/
&TIME T_END=10.0/
&DUMP  RENDER_FILE='case2.ge1'
COLUMN_DUMP_LIMIT=.TRUE.
DT_RESTART=300.0
DT_SL3D=0.25/
&MESH ID='MESH',IJK=39,48,28,XB=0.0,3.9,0.0,4.8,0.0,2.8/
&REAC ID='Reaction1',
      FUEL='REAC_FUEL',
      FORMULA='C3H8',
      SOOT_YIELD=0.05/
&MATL ID='CONCRETE',
      FYI='NBSIR 88-3752 - ATF NIST Multi-Floor Validation',
      SPECIFIC_HEAT=1.04,
      CONDUCTIVITY=1.8,
      DENSITY=2280.0/
&MATL ID='wood',
      SPECIFIC_HEAT=2.85,
```

```
      CONDUCTIVITY=0.14,
      DENSITY=640.0,
      N_REACTIONS=1,
      REFERENCE_TEMPERATURE=100.0/
&SURF ID='wall',
      RGB=146,202,166,
      BACKING='VOID',
      MATL_ID(1,1)='CONCRETE',
      MATL_MASS_FRACTION(1,1)=1.0,
      THICKNESS(1)=0.2/
&SURF ID='furniture',
      RGB=153,0,102,
      BACKING='VOID',
      MATL_ID(1,1)='wood',
      MATL_MASS_FRACTION(1,1)=1.0,
      THICKNESS(1)=0.1/
&SURF ID='burner',
      COLOR='BLUE',
      HRRPUA=1000.0,
      TAU_Q=-94.2/
&OBST ID='Obstruction',XB=1.0,1.2,-1.586033E-17,1.4,0.0,
2.8,SURF_ID='wall'/
&OBST ID='Obstruction',XB=1.0,3.9,1.4,1.6,0.0,2.8,SURF_
ID='wall'/
&OBST ID='Obstruction',XB=0.0,0.1,4.0,4.1,0.0,0.8,SURF_
ID='furniture'/
&OBST ID='Obstruction',XB=0.0,0.1,2.7,2.8,0.0,0.8,SURF_
ID='furniture'/
&OBST ID='Obstruction',XB=0.6,0.7,4.0,4.1,0.0,0.8,SURF_
ID='furniture'/
&OBST ID='Obstruction',XB=0.6,0.7,2.7,2.8,0.0,0.8,SURF_
ID='furniture'/
&OBST ID='Obstruction',XB=0.0,0.7,2.7,4.1,0.8,0.9,SURF_
ID='furniture'/
&OBST ID='Obstruction',XB=1.4,3.9,2.6,4.5,0.5,0.6,SURF_
ID='furniture'/
```

```
&OBST ID='Obstruction',XB=1.4,1.5,2.7,4.4,0.0,0.5,SURF_
ID='furniture'/
&OBST ID='Obstruction',XB=1.4,3.9,2.6,2.7,0.0,0.5,SURF_
ID='furniture'/
&OBST ID='Obstruction',XB=1.4,3.9,4.4,4.5,0.0,0.5,SURF_
ID='furniture'/
&OBST ID='Obstruction',XB=3.8,3.9,2.7,4.4,0.0,0.5,SURF_
ID='furniture'/
&HOLE ID='Hole',XB=1.0,1.2,0.3,1.3,-0.01,2.1/
&VENT ID='Vent',SURF_ID='OPEN',XB=0.8,3.0,4.8,4.8,
0.9,2.4/
&VENT ID='Vent02',SURF_ID='burner',XB=3.1,3.6,2.8,3.2,
0.6,0.6/
&SLCF QUANTITY='VOLUME FRACTION'
        SPEC_ID='CARBON MONOXIDE',PBZ=1.0/
&TAIL/
```

## 4.3 住宅火灾——背景图片建模

### 4.3.1 住宅建模介绍

住宅为一室两厅，平面图如图 4-22 所示。建立火灾模型时应根据模拟的目的对建筑及家具进行适当简化。若是研究火灾室内蔓延，则可燃物均要根据实际情况建模；若是研究火灾发生时人员的安全疏散，则多数低矮家具均可忽略不计，因为即使建立与实际相符的模型，与简化模型比较，对模拟结果的影响有限。与宾馆标准间火灾模型建立不同的是，物体的位置都在平面图上，有准确的尺寸，要据图建模而不能随意设置。

### 4.3.2 建模过程

(1) 住宅平面图导入　点击过滤工具栏的楼层工具，弹出 Manage Floors 对话框，点击首层的 Background Image 栏的按钮，弹出打开对话框，选择拟建模的住宅平面图并打开，弹出 Configure Background Image 对话框，如图 4-23所示。为定位住宅墙体及家具位置，该对话框有两项工作要完成，选择锚点和图形比例。

① 设置锚点　锚点位置用于确定图片在建模视图的位置，锚点位置其实为建模视图坐标点（0，0，0）的位置。确保 Choose Anchar Point 处于选中状态，

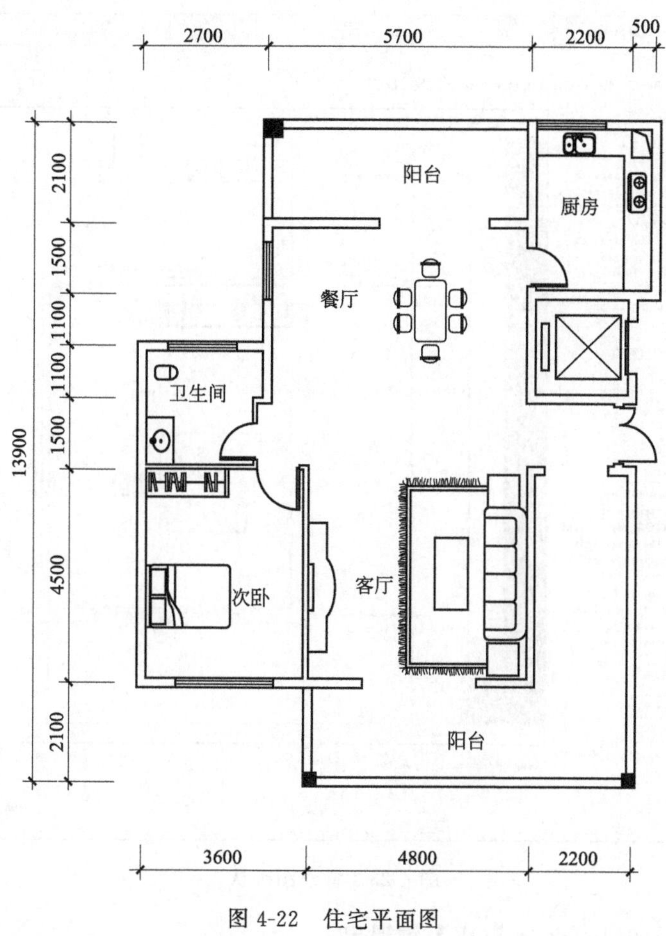


图 4-22 住宅平面图

即为高亮显示，将鼠标移动至需要建立锚点的位置，用鼠标左键单击一下。

② 设置比例 适当放大图形，找一处尺寸线，如图 4-23 所示的卧室进深 4500，当 Choose Point A 选中时在 A 点单击一下，此时自动选中 Choose Point B，再在 B 点单击一下，光标在 Dist. A to B 文本框闪动，输入 4.5m，表示 A、B 两点的距离为 4.5m，这样就把图片的实际长度与像素数联系起来，Pyrosim 据此确定图上各物体的尺寸。

若处于 3D 建模视图，导入的图片会自动显示；若处于 2D 建模视图，需要在过滤工具栏的 Show（显示）下拉框选择图片所在的楼层，本例选 Default (0m)。

(2) 绘制计算网格 选择 2D View 视图，在绘图工具栏点击工具，再点击工具属性，弹出 Tool Properties 对话框。Z Location 文本框输入 0，高度 Hight 文本框输入 2.7；单元格 Cells 选中固定尺寸 Fixed Size 单选框，三个轴的

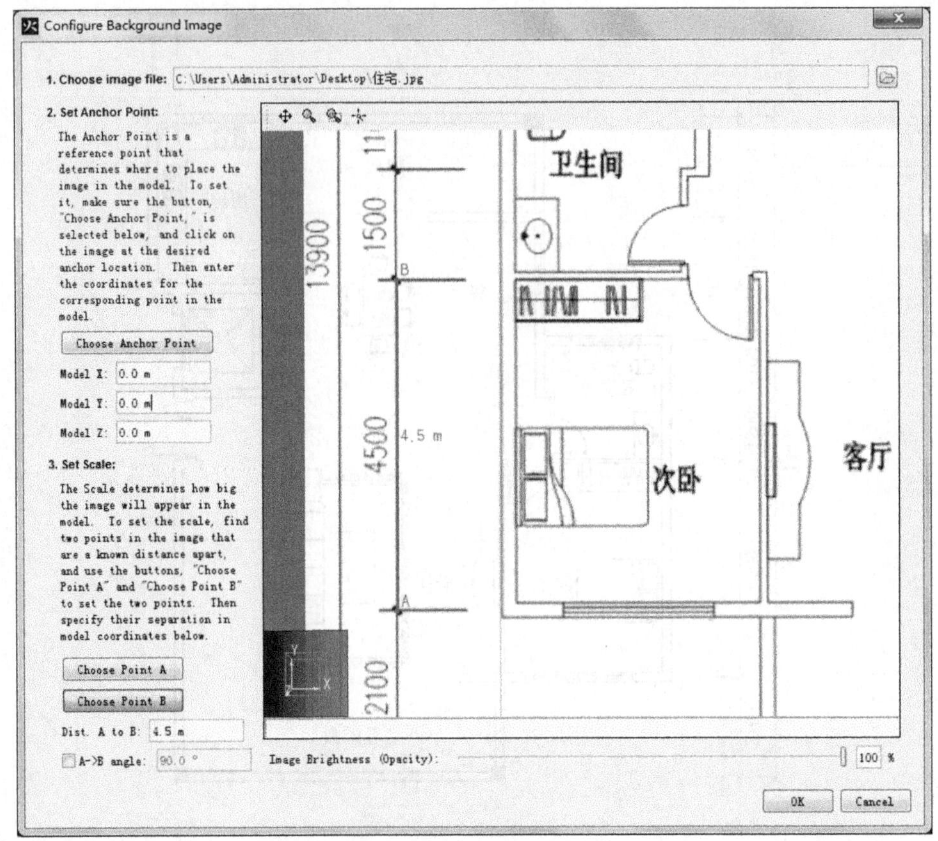


图 4-23　背景图确认

文本框均输入 0.1，点击【OK】键退出。

当鼠标在模型视图区捕捉住（0.0、0.0、0.0）点时，点击确认，然后向右上方移动，移动到厨房的右上角时再用鼠标左键单击。重新回到 3D View 模式并适当旋转图形，建好的计算区域如图 4-24 所示。

（3）绘制墙体　当网格与住宅外墙重合时，以网格作为外墙。内部的隔墙需要手动建立。由于本案例不是研究住宅的耐火问题与火灾蔓延问题，计算的时间不长，因此简化墙体的边界条件，不再手动设置，而是采用默认的边界条件 INERT，需要注意的是，这种边界条件仍然会计算热量在边界的导热，而且比实际导热还要多，因为假定墙体的温度为一固定值，默认 20℃。墙体绘制时，一面墙尽量一次绘制，而不用多段拼接，因为绘制一次墙体（直墙），生成一个 OBST 命令，减少墙体个数能够减少 FDS 模拟计算工作量。

在 2D View 视图，在绘图工具栏双击墙工具，再点击工具属性，弹出 Tool Properties 对话框，高度 Height 输入 2.7m，颜色 Color 选择 Specify 并通

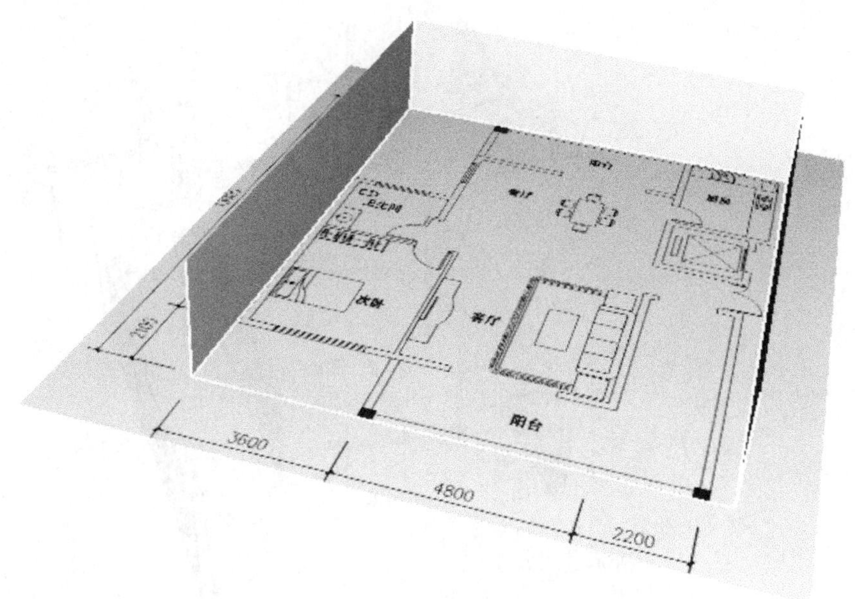


图 4-24 住宅的计算区域

过颜色对话框制定为灰色，按【OK】键返回，然后沿着背景图上的墙体进行绘制。绘制方法为，在起点鼠标左键单击，按住鼠标左键移动至终点松开鼠标，完成一个墙的绘制。当鼠标由上至下移动时，墙体在起点至终点连线的右侧，反之在左侧；当鼠标由左至右移动时，墙体在起点至终点连线的上侧，反之在下侧。墙体连接时应该重合，连接处不能留有缝隙，否则计算时烟气在缝隙间穿过，与实际情况不符。墙体绘制完成后如图 4-25 所示。在有背景图的情况下，Pyrosim 的建模速度明显高于采用 FDS 命令流，因为不用计算坐标点的数值。

(4) 绘制窗户　该模型的窗户有两种类型，阳台和厨房的窗户在网格的边界上，采用通风口绘制；餐厅、卫生间和卧室的窗户不在网格的边界上，需要在墙体上挖洞，但挖洞后由于网格边界的阻挡，仍然无法与外界交换空气，需要将网格边界打开。

① 阳台和厨房窗户　选择 2D 建模视图，在工具栏选择俯视图（Reset to Top)，用鼠标滚轮适当放大背景图并使厨房窗户可见。单击绘图工具栏的通风口工具，再点击工具属性，弹出 Tool Properties 对话框，Z Location 文本框输入 1.0m，将 Surface 下拉框选择 OPEN，表示自然通风口。将鼠标移至网格外边界厨房窗户左侧位置，如图 4-26 所示，当捕捉住窗户左侧点时鼠标左键点击一下，然后鼠标向右移动至右端，再点击一下。这样操作只是确定窗户的 $x$ 坐标和 $y$ 坐标，还要修改 $z$ 坐标。为此，在导航视图双击模型（Model）中刚建

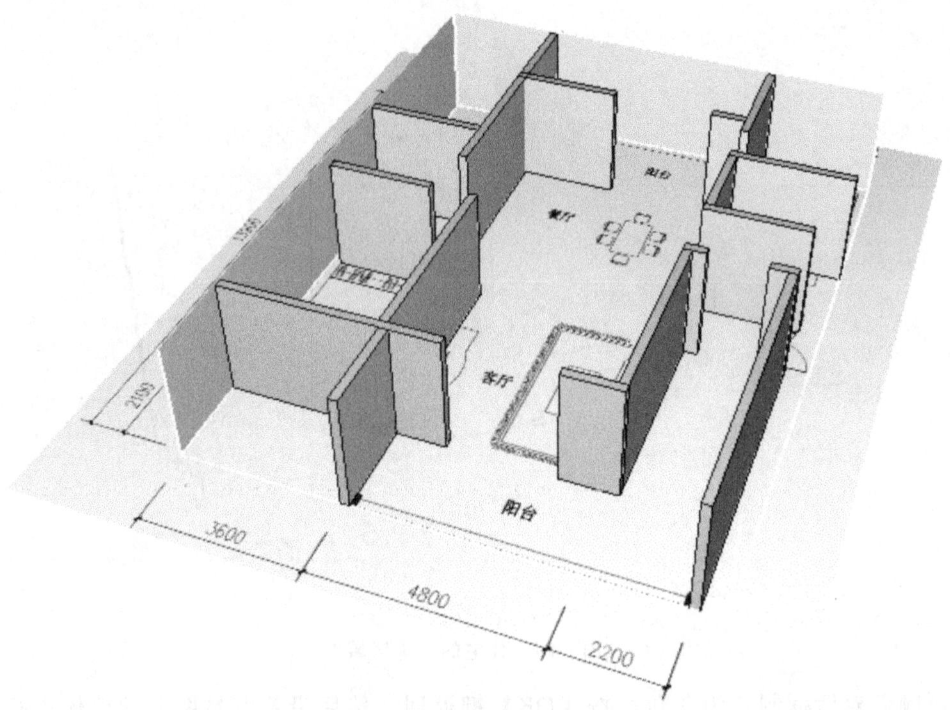


图 4-25　住宅的隔墙

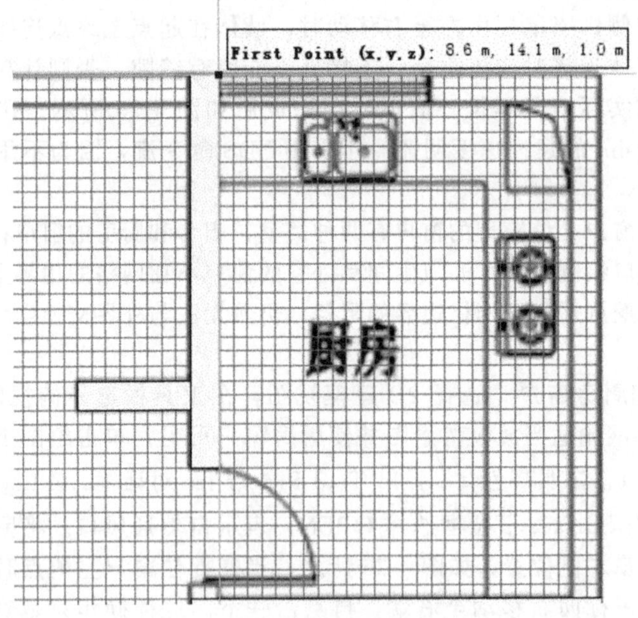


图 4-26　创建边墙窗户

立的窗户 Vent，弹出 Vent Properties 对话框，在 Geometry 选项卡，将窗户边界 Bounds 的 Max Z 修改为 2.5m，如图 4-27 所示，点击【OK】键退出。按照上述方法，设置南北两侧的阳台窗户。

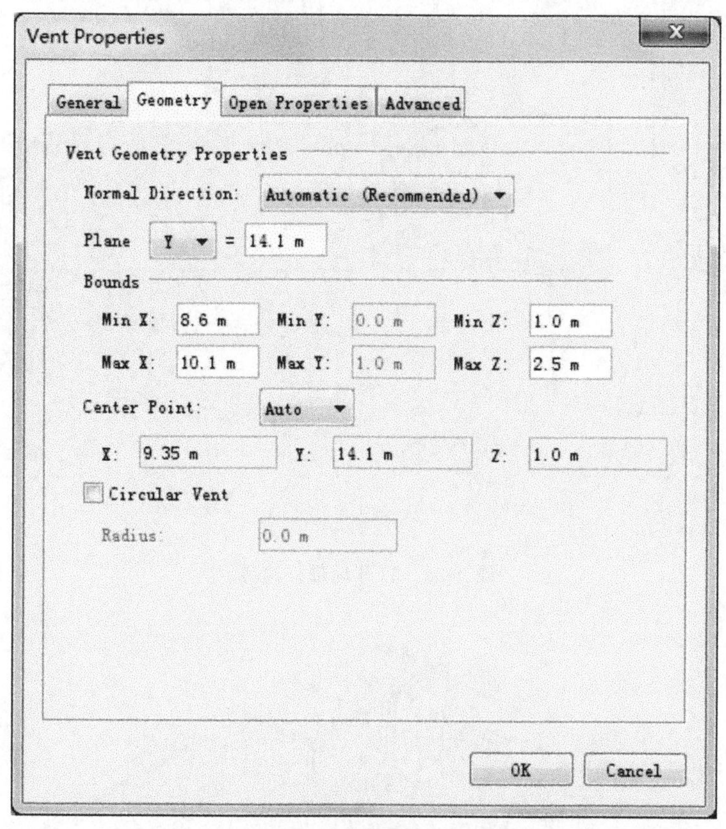


图 4-27 修改窗户高度

② 餐厅、卫生间和卧室的窗户 首先打开相关的外部网格边界，其实就是在网格边界上设置“大窗户”，窗户高度为建筑高度。首先切换至 3D 建模视图，单击绘图工具栏的通风口工具，再点击工具属性，弹出 Tool Properties 对话框，Z Location 文本框输入 0.0m，将 Surface 下拉框选择 OPEN，点击【OK】键返回建模视图。将模型旋转至合适位置，先将鼠标移至左下角点并点击左键，然后向右上角移动，捕捉住右上角点时再点击一下，如图 4-28 所示，设置完成，按此方法设置完另外三处通风口，设置完成后如图 4-29 所示。

再切换至 2D 建模视图，由于设置好的墙体挡住了背景图上窗户位置，点击过滤工具栏的显示物体工具，将墙体隐藏，待窗户设置完成后再显示。双击

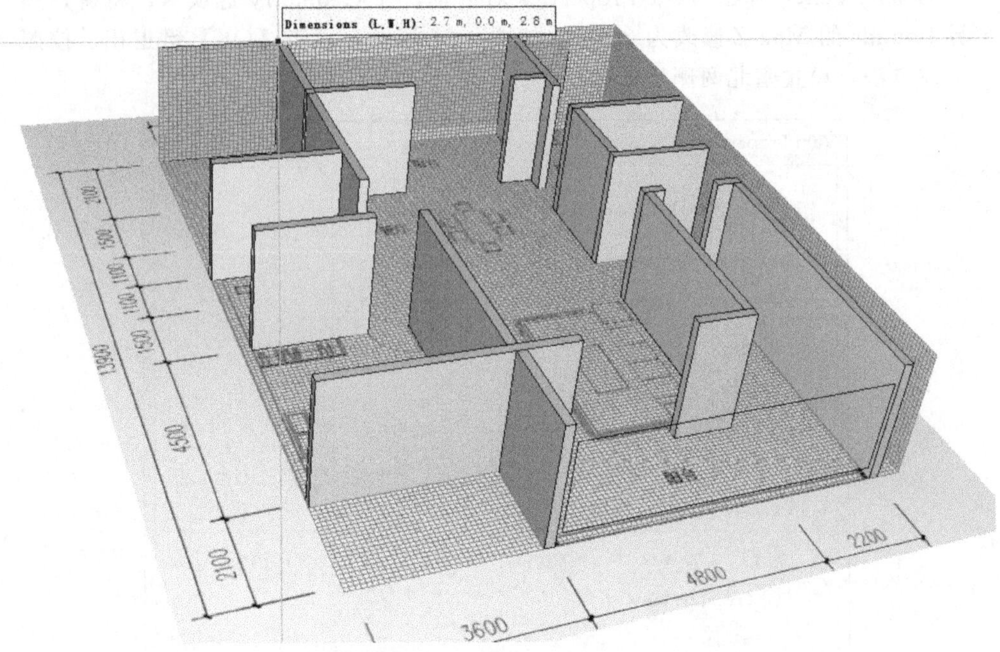


图 4-28 打开局部外边界

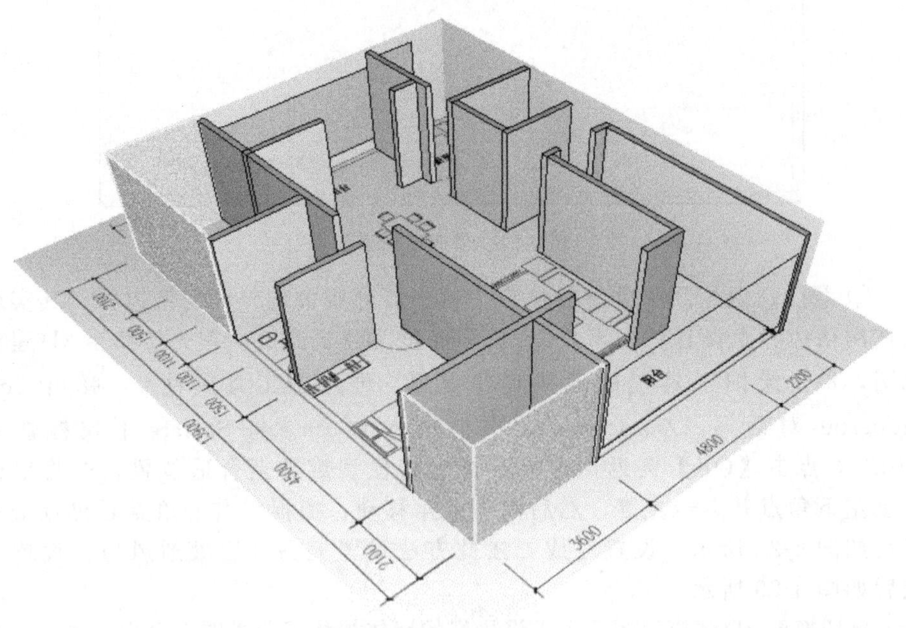


图 4-29 敞开外边界

墙洞工具，再点击工具属性，弹出 Tool Properties 对话框，Z Location 文本框输入 1.0m，高度 Hight 文本框输入 1.5m，点击【OK】键返回建模视图，在餐厅、卫生间和卧室的窗户位置分别设置窗户。需要注意的是，本案例按图纸把窗户均设置为打开状态，在实际火灾模拟时要根据实际情况和模拟目的确定窗户是否处于打开状态及打开程度。

（5）绘制家具　绘制家具时，应对家具进行合理简化。若研究目的是火灾对人员疏散的影响，不必详细设置家具的热物理属性以减小计算工作量；若要研究火灾在住宅的蔓延状况，如火灾重构，需要详细设置家具的热物理属性及热解属性。既然 FDS 最终会调整设置物体的尺寸，建立模型时应尽量和网格保持一致。家具绘制方法是采用绘图工具栏的板和块工具，设置完成后如图 4-30 所示。

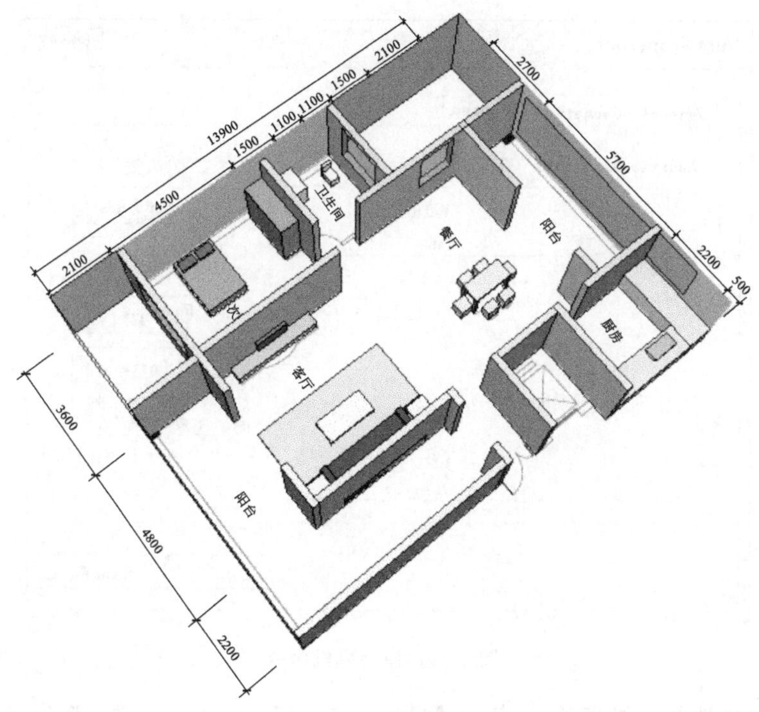


图 4-30　住宅建筑模型

（6）设置排烟机

① 设置温度探测器　单击绘图工具栏的测点工具，再点击工具属性，弹出 Tool Properties 对话框，Name 文本框输入 fan，Z Location 文本框输入 2.5m，Quantity 选 Temperature，选中 Enable Setpoint 并在其右侧的文本框输

入温度启动值60℃。在风机位置用鼠标左键点击。

② 设置风机　双击导航视图的Surfaces，弹出Edit Surfaces对话框，点击【New...】按钮，弹出New Surface对话框，Surface Name文本框输入py，Surface Type下拉框选Exhault，点击【OK】键返回Edit Surfaces对话框。在Air Flow选项卡，Normal Flow Rate选Specify Volume Flow并在其右侧的文本框输入1.8，点击【OK】键退出。

单击绘图工具栏的通风口工具，再点击工具属性，弹出Tool Properties对话框，Surface下拉框选py，切换至3D建模视图，在厨房适当位置绘制排烟机。在导航视图双击刚建立的排烟机，弹出Vent Properties对话框，在Advanced选项卡，Name列表框输入DEVC _ ID，Value列表框输入fan，如图4-31所示，点击【OK】键退出。

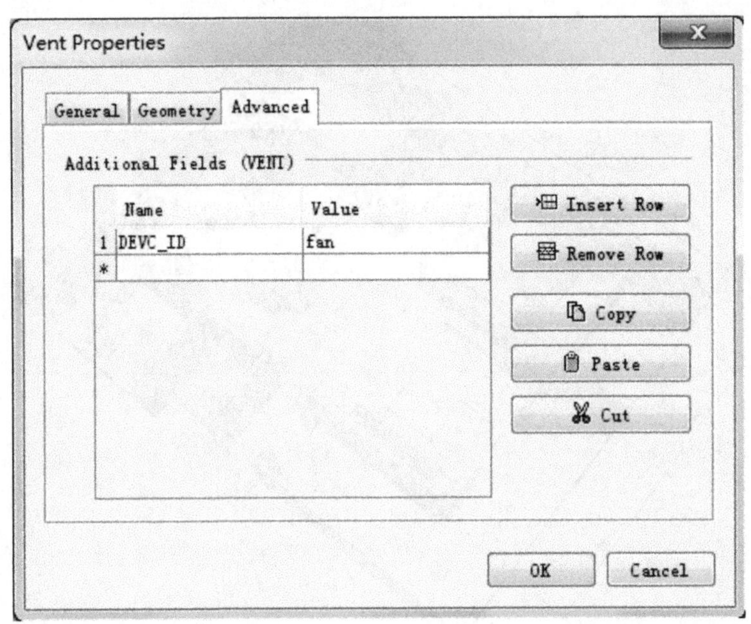


图4-31　控制风机命令

(7) 设置火焰等值面　点击【Output】→【Isosurfaces...】，弹出Animated Isosurfaces对话框。在Output栏勾选输出变量Heat Release Rate per Unit Volume，在Contour Values栏输入200，如图4-32所示，点击【OK】键返回。

### 4.3.3 FDS命令流

模型建立完成后，导出FDS命令流如下。

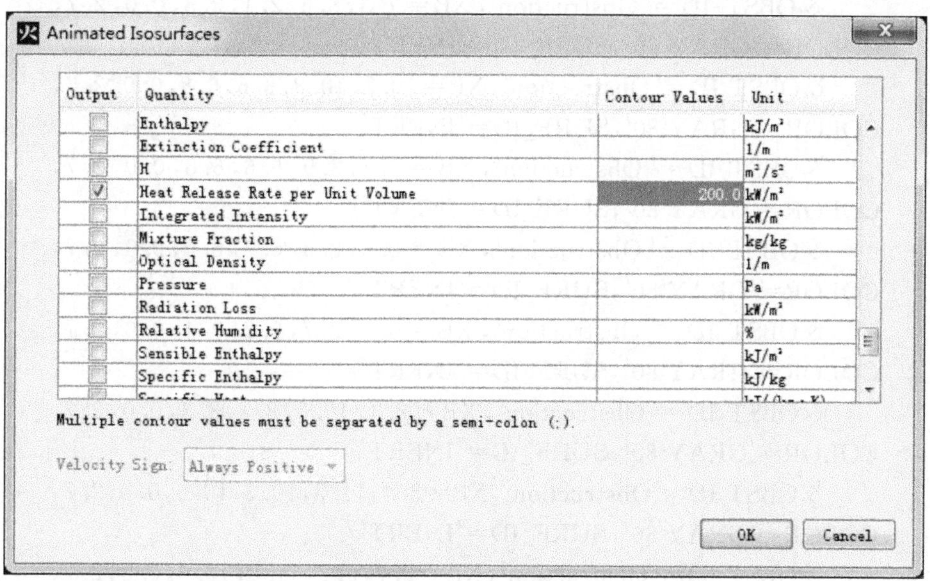


图 4-32 火焰等值面设置

```
case3. fds
    Generated by PyroSim - Version 2018. 1. 0417
    2018-7-6 16:38:36
    &HEAD CHID='case3'/
    &TIME T_END=10. 0/
    &DUMP RENDER_FILE='case3. ge1'
            COLUMN_DUMP_LIMIT=. TRUE.
            DT_RESTART=300. 0
            DT_SL3D=0. 25/
    &MESH ID =' MESH', IJK = 113, 141, 28, XB = 0. 0, 11. 3, 0. 0, 14. 1,
0. 0,2. 8/
    &DEVC ID='fan',QUANTITY='TEMPERATURE',XYZ=11. 1,13. 9,
2. 5,SETPOINT=60. 0/
    &SURF ID='py',
          RGB=26,128,26,
          VOLUME_FLOW=0. 0/
    &OBST ID='Obstruction',XB=0. 0,4. 9,2. 1,2. 3,0. 0,2. 7,
COLOR='GRAY 80',SURF_ID='INERT'/
```

```
&OBST ID='Obstruction',XB=7.3,8.6,2.1,2.3,0.0,2.7,
COLOR='GRAY 80',SURF_ID='INERT'/
&OBST ID='Obstruction',XB=10.2,10.8,6.6,6.8,0.0,2.7,
COLOR='GRAY 80',SURF_ID='INERT'/
&OBST ID='Obstruction',XB=8.4,8.9,6.6,6.8,0.0,2.7,
COLOR='GRAY 80',SURF_ID='INERT'/
&OBST ID='Obstruction',XB=0.2,2.6,6.7,6.9,0.0,2.7,
COLOR='GRAY 80',SURF_ID='INERT'/
&OBST ID='Obstruction',XB=0.0,2.7,9.2,9.4,0.0,2.7,
COLOR='GRAY 80',SURF_ID='INERT'/
&OBST ID='Obstruction',XB=8.4,10.8,8.1,8.3,0.0,2.7,
COLOR='GRAY 80',SURF_ID='INERT'/
&OBST ID='Obstruction',XB=8.4,11.3,10.3,10.5,0.0,2.7,
COLOR='GRAY 80',SURF_ID='INERT'/
&OBST ID='Obstruction',XB=2.7,5.2,11.8,12.0,0.0,2.7,
COLOR='GRAY 80',SURF_ID='INERT'/
&OBST ID='Obstruction',XB=7.6,8.4,11.8,12.0,0.0,2.7,
COLOR='GRAY 80',SURF_ID='INERT'/
&OBST ID='Obstruction',XB=2.7,2.9,8.1,14.1,0.0,2.7,
COLOR='GRAY 80',SURF_ID='INERT'/
&OBST ID='Obstruction',XB=8.4,8.6,11.4,14.1,0.0,2.7,
COLOR='GRAY 80',SURF_ID='INERT'/
&OBST ID='Obstruction',XB=8.4,8.6,8.3,10.3,0.0,2.7,
COLOR='GRAY 80',SURF_ID='INERT'/
&OBST ID='Obstruction',XB=3.5,3.7,2.3,6.8,0.0,2.7,
COLOR='GRAY 80',SURF_ID='INERT'/
&OBST ID='Obstruction',XB=8.4,8.6,2.3,6.6,0.0,2.7,
COLOR='GRAY 80',SURF_ID='INERT'/
&OBST ID='Obstruction',XB=3.6,3.8,0.0,2.1,0.0,2.7,
COLOR='GRAY 80',SURF_ID='INERT'/
&OBST ID='Obstruction',XB=10.6,10.8,0.0,6.6,0.0,2.7,
COLOR='GRAY 80',SURF_ID='INERT'/
&OBST ID='Obstruction',XB=8.6,11.3,13.3,14.1,0.0,0.8,
RGB=153,255,204,SURF_ID='INERT'/
&OBST ID='Obstruction',XB=10.5,11.3,10.5,13.3,0.0,
0.8,RGB=153,255,204,SURF_ID='INERT'/
```

```
&OBST ID='Obstruction',XB=10.6,11.0,12.2,13.0,0.8,0.9,RGB=153,153,255,SURF_ID='INERT'/
&OBST ID='Obstruction',XB=0.0,0.8,6.9,7.8,0.0,0.8,COLOR='WHITE',SURF_ID='INERT'/
&OBST ID='Obstruction',XB=0.5,0.9,8.6,8.9,0.0,0.3,COLOR='WHITE',SURF_ID='INERT'/
&OBST ID='Obstruction',XB=0.4,0.5,8.6,8.9,0.0,0.6,COLOR='WHITE',SURF_ID='INERT'/
&OBST ID='Obstruction',XB=0.3,0.6,4.1,4.6,0.4,0.5,COLOR='MAGENTA',SURF_ID='INERT'/
&OBST ID='Obstruction',XB=0.3,0.6,3.5,4.0,0.4,0.5,COLOR='MAGENTA',SURF_ID='INERT'/
&OBST ID='Obstruction',XB=0.2,2.0,3.4,4.7,0.0,0.4,RGB=255,102,102,SURF_ID='INERT'/
&OBST ID='Obstruction',XB=0.2,1.9,6.1,6.7,0.0,1.8,RGB=255,102,102,SURF_ID='INERT'/
&OBST ID='Obstruction',XB=6.0,6.1,10.6,10.7,0.0,0.8,RGB=51,153,255,SURF_ID='INERT'/
&OBST ID='Obstruction',XB=6.5,6.6,10.6,10.7,0.0,0.8,RGB=51,153,255,SURF_ID='INERT'/
&OBST ID='Obstruction',XB=6.0,6.1,9.4,9.5,0.0,0.8,RGB=51,153,255,SURF_ID='INERT'/
&OBST ID='Obstruction',XB=6.5,6.6,9.4,9.5,0.0,0.8,RGB=51,153,255,SURF_ID='INERT'/
&OBST ID='Obstruction',XB=6.0,6.6,9.4,10.7,0.8,0.9,RGB=204,204,255,SURF_ID='INERT'/
&OBST ID='Obstruction',XB=5.6,5.9,9.6,10.0,0.0,0.4,RGB=204,204,255,SURF_ID='INERT'/
&OBST ID='Obstruction',XB=5.6,5.9,10.2,10.6,0.0,0.4,RGB=204,204,255,SURF_ID='INERT'/
&OBST ID='Obstruction',XB=6.7,7.0,10.2,10.6,0.0,0.4,RGB=204,204,255,SURF_ID='INERT'/
&OBST ID='Obstruction',XB=6.7,7.0,9.6,10.0,0.0,0.4,RGB=204,204,255,SURF_ID='INERT'/
&OBST ID='Obstruction',XB=6.1,6.5,10.8,11.1,0.0,0.4,RGB=204,204,255,SURF_ID='INERT'/
```

```
&OBST ID='Obstruction', XB=6.1,6.5,9.0,9.4,0.0,0.4,
RGB=204,204,255,SURF_ID='INERT'/
&OBST ID='Obstruction', XB=3.7,3.8,3.8,4.8,0.4,0.9,
COLOR='GRAY 40',SURF_ID='INERT'/
&OBST ID='Obstruction', XB=3.7,4.1,2.9,5.6,0.0,0.3,
RGB=255,153,153,SURF_ID='INERT'/
&OBST ID='Obstruction', XB=6.4,6.5,5.2,5.3,0.0,0.3,
RGB=255,102,102,SURF_ID='INERT'/
&OBST ID='Obstruction', XB=7.0,7.1,5.2,5.3,0.0,0.3,
RGB=255,102,102,SURF_ID='INERT'/
&OBST ID='Obstruction', XB=6.4,6.5,3.8,3.9,0.0,0.3,
RGB=255,102,102,SURF_ID='INERT'/
&OBST ID='Obstruction', XB=7.0,7.1,3.8,3.9,0.0,0.3,
RGB=255,102,102,SURF_ID='INERT'/
&OBST ID='Obstruction', XB=6.4,7.1,3.8,5.3,0.3,0.4,
RGB=204,255,255,SURF_ID='INERT'/
&OBST ID='Obstruction', XB=7.6,7.7,6.5,6.6,0.0,0.3,
RGB=255,102,102,SURF_ID='INERT'/
&OBST ID='Obstruction', XB=8.1,8.2,6.5,6.6,0.0,0.3,
RGB=255,102,102,SURF_ID='INERT'/
&OBST ID='Obstruction', XB=7.6,7.7,6.0,6.1,0.0,0.3,
RGB=255,102,102,SURF_ID='INERT'/
&OBST ID='Obstruction', XB=8.1,8.2,6.0,6.1,0.0,0.3,
RGB=255,102,102,SURF_ID='INERT'/
&OBST ID='Obstruction', XB=7.6,7.7,2.4,2.5,0.0,0.3,
RGB=255,102,102,SURF_ID='INERT'/
&OBST ID='Obstruction', XB=8.1,8.2,2.4,2.5,0.0,0.3,
RGB=255,102,102,SURF_ID='INERT'/
&OBST ID='Obstruction', XB=8.1,8.2,3.0,3.1,0.0,0.3,
RGB=255,102,102,SURF_ID='INERT'/
&OBST ID='Obstruction', XB=7.6,7.7,3.0,3.1,0.0,0.3,
RGB=255,102,102,SURF_ID='INERT'/
&OBST ID='Obstruction', XB=7.6,8.2,6.0,6.6,0.3,0.4,
RGB=204,255,255,SURF_ID='INERT'/
```

```
&OBST ID='Obstruction',XB=7.6,8.2,2.4,3.1,0.3,0.4,
RGB=204,255,255,SURF_ID='INERT'/
&OBST ID='Obstruction',XB=7.5,8.2,3.3,5.7,0.0,0.3,
RGB=153,0,102,SURF_ID='INERT'/
&OBST ID='Obstruction',XB=7.5,8.2,5.7,5.9,0.0,0.5,
RGB=153,0,102,SURF_ID='INERT'/
&OBST ID='Obstruction',XB=7.5,8.2,3.1,3.3,0.0,0.5,
RGB=153,0,102,SURF_ID='INERT'/
&OBST ID='Obstruction',XB=8.2,8.6,3.1,5.9,0.0,0.7,
RGB=153,0,102,SURF_ID='INERT'/
&OBST ID='Obstruction',XB=5.6,7.5,2.4,6.6,0.0,0.1,
RGB=204,255,0,SURF_ID='INERT'/
&HOLE ID='Hole',XB=2.7,2.9,10.3,11.5,1.0,2.5/
&HOLE ID='Hole',XB=0.7,2.2,9.2,9.4,1.0,2.5/
&HOLE ID='Hole',XB=0.9,3.0,2.1,2.3,1.0,2.5/
&VENT ID='Vent',SURF_ID='OPEN',XB=8.6,10.1,14.1,
14.1,1.0,2.5/
&VENT ID='Vent01',SURF_ID='OPEN',XB=3.1,8.4,
14.1,14.1,0.3,2.3/
&VENT ID='Vent02',SURF_ID='OPEN',XB=3.9,10.5,
0.0,0.0,0.3,2.3/
&VENT ID='Vent05',SURF_ID='OPEN',XB=0.0,0.0,
-2.975398E-13,2.1,-1.412204E-12,2.8/
&VENT ID='Vent06',SURF_ID='OPEN',XB=0.0,3.6,0.0,
0.0,0.0,2.8/
&VENT ID='Vent07',SURF_ID='OPEN',XB=1.874056E-
13,2.7,14.1,14.1,-1.25322E-12,2.8/
&VENT ID='Vent08',SURF_ID='OPEN',XB=0.0,0.0,9.4,
14.1,0.0,2.8/
&VENT ID='Vent11',SURF_ID='py',XB=11.047311,
11.230125,14.1,14.1,2.283014,2.560367,DEVC_ID=fan/
&ISOF QUANTITY='HRRPUV',VALUE=200.0/
&TAIL/
```

## 4.4　办公楼火灾——CAD平面图纸建模

### 4.4.1　建筑概况

某三层砖混结构L形办公楼，立面图如图4-33所示。该楼建筑面积1803.6$m^2$，建筑高度10.95m，其中一层室内地坪标高为±0.000，比室外地坪高0.45m。建筑首层、二层层高3.6m，三层层高3.3m。建筑内门厅东侧设置1部楼梯，建筑外部西北侧设置1部室外楼梯，见北立面图［图4-33(b)］的右侧。

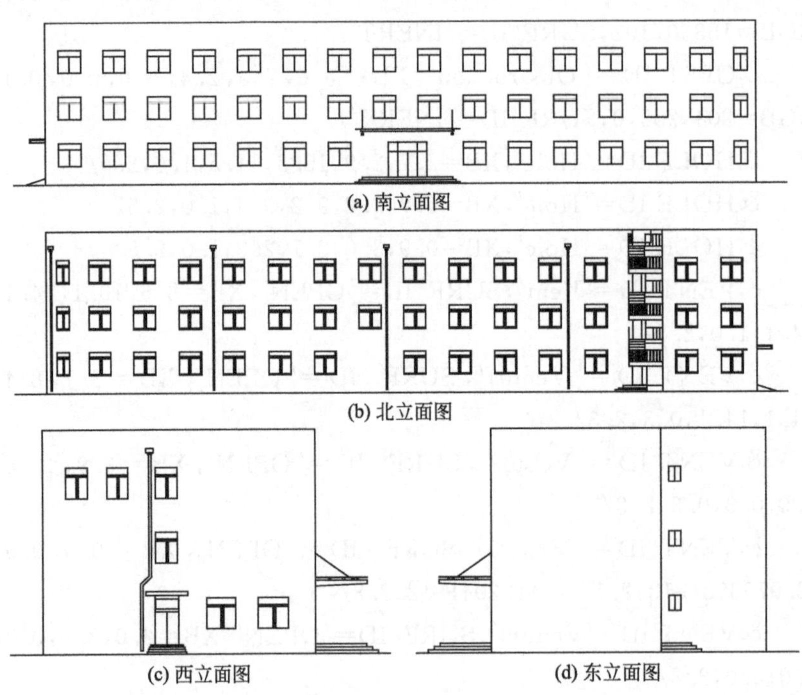
(a) 南立面图

(b) 北立面图

(c) 西立面图

(d) 东立面图

图4-33　三层办公楼立面图

### 4.4.2　模型简化

大型建筑火灾模型建模的关键是对建筑进行合理简化。一般说来，简化时需要考虑墙体和楼板的尺寸及其边界条件、门窗的设置及其开启状态、室内家具、楼梯及其他建筑构件。由于建筑的墙体、楼板的尺寸为10～20cm，而大型建筑火灾模拟时网格的尺寸一般为50～100cm，若建立模型时不主动调整，最终FDS也会进行调整，因此墙体的厚度可以直接设置为0，其边界条件除非模拟的时间超过0.5h，可采用默认边界条件或直接设置为绝缘边界条件。火灾发生后，门窗的开启状态对火灾的发展影响极大，火灾甚至有可能由通风控制型燃烧转化为燃料控制型燃烧，但门窗全部开启的可能性也不大，因此应根据实际情况合理设置门窗的开启状态。室内家具的布置有两种情况，一是研究火灾初期人员安全疏散，这时模拟时间一般设置在20min以内，家具可象征性简化布置或根本不设置；二是研究火灾在室内蔓延，家具不仅要详细设置而且要准确设置家具材料的热物理属性。对于楼梯也有两种情况，一是普通楼梯间内的楼梯，对经过楼梯间的烟气起一定的阻挡作用，应详细设置形状但简化边界条件；对于防烟楼梯间或封闭楼梯间的楼梯，由于烟气侵入得不多，可以不设置。对于其他建筑构件，应根据火灾模拟的目的进行合理简化。因此，大型建筑建模的主要工作是对模型进行合理的简化，简化方法需要根据建筑火灾模拟的目的及火灾模拟经验的积累。

具体到本工程，由于室内火灾的烟气蔓延与室外楼梯、雨篷关系不大，因此建立火灾模型时不考虑这两种建筑构件。

### 4.4.3 工程图纸处理

本工程的建模基础资料是工程的CAD平面图纸，一层平面图如图4-34(a)所示。Pyrosim具有导入CAD图纸的功能。图纸导入之前，需要进行适当的预处理。图纸预处理的主要工作是删去与火灾模型建立无关的内容，这些内容包括图框、图名、定位轴线、尺寸标注线、剖切符号、指北针、引出线和文字注释等。图纸处理的方法是按图层删除，删除过程中要逐步删除并仔细观察，不要误删除建模时需要的内容。办公楼一层删除无关部分后的图纸如图4-34(b) 所示。

### 4.4.4 楼层管理

对于多高层建筑，为方便建立和浏览火灾模型，应对楼层进行管理。为此，可在过滤工具栏点击楼层位置定义按钮，将弹出楼层管理对话框，如图4-35所示。图中的数值为本工程的参数，建筑首层、二层层高3.6m，三层层高3.3m。每层的主要参数包括楼层名、楼层高度、楼板厚度及墙体高度。楼层高度等于楼板厚度与墙体高度之和，各参数的详细含义如图4-36所示。

### 4.4.5 绘制计算网格

计算网格是火灾模型的重要组成部分，对火灾模型的建立和计算速度都有重大影响。在模型建立前，应认真考虑计算网格的建立方法。对本工程而言，由于建筑的俯视图不是长方形，而是L形，因此有两种网格建立方法。一是采用单一网格，如图4-37(a) 所示。这种网格设置的优点是较为简单，对火灾模型处理时也较为简单，缺点是网格的右上部分不是建筑内部，白白浪费计算资源；二是采用多重网格，如图4-37(b) 所示，用两个网格组合覆盖计算区域，该方法的

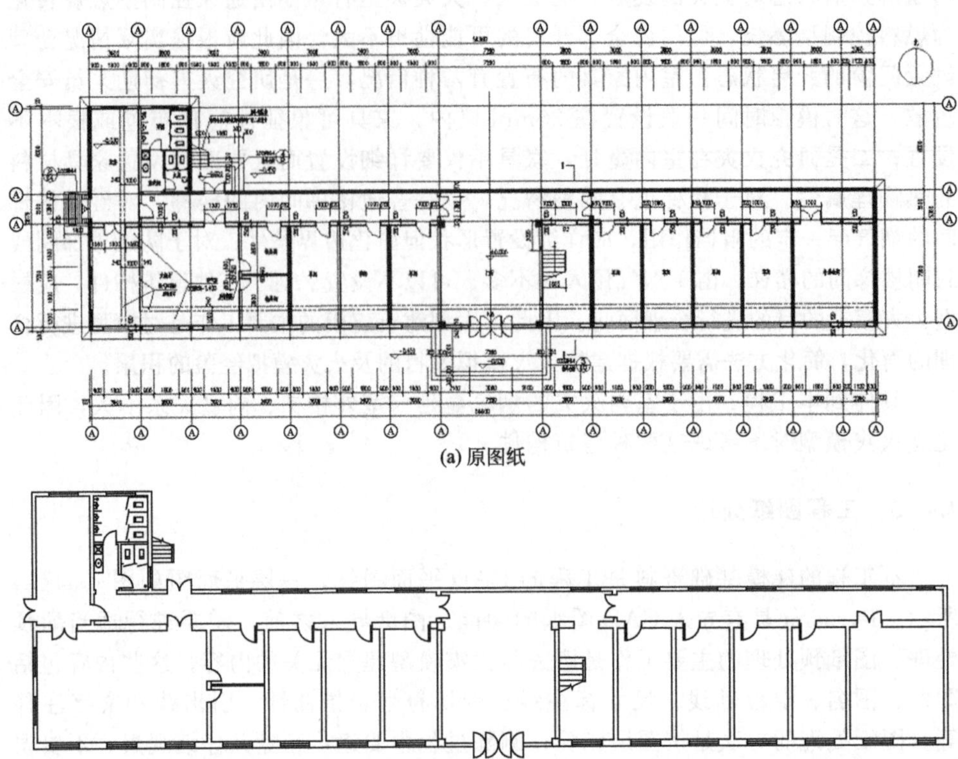

(a) 原图纸

(b) 处理后图纸

图 4-34　一楼图纸

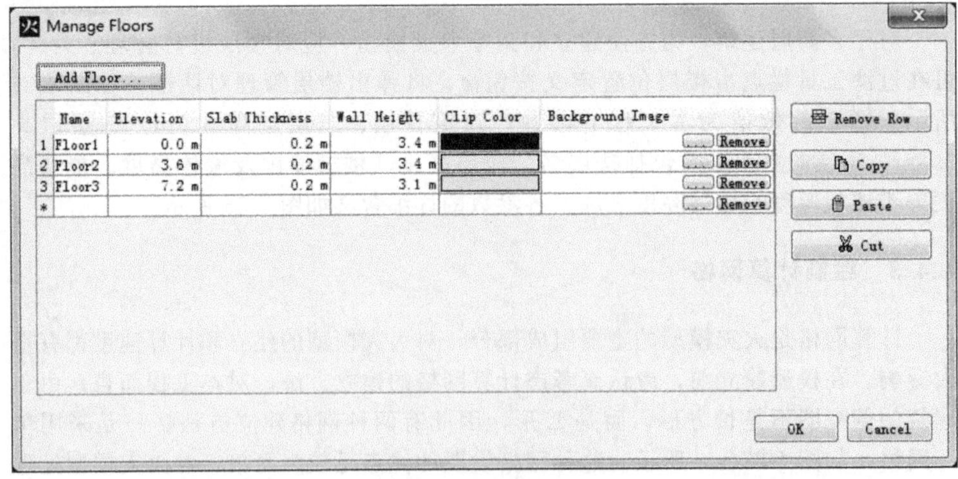


图 4-35　楼层管理对话框

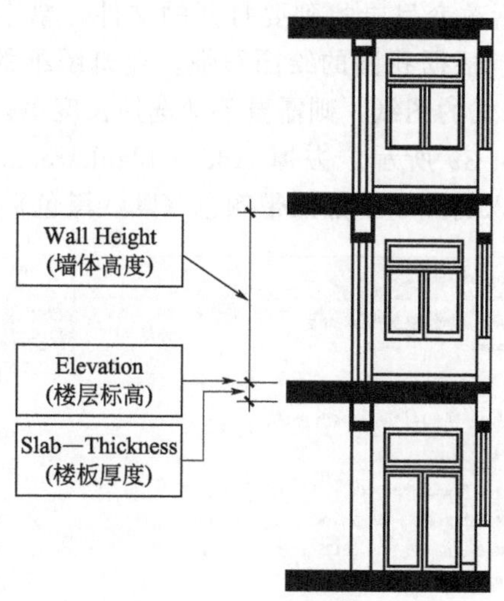


图 4-36 楼层参数

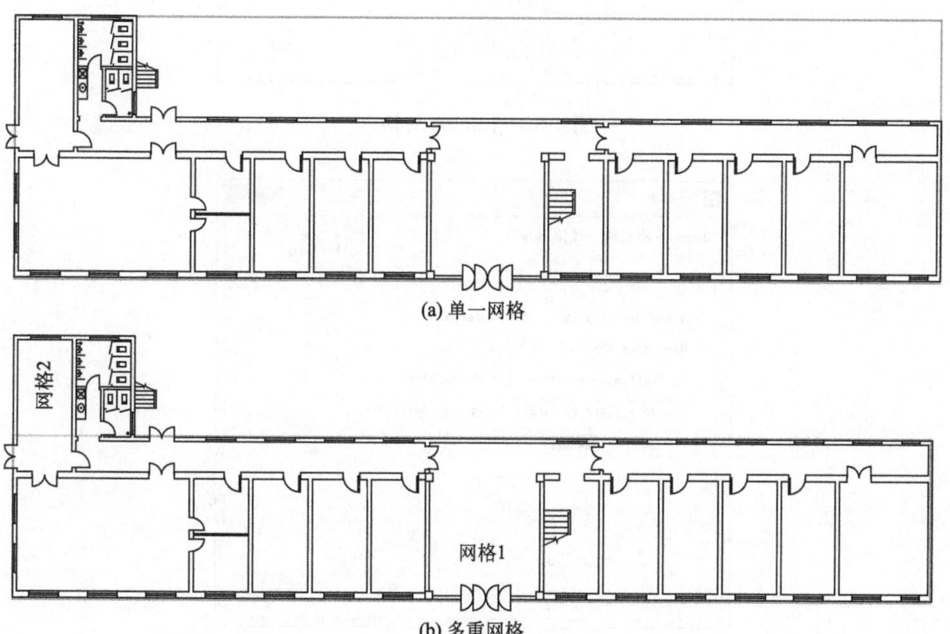


(a) 单一网格

(b) 多重网格

图 4-37 计算网格的建立方法

优点是容易建立火灾模型且节省计算资源，缺点是对计算结果后处理时较为复杂。本工程为示范窗户的建模方法，采用方法一建立单一网格。

首先导入工程图纸，在命令工具栏点击按钮或菜单【File】→【Import FDS/CAD File...】，弹出“打开”对话框，对话框的文件类型选 Drawing (AutoDesk）(. dwg)，然后改变目录找到要打开的文件，单击打开键将弹出导入对话框，如图 4-38 所示。根据我国的绘图习惯，建筑图纸的绘图单位为 mm，不用改变。若导入 dxf 格式的图纸，则需要手动选择长度单位。两次点击【Next】，导入对话框变成如图 4-39 所示。去掉 Add a blank rectangle to obscure lower floors，否则将会在导入的图纸上加入带颜色（默认黑色）的底色。

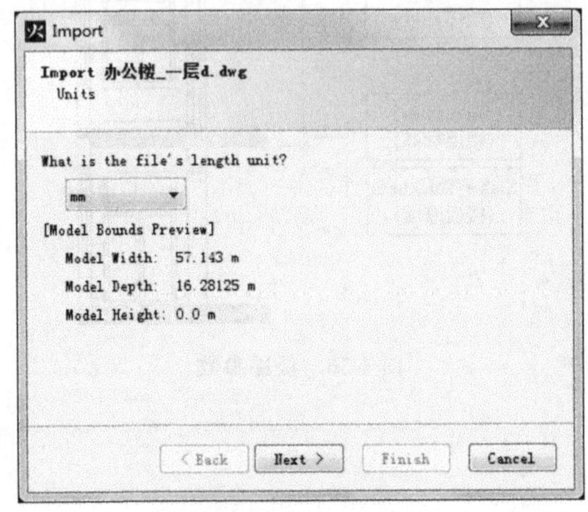


图 4-38　Import 对话框

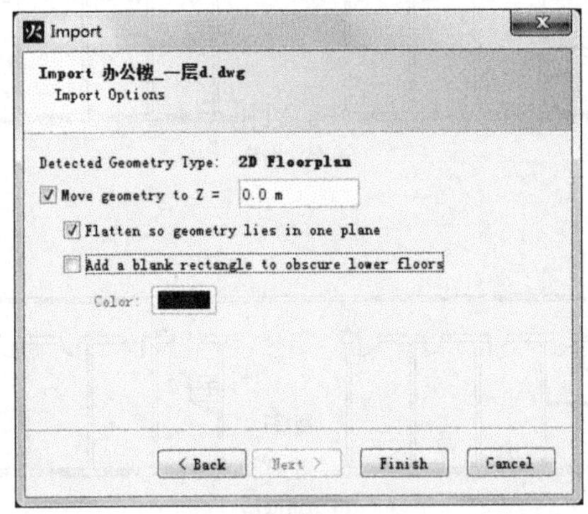


图 4-39　选择不加底色

在绘图工具栏点击，再点击属性按钮，将弹出如图 4-40 所示的网格属性对话框，按对话框的值进行修改，修改完成后点击【OK】键返回绘图界面。在 2D 视图设置计算网格较为方便。切换到 2D 视图，这时由于 CAD 图纸的坐标，可能看不到导入的图纸。点击视图工具栏的，视图区将显示完整的建筑图纸。

在建筑的左下角点击一下，移动鼠标至区域的右上角，再点击一下，网格设置完成。由于办公楼的宽度不是网格尺寸 0.5m 的整数倍，因此网格不能与建筑边缘完全重合，如图 4-41 所示。这是大体量建筑建立火灾模型的常见问题，不可能得到完美的解决，只能通过减小网格尺寸减小模型误差。当然对火灾模拟的结果影响也不大。

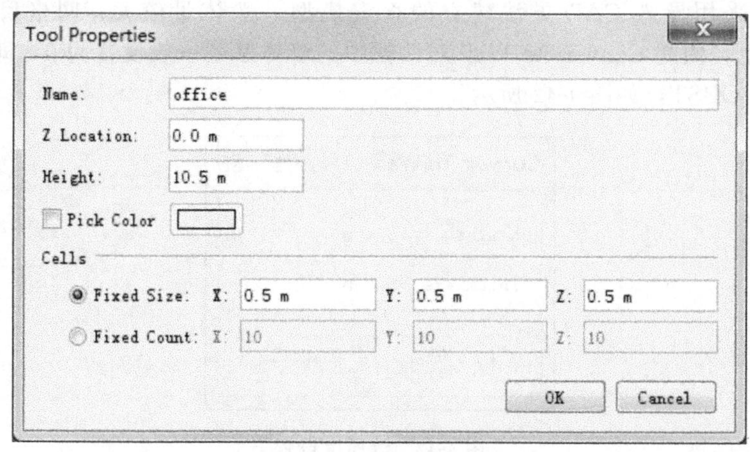


图 4-40　网格属性对话框

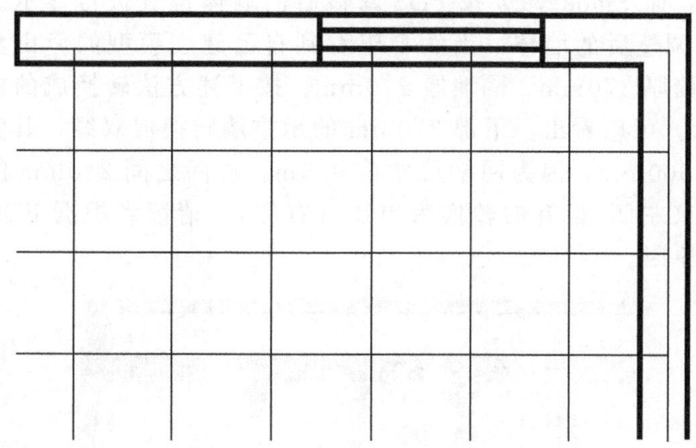

图 4-41　网格与建筑边缘不重合

### 4.4.6　建立火灾模型

（1）墙体模型　因为本工程每层的建筑布局都不同，因此应逐层建立火灾模型。

首先建立第一层，在导航视图的 Model 中同时选中一层的 WALL 和 WIN-

DOW图层，然后单击鼠标右键，在弹出菜单点击 Convert CAD lines into Walls，弹出 Convert to Wall 对话框，Height 文本框输入 3.4m，表示墙高。对话框中的 Thickness 指墙的厚度，Pyrosim 以原线为中线进行转换，即若墙的厚度设置为 20cm，原线的两侧各 10cm。在建筑图纸中，墙体以双线表示，但是 Pyrosim 并不能智能识别墙体并转换为相应的 OBST，而是机械地将每条线转换成墙体。采用导入 CAD 方法建立的火灾模型一般体量较大，网格尺寸均在 50cm 以上，因此 Convert to Wall 对话框中的墙体厚度一般设置为 0，即生成没有厚度的 OBST，如图 4-42 所示。

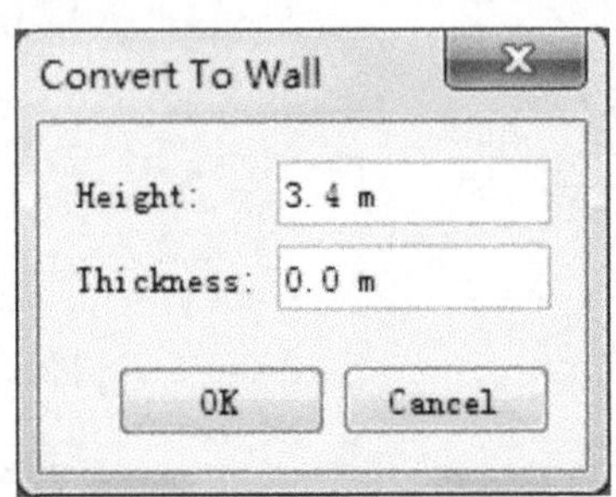


图 4-42　墙厚度设置

必须在 Smokeview 中观察自动生成的建筑模型，因为 Pyrosim 按图纸位置显示墙体，而 Smokeview 按 FDS 调整后的墙体位置进行显示。最后计算时是按 FDS 调整后的墙体，当然希望看到自己建立模型的庐山真面目。本工程的承重墙厚 370mm，隔墙厚 240mm。按上述方法转换成的模型局部如图 4-43 所示。可以看出，下部 370mm 的承重墙转换成双线，其实双线的距离已调整为 500mm，因为网格尺寸是 0.5m。房间之间 240mm 的隔墙有的转换为双线（左侧），有的转换为单线（右侧），请读者根据 FDS 网格调整原则分析其原因。

图 4-43　转换后墙体

(2) 窗户模型　窗户模型既可以采用 VENT 命令建立，又可以采用 HOLE 命令建立。VENT 方法虽然建立时较为简单，但生成模型时由于 FDS 自动调整窗户位置，时而出错，这里只介绍 HOLE 方法。

在采用 HOLE 命令建立窗户时，需要注意窗户的位置，虽然本例的外墙厚度为 0.37m，但建立窗户时 HOLE 的厚度应超过 0.37m，其原因为避免 FDS 的计算误差导致不能正确建立窗户。切换至 2D View 视图，在绘图工具栏单击墙洞工具，然后再单击工具属性，弹出 Tool Properties 对话框，窗户下沿标高 Z location 文本框输入 0.9，窗户高度 Height 文本框输入 1.1，墙厚度 Wall Thickness 输入 0.5，如图 4-44 所示，单击【OK】返回 2D View 视图。在窗户的左下角位置用鼠标左键单击，沿直线向右侧移动鼠标，捕捉至窗户右侧点时再单击，然后按回车键，如图 4-45 所示，即可建立一个窗户。

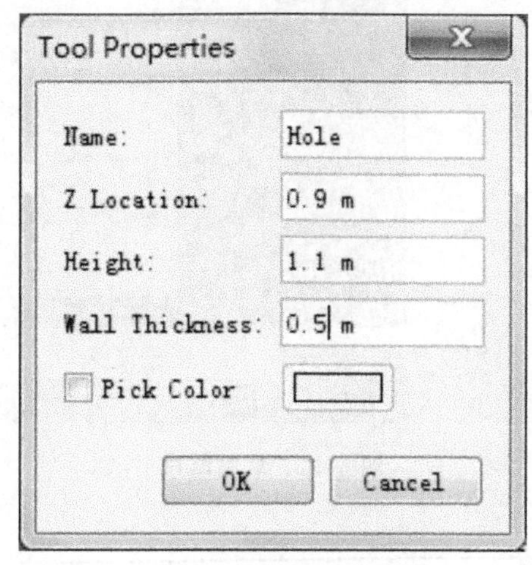


图 4-44 窗户属性

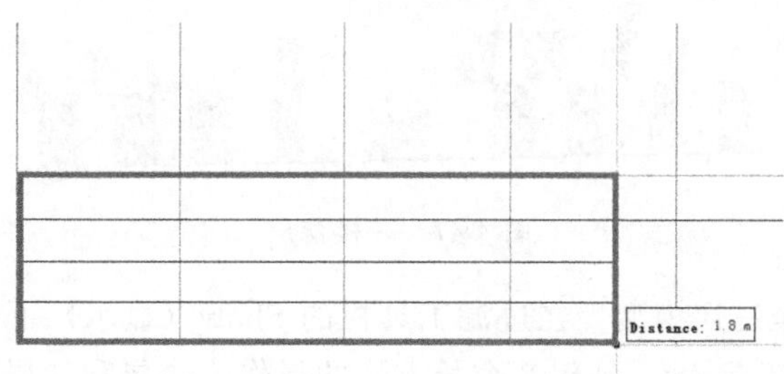


图 4-45 窗户设置

生成模型后，外墙为相距 0.5m 的两个无厚度平面，烟气从窗户向室外流动时，必将进入两平面之间。为此，需要将窗户边缘的四个洞口堵住。为此，单击绘图工具栏的板工具，再单击工具属性，弹出 Tool Properties 对话框，Z location 文本框输入 0.9，厚度 Thickness 输入 0.0，单击【OK】返回 2D

View 视图，在窗户位置绘制无厚度的平面。同样方法绘制 2.0 处平面，或采取复制方法同样可以建立此平面。

采用同样的方法可以建立其他窗户，当然也可以采用复制的方法。比如在其右侧再建立 6 个窗户，选中刚才建立的窗户，单击鼠标右键，在弹出菜单中选 Copy/Move...，弹出 Translate 对话框，Mode 选 Copy，在其右侧的 Number of copies 文本框输入 6，$x$ 轴的偏移量输入窗户距离 3.6m，如图 4-46 所示，单击【OK】。建立的窗户如图 4-47 所示。

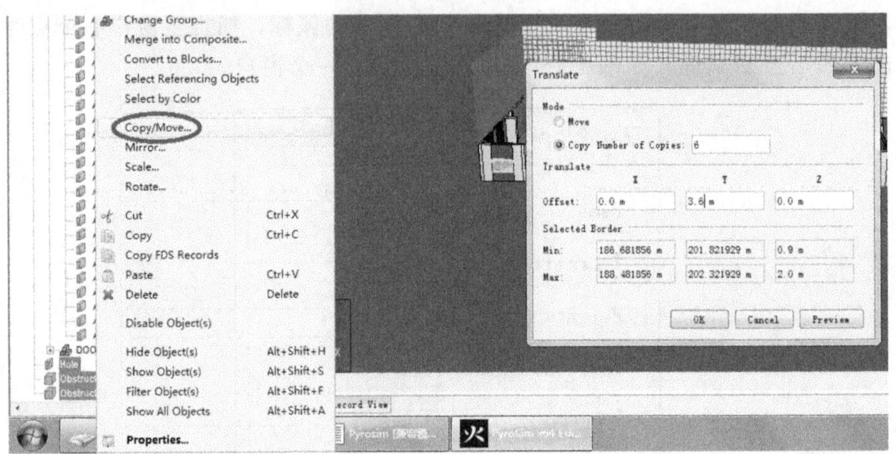


图 4-46　复制窗户

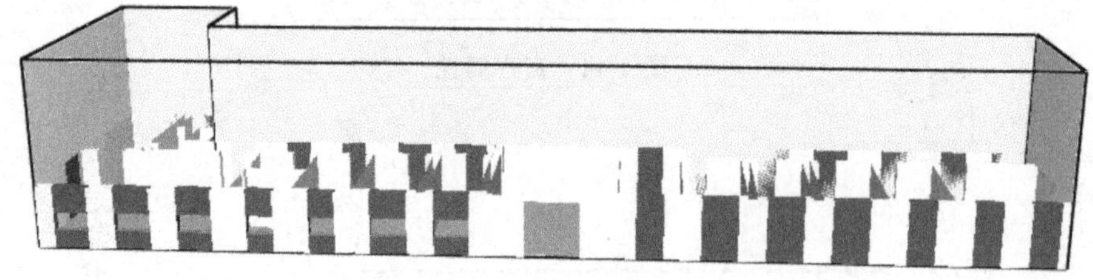

图 4-47　一楼窗户

(3) 建立二至三层模型　在过滤工具栏的 Show（显示）下拉框选择 Floor2 (3.6m)，点击板工具，创建 2 个长方形的板作为一层和二层的楼板，创建楼板时以建立的网格为标准，而不是以 CAD 图纸为标准，然后导入二楼图纸并建立墙和窗户。接着用同样的方法建立三层模型。整栋楼的模型如图 4-48 所示。

(4) 楼梯模型　本工程共设置两部楼梯，其中一部为室外梯，由于与室内火灾烟气蔓延的关系不大，因此建立模型时不予考虑。室内楼梯位于建筑中部，休息平台位于楼层标高以上 1.8m 处。梯段宽 1.5m，踏步高度 150mm，踏步深度 300mm，每段梯段共 12 阶。

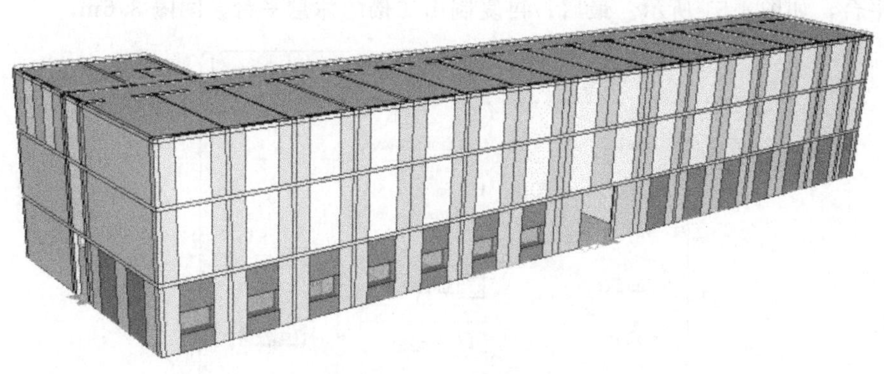

图 4-48 办公楼模型

① 创建楼梯间洞口 切换至 2D View 视图，在过滤工具栏的 Show 下拉框选择 Floor2 (3.6m)，放大中部楼梯间部分以便容易操作。单击绘图工具栏的板洞工具，在楼梯梯段位置绘制洞口，如图 4-49 所示。采用同样的方法绘制 7.2m 楼板洞口或将 3.6m 洞口进行复制。

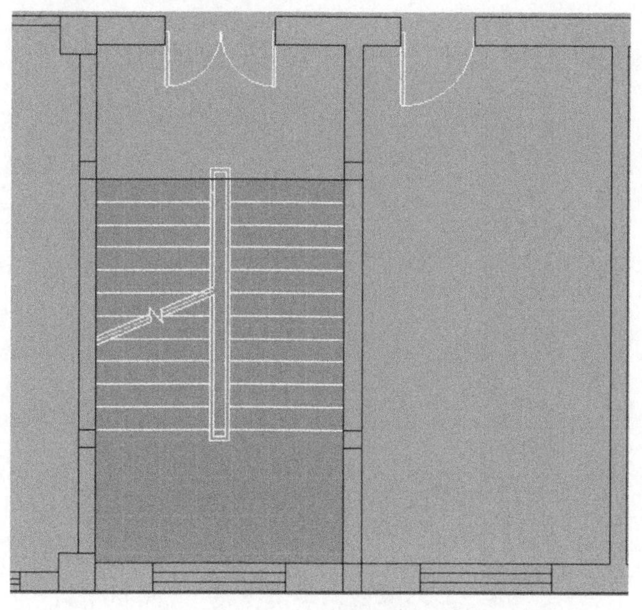

图 4-49 楼梯间洞口

② 绘制休息平台 在过滤工具栏的 Show 下拉框选择 Floor2 (3.6m)，放大中部楼梯间部分以便容易操作。单击绘图工具栏的板工具，再单击工具属性，弹出 Tool Properties 对话框，Z location 文本框输入 1.6，厚度 Thickness 输入 0.2，如图 4-50 所示，单击【OK】返回 2D View 视图，绘制一楼楼梯间的休

息平台，如图 4-51 所示。最后，再复制出二楼的休息平台，间隔 3.6m。

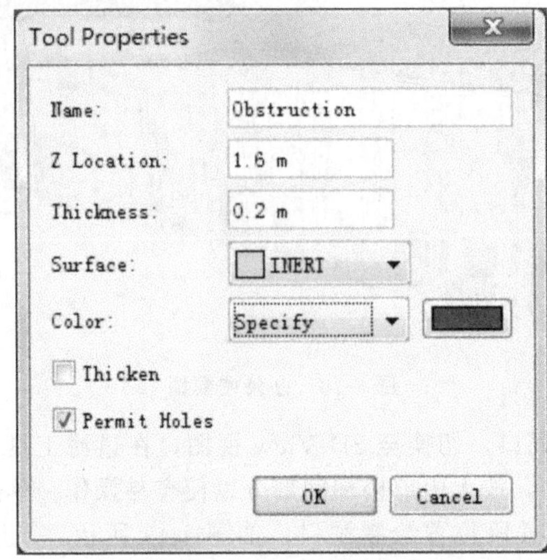


图 4-50　休息平台尺寸

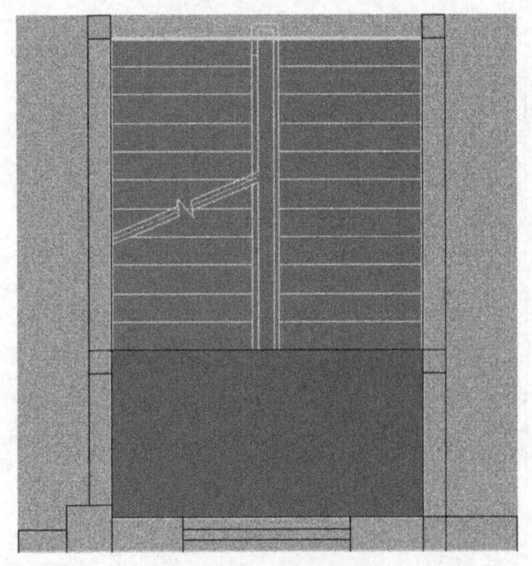

图 4-51　创建休息平台

③ 梯段建模　楼梯梯段建模的思路是先建立一个踏步，根据踏步尺寸复制出梯段的其他踏步，然后选中本梯段的所有踏步，复制出其他楼层相同位置的梯段。

在过滤工具栏的 Show 下拉框选择 Floor1（0.0m），单击绘图工具栏的板工具，再单击工具属性，弹出 Tool Properties 对话框，Z location 文本框输入一楼地板标高 0.0m，厚度 Thickness 输入踏步高度 0.15m，单击【OK】返回

2D View 视图，绘制一楼楼梯的第一个踏步，如图 4-52 所示。

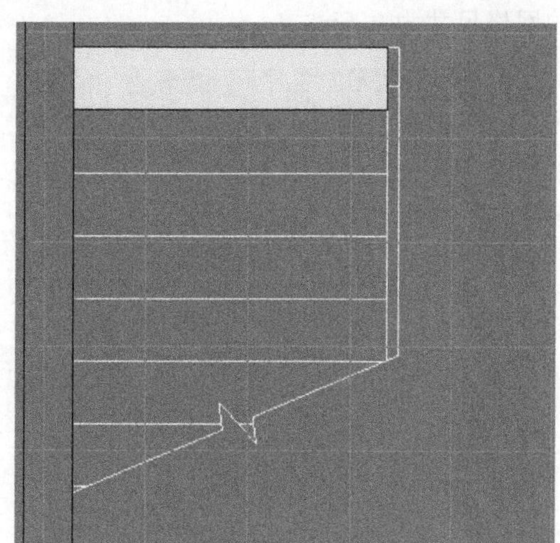

图 4-52 踏步创建

此时，刚建立的踏步正好处于选中状态。在导航栏单击鼠标右键，在弹出菜单单击 Copy/Move...，弹出 Translate 对话框，如图 4-53 所示，Mode 选 Copy，在其右侧的 Number of copies 文本框输入 10，$y$ 轴的偏移量输入踏步深度 −0.3m，负号表示向 $y$ 轴负向进行复制，$z$ 轴的偏移量输入踏步高度 0.15m，此时可点击 Preview 查看复制结果以便确认输入参数的正确性，最后单击【OK】键完成复制，梯段模型如图 4-54 所示。选中建立的 11 个踏步，复制完成与之位置对应的 2 楼的梯段。采用相同方法建立休息平台至楼层的梯段，楼梯建模完

Translate

Mode

Move

Copy Number of Copies: 10

Translate

| | X | Y | Z |
|---|---|---|---|
| Offset: | 0.0 m | -0.3 m | 0.15 m |

Selected Border

| | | | |
|---|---|---|---|
| Min: | 218.301856 m | 206.951929 m | 0.0 m |
| Max: | 219.841856 m | 207.251929 m | 0.2 m |

OK Cancel Preview

图 4-53 复制对话框

成，如图 4-55 所示。建立的模型在 Smokeview 中查看时，一个梯段变成了 4 个踏步，因为本模型的网格尺寸为 0.5m。

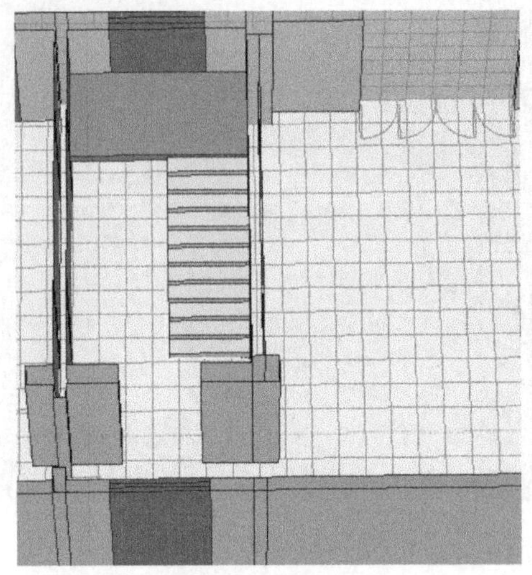

图 4-54　复制出的梯段

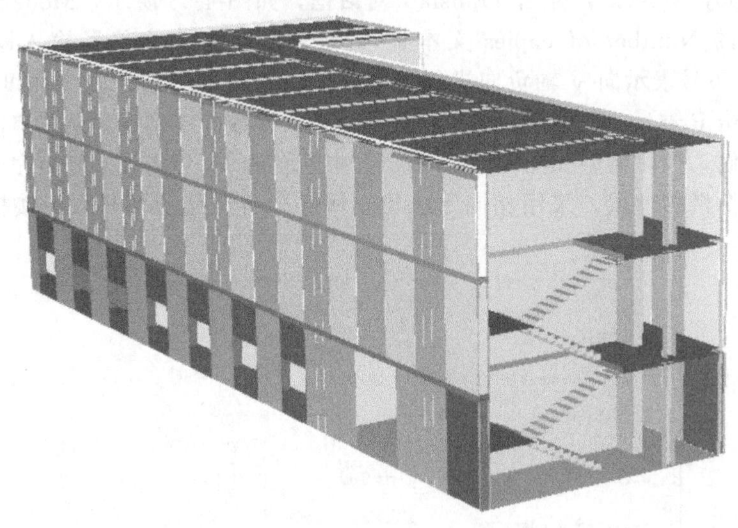

图 4-55　楼梯模型

（5）打开计算边界　建筑的四壁已经建立了墙体，且在墙体上设置了门窗洞口。但计算网格的四周默认情况下仍然是封闭的，烟气无法蔓延至室外，需要设置为 OPEN 边界条件。可以采用绘图工具栏的通风口工具进行设置，即将前后左右共 6 个墙体（本建筑为 L 形）设置为 OPEN 边界条件，方法为在导航视图选中 Meshes 并单击鼠标右键，在弹出菜单选 Open Mesh Boundries，此时导航视图可看到新增的 VENT，如图 4-56 所示，两个 ZMIN 不是需要的，必须去掉，选中后删除即可。

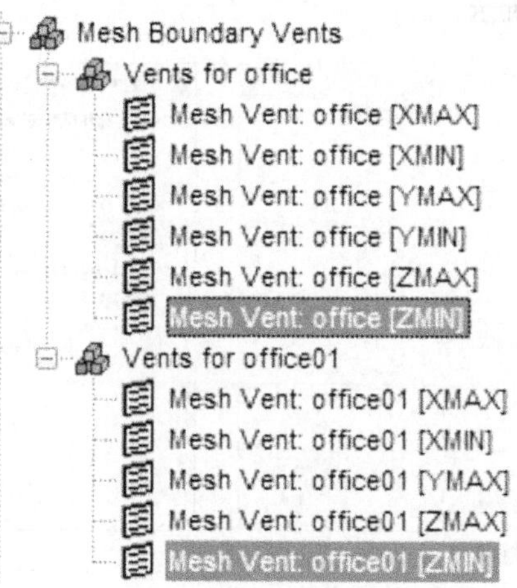


图 4-56 设置的外边界 VENT

也可以采用手动输入 FDS 命令的方式，切换到 Record View 视图，在其下面的 Additional Records 输入：

```
&VENT  MB  =XMIN,SURF_ID='OPEN'/
&VENT  MB  =XMAX,SURF_ID='OPEN'/
&VENT  MB  =YMIN,SURF_ID='OPEN'/
&VENT  MB  =YMAX,SURF_ID='OPEN'/
&VENT  MB  =ZMAX,SURF_ID='OPEN'/
```

## 4.5 体育馆火灾——CAD 三维模型建模

### 4.5.1 概述

在所有建模方法中，Pyrosim 建立火灾模型的最简单方法是导入已有的三维模型。实际上，模型的建立是在其他三维软件中完成的，Pyrosim 只是识别并导入模型。随着我国建筑设计行业 BIM（Building Information Modeling，建筑信息模型）系统的推广，大型火灾模型的建立必然采用导入三维模型的方式。Pyrosim支持的三维文件格式包括 dxf、dwg、fbx、dae、obj 和 stl，其他不支持的格式可以转换为上述格式，然后再导入。

### 4.5.2 体育馆建模

首先导入工程图纸，在命令工具栏点击按钮或菜单【File】→【Import

FDS/CAD File...】，弹出“打开”对话框，对话框的文件类型选 Drawing (AutoDesk)（.dwg)，然后改变目录找到要打开的文件，单击打开键将弹出导入对话框，如图 4-57 所示。

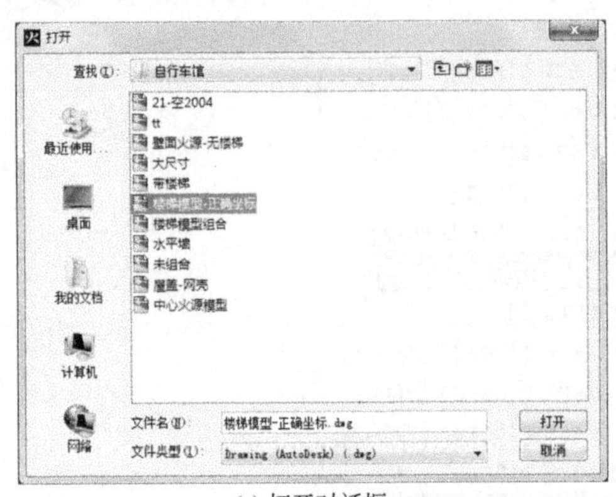


(a) 打开对话框

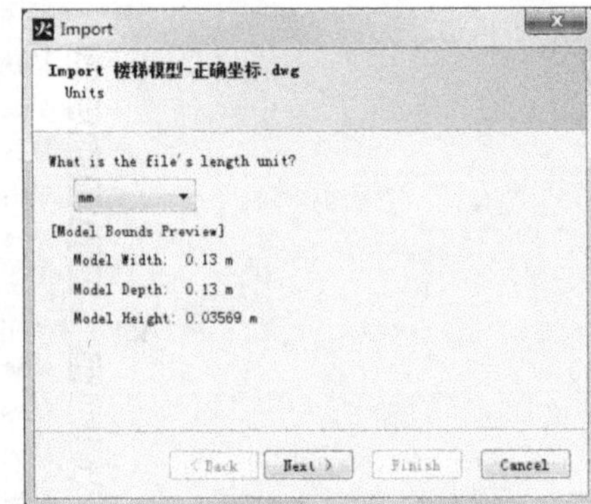


(b) 导入对话框

图 4-57　导入对话框

在图 4-57 中，模型的宽度仅为 0.13m，这是长度单位错误造成的，将长度单位选择 m 并点击【Next】按钮，在弹出的窗口中再点击一次【Next】按钮，最后点击【Finish】按钮，导入的模型如图 4-58 所示。

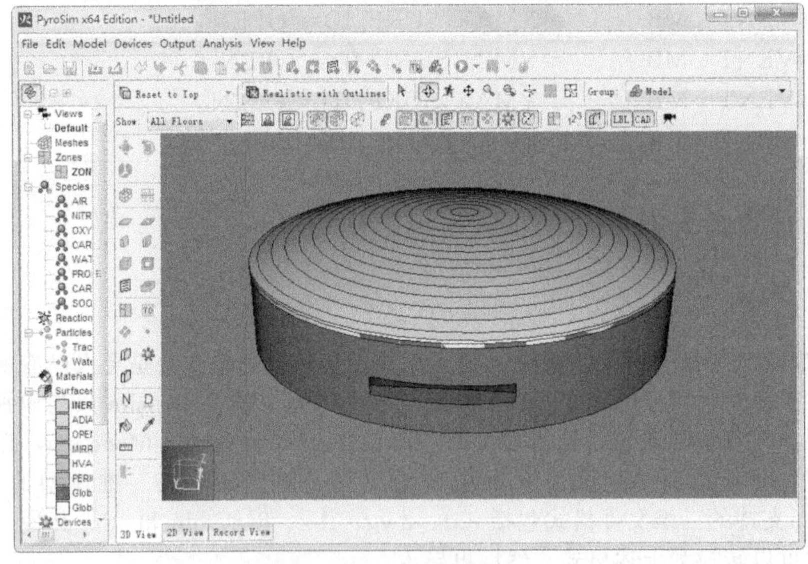


图 4-58　体育馆模型

因为导入的是圆壳结构的体育馆，无法看清其内部结构，这会影响其他模型建立工作。为方便查看体育馆的内部结构，建立内部剖视图，在 View 菜单点击

【New View】，这时导航视图最上面的 Views 增加了新的视图 View01。在视图 View01 上单击鼠标右键，在弹出菜单单击【Add Section Box】，导航视图 View01 下会新增 Section Box 项，双击 Section Box，将弹出 Section Box Properties 对话框，如图 4-59 所示，将 Max X 文本框输入 0m，点击【OK】键退出。模型如图 4-60 所示。

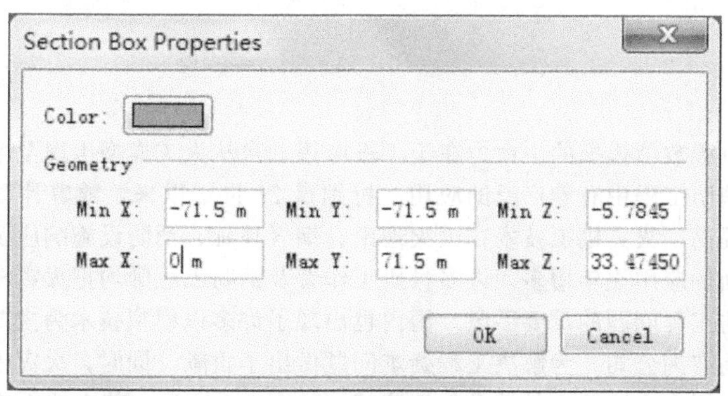


图 4-59 剖视图尺寸

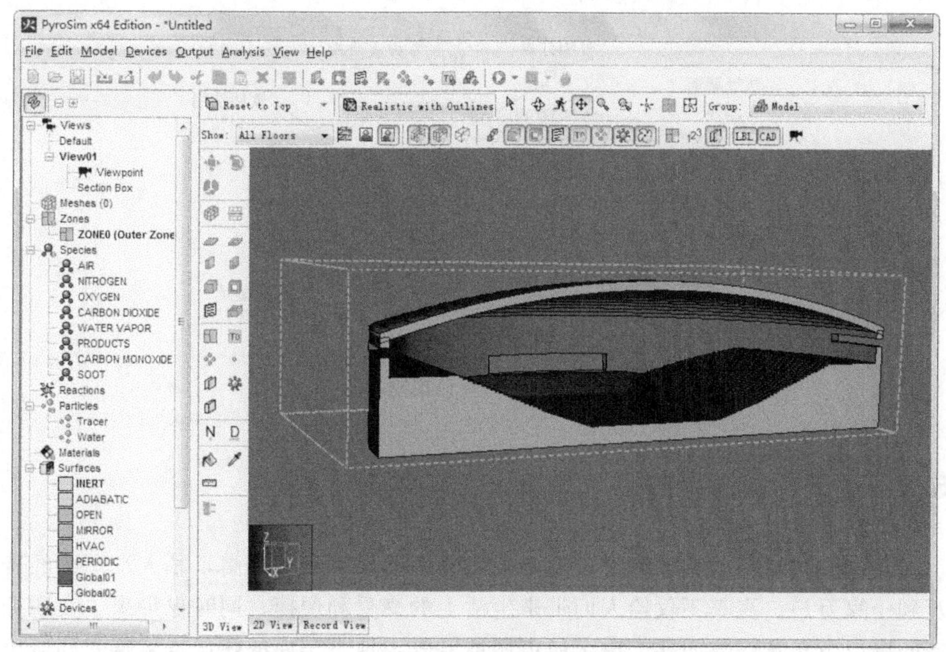


图 4-60 剖视图

# 第5章 火灾模拟的工程应用

火灾过程数值模拟的生命力在于工程应用。自从火灾模型出现至今，火灾模拟技术在消防工程中有着广泛的应用。特别是21世纪以来，随着计算机的普及及性能的提高，火灾模拟技术在火灾理论、烟气蔓延、消防设施响应及防火设计评估等方面的应用逐年增多。许多科研工作者及消防工程师均把火灾模拟技术作为解决消防工程问题的重要手段，国内也出现了许多以模拟技术为主要技术手段的消防评估咨询公司，为解决工程疑难问题做出了贡献。同时，火灾模拟的专业文献也逐年增多，这些文献涉及的消防问题如图5-1所示，其中软件应用指网格的敏感性分析、设置方法及FDS应用技巧等。

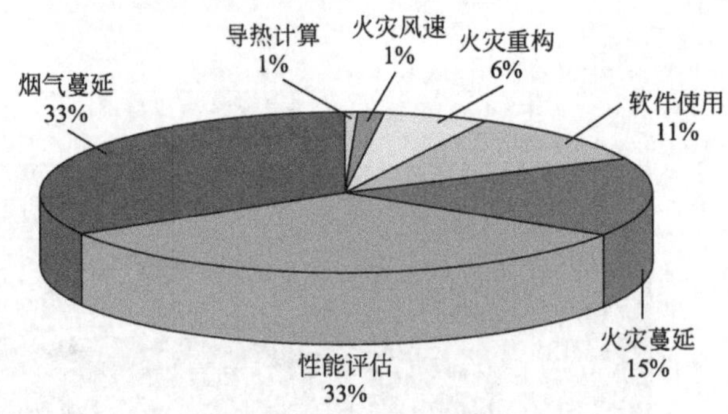


图5-1　FDS应用领域

## 5.1　基于区域模型的地下车库火灾排烟量计算

随着我国经济的持续增长，城乡居民的消费水平显著提高，私人汽车已经普及到千家万户。汽车不仅给人们带来生活上的享受和便捷，同时也带来了交通拥挤问题以及车辆停放问题。由于城市用地紧张，地下车库的建设越来越受到城市规划部门和开发商的重视，发展地下车库成为解决地面停车问题的合理选择之一。地下车库通常只有出入口与地面相通，空间相对密闭，而车库内又密集停放大量汽车，火灾荷载甚大，因此地下车库在缓解车辆停放与城市用地紧张矛盾的同时，又为城市消防安全带来新问题。

修建在地下的车库，建筑面积一般比较大，且跨度大，防火分隔少，一旦汽车着火，会很快在库内蔓延，且库内汽车停放数量多，车与车之间间隔小，通风条件一般较差，一旦着火，有可能引起建筑构件塌方，甚至波及地面建筑。如 2008 年 12 月 26 日江苏无锡市镇巷的地下车库火灾产生的滚滚浓烟一直蔓延到地面建筑的 16 层，严重威胁相连地上建筑内的人员安全。因此，深入研究地下车库火灾情况下的排烟排热问题，可有效保护建筑结构、使消防队员有效扑救火灾，避免大量烟气蔓延至上层建筑，最大限度的减少人员伤亡和财产损失。

由于地下车库的火灾危险性，国内外学者对其安全性进行了大量研究。W. K. Chow 利用 CFD 模拟软件，模拟了地下车库发生火灾后，在不同的排烟工况与喷淋设置情况下烟气层的温度情况，为地下车库消防系统的设计提供了一定的参考。X. G. Zhang 用 FDS 软件模拟分析了地下车库不同通风量情况下，火灾蔓延与烟气传播的情况，并得到了温度和速度的分布情况。目前，我国的消防安全设计人员对地下车库通风排烟设计参数、防排烟设置方式进行了大量探讨，得到了一些很有意义的结论。

程远平通过试验，得到单个小汽车燃烧时的最大热释放速率为 4.08MW，并使用 CFAST 软件，模拟得到不同换气次数情况下，地下车库烟气层的温度和高度情况。研究结果表明，为了满足一定的疏散和扑救条件，对于不同的车库面积，仅仅按换气次数法是不能满足排烟要求的。但根据《汽车库、修车库、停车场设计防火规范》(GB 50067—1997) 第 8.2.4 条规定，排烟风机的排烟量应按换气次数不小于 6 次/h 计算确定。鉴于此规定，在设计地下车库排烟量时，一般按 6 次/h 计算。如果按照换气次数计算，体积不同的地下车库，其排烟量差别较大。然而在发生火灾时，假设一辆汽车着火，火灾所产生的烟气量大体相同，因此对于体积较小的车库来说，按照换气次数法计算得到的排烟量远远不能达到要求。

本节通过理论分析，建立了不同火灾荷载与机械排烟耦合作用下烟气沉降模型。并结合单辆汽车发生火灾的试验结果，得到不同面积、不同高度的车库烟气层沉降情况，分析了不同面积和不同高度的地下车库，其达到安全条件所需的排烟量。

### 5.1.1 烟气层沉降理论分析

(1) 烟气层高度方程 对于具有一定高度的建筑空间，烟气生成量和排烟量之间的关系决定了烟气层高度的变化情况。如果机械排烟速率大于烟气生成速率，烟气层不会沉降。反之，如果烟气生成速率大于机械排烟速率，烟气层会逐渐沉降。当烟气层下降到一定高度，即烟气生成速率和排烟速率相等时，烟气层会保持在这一高度。机械排烟过程中烟气层高度的变化可用质量守恒方程描述：

$$\frac{\mathrm{d}[A\rho_s(H-z)]}{\mathrm{d}t}=\dot{m}_p-\dot{m}_e \tag{5-1}$$

式中 $\dot{m}_p$——烟气生成速率，kg/s；

$\dot{m}_e$——机械排烟速率，kg/s；

$A$——建筑空间的平面面积，$m^2$；

$\rho_s$——热烟气的密度，$kg/m^3$；

$H$——建筑的高度，m；

$z$——烟气层界面距地面高度，m。

(2) 烟气生成量模型　地下车库的烟气生成量模型采用 Heskestad 羽流模型，用式(5-2)~式(5-5) 表示：

$$\dot{m}_p=0.071\dot{Q}_c^{1/3}(z-z_0)^{5/3}+0.00192\dot{Q}_c,\quad z>z_L \tag{5-2}$$

$$\dot{m}_p=0.0056\dot{Q}_c\frac{z}{z_L},\quad z<z_L \tag{5-3}$$

$$z_L=-1.02D+0.235\dot{Q}^{2/5} \tag{5-4}$$

$$z_0=-1.02D+0.083\dot{Q}^{2/5} \tag{5-5}$$

式中 $\dot{Q}$——火源的热释放速率，kW；

$\dot{Q}_c$——对流热释放速率，kW，取 $0.7\dot{Q}$；

$z_0$——火源的虚点源，m；

$z_L$——平均火焰高度，m；

$D$——火源的当量直径，m，对于长和宽分别为 $a$、$b$ 的火源，当量直径 $D=2ab/(a+b)$。

(3) 机械排烟量　机械排烟量可用式(5-6) 表示：

$$\dot{m}_e=nAH\rho_s \tag{5-6}$$

式中，$n$ 为每小时的换气次数，次/h。

(4) 火灾烟气的温度　火灾烟气的温度可用式(5-7) 表示：

$$T_s=T_0+\frac{\dot{Q}_c}{\dot{m}_p c_p} \tag{5-7}$$

式中 $T_s$——火灾烟气的温度，℃；

$T_0$——环境温度，℃；

$c_p$——火灾烟气的比热，kJ/kg·℃。

(5) 火灾烟气的密度

火灾烟气的密度可用式(5-8) 表示：

$$\rho_s = \frac{353}{273 + T_s} \tag{5-8}$$

对式(5-1)～式(5-8)联立求解，则可计算出不同面积、不同高度的地下车库发生火灾后，排烟量不同时烟气层的沉降过程以及相应的排烟效果。

### 5.1.2 计算条件

(1) 热释放速率的确定　针对我国地下车库火灾汽车的受损情况，共收集了8起地下车库火灾案例进行统计分析（见表5-1）。在8起火灾案例中，有7起火灾烧毁一辆汽车，占火灾总数的87.5%。因此，本文计算中采用燃烧1辆汽车的热释放速率模型。1辆小汽车发生火灾时热释放速率的变化情况如图5-2所示。为了使计算结果相对安全，热释放速率取该曲线的峰值，为4MW。火源的尺寸是5.5m×2.0m，可算出火源的当量直径是2.93m，由式(5-4)、式(5-5)可以计算出火源的虚点源是－0.7m，平均火源高度为3.5m。

表5-1　我国近年来地下车库火灾统计表

| 火灾发生地 | 火灾发生时间 | 汽车直接烧毁情况 | 汽车间接烧损情况 |
|---|---|---|---|
| 湖南·长沙 | 2010.02.29 | 1辆 | 2辆 |
| 湖北·武汉 | 2010.05.10 | 1辆 | 2辆 |
| 浙江·杭州 | 2009.10.24 | 2辆 | 0辆 |
| 黑龙江·哈尔滨 | 2010.03.15 | 1辆 | 3辆 |
| 安徽·芜湖 | 2009.12.18 | 1辆 | 0辆 |
| 湖南·长沙 | 2010.03.28 | 1辆 | 5辆 |
| 广东·佛山 | 2009.03.22 | 1辆 | 0辆 |
| 湖北·武汉 | 2009.12.11 | 1辆 | 0辆 |

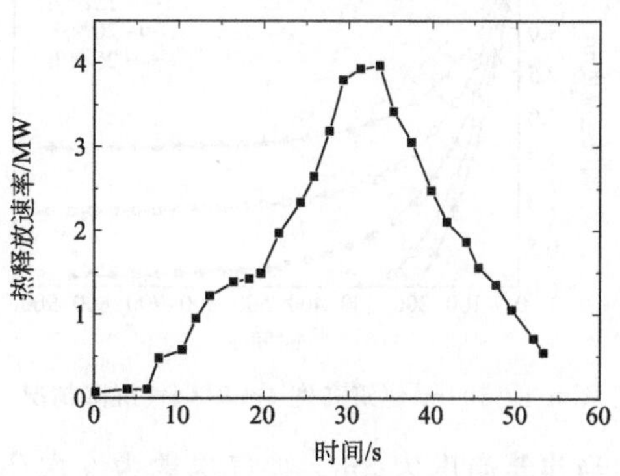


图5-2　一辆小汽车热释放速率

(2) 计算判据　从发现起火，到消防队员开始出水灭火的时间一般为15min。在计算时取火灾发展时间为1000s。性能化设计中，一般保证人员安全的烟气层高度判据取值为1.8m，本文研究对象为地下车库，通常人员较少，发生火灾后15min人员一般会完全逃离现场，因此本文计算时，烟气层的安全高度主要考虑便于消防队员发现起火点进行灭火，取计算时烟气层的安全高度为1.6m。

### 5.1.3　计算结果及分析

根据规范有关防烟分区最大允许建筑面积和排烟量的规定，计算选用的车库面积A分别为500m²、1000m²和2000m²，高度分别为5m、4m和3m。

图5-3～图5-5为建筑面积为500m²的车库，建筑高度分别为5m、4m和3m时，不同排烟量下的烟气层沉降情况。

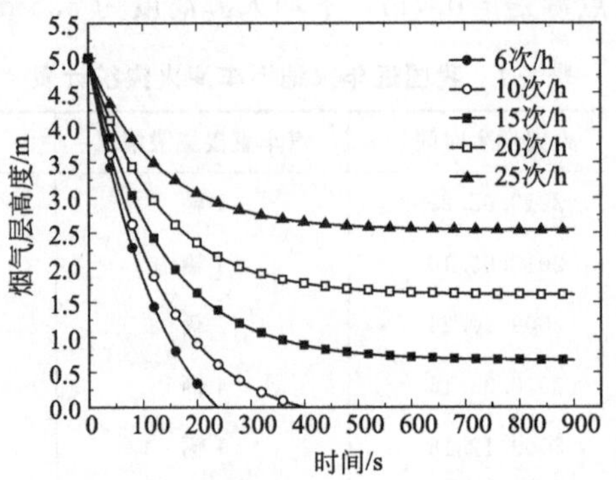


图5-3　500m²建筑高度5m时烟气沉降情况

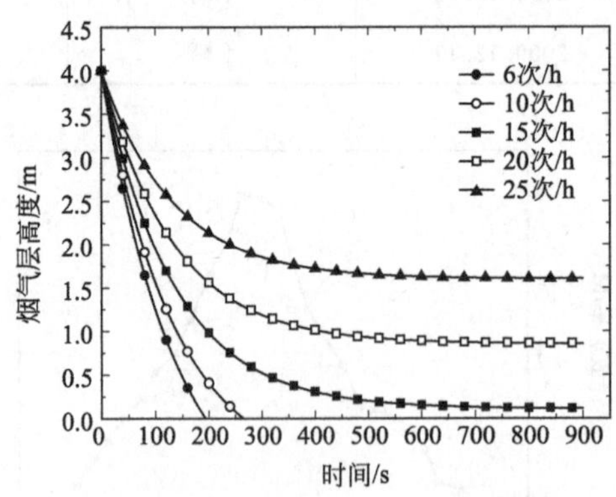


图5-4　500m²建筑高度4m时烟气沉降情况

由图5-3可见，当建筑高度为5m、换气次数为6次/h时，火灾发生238s后，烟气层距地面高度降为零；换气次数为10次/h时，火灾发生400s后，烟

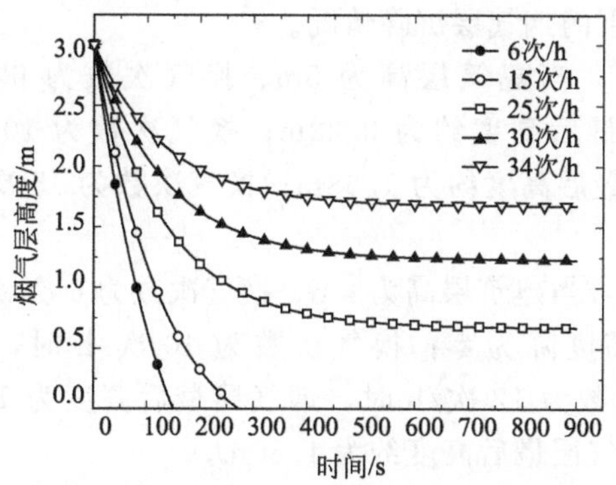


图 5-5 500m²建筑高度 3m 时烟气沉降情况

气层距地高度降为零；换气次数为 15 次/h 时，烟气层最后稳定在 0.7m 左右；换气次数为 20 次/h 时，烟气层最后稳定在 1.6m 左右；换气次数为 25 次/h 时，烟气层最后稳定在 2.5m 左右。

从图 5-4 中可见，当建筑层高为 4m、换气次数为 6 次/h 时，火灾发生 193s 后，烟气层距地面高度降为零；换气次数为 10 次/h 时，火灾发生 265s 后，烟气层距地面高度降为零；换气次数为 15 次/h 时，烟气层最后稳定在 0.1m 左右；换气次数为 20 次/h 时，烟气层最后稳定在 0.9m 左右；换气次数为 25 次/h 时，烟气层最后稳定在 1.6m 左右。

从图 5-5 中可见，当建筑层高为 3m、换气次数为 6 次/h 时，火灾发生 150s 后，烟气层距地面高度降为零；换气次数为 15 次/h 时，火灾发生 185s 后，烟气层距地面高度降为零；换气次数为 25 次/h 时，烟气层最后稳定在 0.67m 左右；换气次数为 30 次/h 时，烟气层最后稳定在 1.23m 左右；换气次数为 34 次/h 时，烟气层最后稳定在 1.68m 左右。

图 5-6～图 5-8 为建筑面积为 1000m² 的车库，建筑高度分别为 5m、4m 和

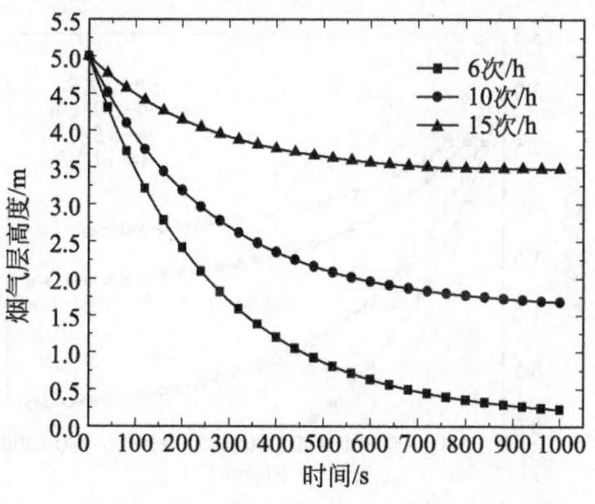


图 5-6 1000m²建筑高度 5m 时烟气沉降情况

3m 时，不同排烟量下的烟气层沉降情况。

从图 5-6 中可见，当建筑层高为 5m、换气次数为 6 次/h 时，火灾发生 1000s 后，烟气层的最后高度约为 0.22m；换气次数为 10 次/h 时，火灾发生 1000s 后，烟气层的最后高度约为 1.68m；换气次数为 15 次/h 时，烟气层的最后高度约为 3.48m。

从图 5-7 中可见，当建筑层高为 4m、换气次数为 6 次/h 时，火灾发生 683s 后，烟气层距地面高度降为零；换气次数为 10 次/h 时，烟气层最后高度为 0.93m 左右；换气次数为 12 次/h 时，烟气层最后高度为 1.51m 左右；换气次数为 13 次/h 时，烟气层最后高度约为 1.80m。

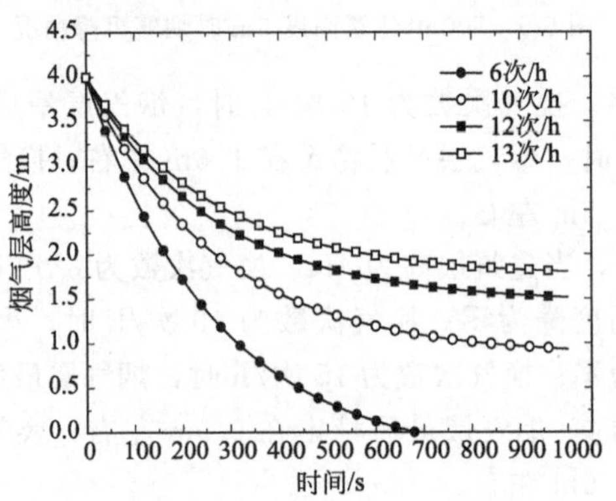


图 5-7　1000m² 建筑高度 4m 时烟气沉降情况

从图 5-8 中可见，当建筑层高为 3m、换气次数为 6 次/h 时，火灾发生 421s 后，烟气层距地面高度降为零；换气次数为 10 次/h 时，烟气层的最后高度约为 0.18m；换气次数为 15 次/h 时，烟气层的最后高度约为 1.27m；换气次数为 17 次/h 时，烟气层的最后高度约为 1.70m。

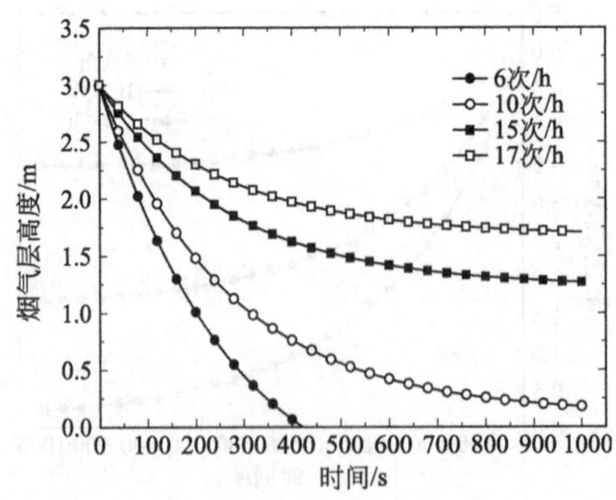


图 5-8　1000m² 建筑高度 3m 时烟气沉降情况

图 5-9～图 5-11 为建筑面积为 2000m$^2$ 的车库，建筑高度分别为 5m、4m 和 3m 时，不同排烟量下的烟气层沉降情况。

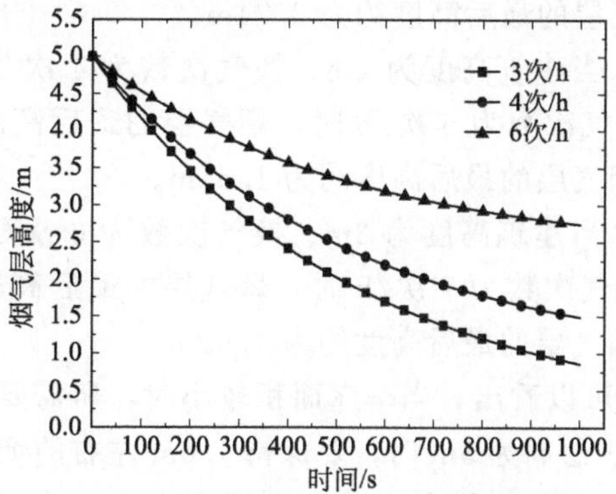


图 5-9　2000m$^2$ 建筑高度 5m 时烟气沉降情况

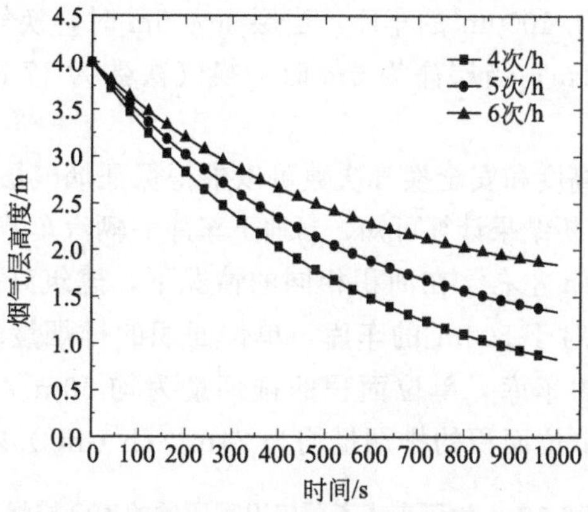


图 5-10　2000m$^2$ 建筑高度 4m 时烟气沉降情况

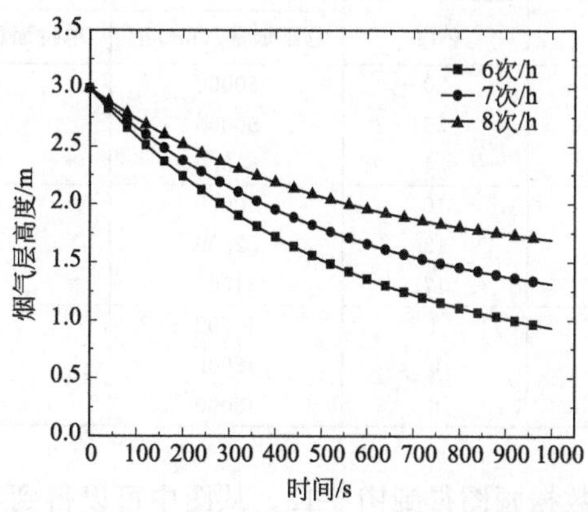


图 5-11　2000m$^2$ 建筑高度 3m 时烟气沉降情况

由图 5-9 可知，当建筑高度为 5m、换气次数为 3 次/h 时，烟气层的最后高度约为 0.86m；换气次数为 4 次/h 时，烟气层的最后高度约为 1.49m；换气次数为 6 次/h 时，烟气层的最后高度约为 2.74m。

由图 5-10 可知，当建筑高度为 4m、换气次数为 4 次/h 时，烟气层的最后高度约为 0.84m；换气次数为 5 次/h 时，烟气层的最后高度约为 1.34m；换气次数为 6 次/h 时，烟气层的最后高度约为 1.85m。

由图 5-11 可知，当建筑高度为 3m、换气次数为 6 次/h 时，烟气层的最后高度约为 0.94m；换气次数为 7 次/h 时，烟气层的最后高度约为 1.31m；换气次数为 8 次/h 时，烟气层的最后高度约为 1.69m。

由以上模拟结果可以看出，当车库面积较小时，所需要的换气次数较大。如当车库面积为 500m$^2$、层高为 5m 时，要保持 1.6m 左右的烟气层高度，换气次数不应小于 20 次/h；当车库面积为 2000m$^2$、层高为 5m 时，当换气次数为 4 次/h 时，烟气层高度可维持在 1.68m。当车库面积一定时，车库高度越低，所需要的换气次数越大。如对于 1000m$^2$的车库，当层高为 5m 时，换气次数为 10 次/h，烟气层高度维持在 1.71m；当层高为 3m 时，换气次数为 17 次/h，烟气层高度维持在 1.72m。

根据车库面积、高度和安全换气次数可以求得保证烟气层安全高度所需要的排烟量，见表 5-2。由分析结果计算可知，当地下车库一辆汽车着火时，总排烟量大体相当，大约 50000m$^3$/h 左右。在面积相同的情况下，建筑高度不同时单位面积的排烟量相差不大。如对于 500m$^2$的车库，单位面积的排烟量均为 100m$^3$/(h·m$^2$)左右；对于 1000m$^2$的车库，单位面积的排烟量为均 50m$^3$/（h·m$^2$）左右；对于 2000m$^2$的车库，单位面积的排烟量均为 24m$^3$/(h·m$^2$) 左右。

**表 5-2　地下车库不同工况下所需的安全排烟量**

| 车库面积/m$^2$ | 车库高度/m | 安全换气次数/次/h | 保证安全的排烟量 | |
|---|---|---|---|---|
| | | | 总排烟量/(m$^3$/h) | 单位面积排烟量/[m$^3$/(h·m$^2$)] |
| 500 | 5 | 20 | 50000 | 100 |
| | 4 | 25 | 50000 | 100 |
| | 3 | 34 | 51000 | 102 |
| 1000 | 5 | 10 | 50000 | 50 |
| | 4 | 13 | 52000 | 52 |
| | 3 | 17 | 51000 | 51 |
| 2000 | 5 | 4 | 40000 | 20 |
| | 4 | 6 | 48000 | 24 |
| | 3 | 8 | 48000 | 24 |

根据表 5-2 中的数据画图得到图 5-12。从图中可以得到不同面积的车库在不同的建筑高度下，其安全的换气次数。例如当车库面积为 1400m$^2$、层高为 5m

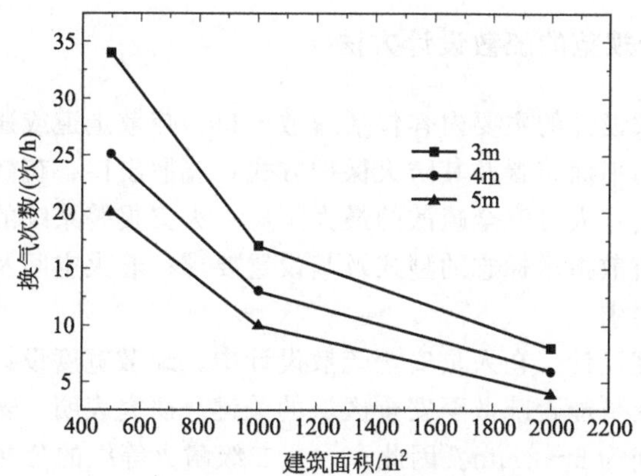


图 5-12 不同面积和高度地下车库安全换气次数

时，其安全的换气次数为 8 次/h；层高为 3m 时，其安全的换气次数为 15 次/h。

### 5.1.4 结论

在质量守恒的基础上，利用 Heskestad 羽流公式和火灾烟气温度、密度模型，求解得到了不同火灾荷载与机械排烟耦合作用下烟气沉降过程。结果表明，烟气沉降与车库面积和车库高度密切相关，用换气次数法排烟不能满足安全需要。当车库面积较小时，所需要的换气次数较大。如面积为 500$m^2$、层高为 5m 的车库，其安全的排烟换气次数不应小于 20 次/h；而对于同样层高，面积为 2000 $m^2$ 的车库，其安全的排烟换气次数为 4 次/h。当车库面积一定时，车库高度越低，所需要的换气次数越大。如对于 1000 $m^2$ 的车库，当层高为 5m 时，其安全换气次数为 10 次/h；当层高为 3m 时，其安全换气次数为 17 次/h。最后给出了不同面积与高度的地下车库安全的理论排烟换气次数。

目前《汽车库、修车库、停车场设计防火规范》(GB 50067—2014) 已根据汽车库、修车库的建筑净高规定了不同的排烟量。

## 5.2 人员可用安全疏散时间模拟计算

建筑中人员安全疏散是消防设计的最终目标，安全疏散设计是建筑消防设计的主要内容之一。为保证建筑内人员生命安全，建筑应根据其建筑高度、规模、使用功能和耐火等级等因素合理设置安全疏散和避难设施。建筑的安全疏散和避难设施主要包括疏散门、疏散走道、疏散楼梯（包括室外楼梯）及安全出口，其中疏散门和安全出口统称为疏散出口。有些建筑还可能设置避难走道、避难间或避难层。为辅助人员疏散，尚需设置疏散指示标志和应急照明，有时还要考虑疏散诱导广播等。疏散设计方法包括基于现行规范的疏散设计方法与性能化人员疏散设计方法。

### 5.2.1 基于现行规范的疏散设计方法

人员安全疏散设计的主要内容包括疏散出口，疏散走道或避难走道，疏散楼梯的数量、形式和平面布置及其防火保护方式；疏散出口、疏散楼梯、疏散走道或避难走道的宽度；人员安全疏散的最大距离；火灾报警系统的型式及其设置要求；应急照明与疏散指示标志的型式及其设置要求；着火空间及其他空间的防烟或排烟方式及其要求。

(1) 疏散宽度设计　在人员安全疏散设计中，疏散宽度设计具有举足轻重的地位，是火灾中人员能否疏散至安全区域的关键。研究表明，普通建筑物从着火到发生轰燃的时间为5～8min。因此，一、二级耐火等级的公共建筑和高层民用建筑的可用疏散时间大体为5～7min，三、四级耐火等级的建筑的可用疏散时间大体为2～5min。对于人员众多的剧场、体育馆等建筑，这一时间应适当调整，一般为3～4min。根据这些研究数据，再考虑建筑的实际情况，确定建筑的控制疏散时间。建筑中某一区域的疏散宽度主要取决于控制疏散时间、疏散人数及疏散出口的通行系数，它们之间的关系式为：

$$W=\frac{N}{T_{\mathrm{c}}\cdot f} \tag{5-9}$$

式中 $W$——疏散宽度，m；

$N$——疏散总人数，人；

$T_{\mathrm{c}}$——控制疏散时间，s；

$f$——疏散出口的通行系数，人·$\mathrm{m}^{-1}\cdot\mathrm{s}^{-1}$。

建筑设计防火规范中单股人流的宽度按0.55m计算，门和平坡地面每分钟可疏散43人，阶梯地面和楼梯每分钟可疏散37人，由此可计算出通行系数为：

门和平坡地面：$f=43/(0.55\times60)=1.30$［人/(m·s)］

阶梯地面和楼梯：$f=37/(0.55\times60)=1.12$［人/(m·s)］

进行安全疏散设计或评估时，安全出口的通行系数不得超出1.30人/(m·s)。使用疏散软件进行模拟计算时，应将出口的通行系数上限设置为1.30人/(m·s)。对于出口无此选项的疏散软件，如simulex，应根据模拟结果统计每一出口的通行系数，若超过该值，应对模拟结果乘以适当的安全系数。

将计算得出的疏散总宽度均匀分配至每个疏散出口，且任何一个疏散出口的宽度不得小于规范要求的最小值。如，公共建筑内疏散门和安全出口的净宽度不应小于0.90m，一般高层建筑不得小于1.2m，人员密集的公共场所、观众厅的疏散门的净宽度不应小于1.40m。

(2) 百人宽度指标　上述疏散宽度设计方法，虽然概念明确，但却不便于工程设计人员使用。为此，建筑设计防火规范采用百人宽度指标的设计方法。百人宽度指标$W_{100}$是指每100人疏散至安全区域所需要的宽度。

剧场、电影院、礼堂等场所的观众厅，一、二级耐火等级建筑的控制疏散时间为 2min、三级耐火等级建筑的控制疏散时间为 1.5min。据此，可计算出一、二级耐火等级建筑的观众厅中每 100 人所需疏散宽度为：

门和平坡地面：B=100/(1.30×120)=0.64(m)　　取 0.65m；

阶梯地面和楼梯：B=100/(1.12×120)=0.74(m)　　取 0.75m。

三级耐火等级建筑的观众厅中每 100 人所需要的疏散宽度为：

门和平坡地面：B=100/(1.30×90)=0.85(m)　　取 0.85m；

阶梯地面和楼梯：B =100/(1.12×90)=0.99(m)　　取 1.00m。

对于体育馆观众厅，按照观众厅容量的大小分为三档：(3000～5000)人、(5001～10000)人和 (10001～20000)人。控制疏散时间分别为 3min、3.5min 和 4min。同样方法可计算出每 100 人所需要的疏散宽度。常用百人宽度指标与控制疏散时间的关系见表 5-3。

**表 5-3　百人宽度指标与控制疏散时间的关系**

| 疏散控制时间/s | 百人宽度指标/(m/百人) | |
|---|---|---|
| | 平坡地面 | 阶梯地面 |
| 240 | 0.32 | 0.37 |
| 210 | 0.37 | 0.43 |
| 180 | 0.43 | 0.50 |
| 128 | 0.60 | |
| 120 | 0.65 | 0.75 |
| 102 | 0.75 | |
| 96 | 0.80 | |
| 90 | 0.85 | |
| 77 | 1.00 | |
| 60 | 1.25 | 1.00 |

已知疏散人数和百人宽度指标，即可计算疏散总宽度，公式为：

$$W=W_{100}\times\frac{N}{100} \tag{5-10}$$

### 5.2.2 性能化人员疏散评估方法

基于现行规范的疏散设计方法，整个设计过程是严格按照规范进行的。设计人员针对具体工程，只需按照建筑设计防火规范的每一条款逐条满足，设计人员好像“照方抓药”，基本无发挥的空间，因此这种设计方法也形象地称为“处方式”设计方法。该方法简单、实用且便于操作，所以在我国得到了广泛的应用。

同样，消防审核部门也是按照相同的方法进行设计审核，只要符合规范每一条款的要求即认为设计合格。

随着社会经济的发展及科学技术的进步，建筑规模不断增大，对建筑的要求也越来越高，新的建筑形式不断涌现。因为建筑设计防火规范的条文一般是对过去防火经验教训的总结，很难预测将来建筑的发展，因此新型建筑与防火规范之间的矛盾日益突出，现行的防火设计规范很难满足日益增长的建筑需求。除此之外，采用处方式防火设计的建筑，即使完全满足规范的要求，其安全水平仍然不知。

为弥补现行防火设计规范的不足，对于采用现行规范无法解决的防火设计，我国从 21 世纪初开始，逐步引入先进的性能化人员安全疏散设计（评估）方法。目前，性能化的人员疏散设计（评估）方法已在英国、美国、加拿大和日本等国广泛采用。性能化人员疏散评估方法是针对建筑的实际情况，根据选定的安全目标，运用消防安全工程学的原理和方法，对建筑疏散设计进行个性化评估的方法。

(1) 人员安全疏散的性能化判定标准　目前，国际上公认的人员安全疏散的性能化判定标准是对可用安全疏散时间（available safe egress time，ASET）和必需安全疏散时间（required safe egress time，RSET）进行比较。可用安全疏散时间 *ASET* 又称危险来临时间，是指从火灾发生至其发展到使建筑中特定空间的内部环境或结构达到危及人身安全的极限时间。可用安全疏散时间由火灾演化过程决定，主要取决于建筑布局、火灾荷载及其分布和通风状况。必需安全疏散时间 *RSET* 又称疏散时间，指从火灾发生至建筑中特定空间内的人员全部疏散到安全地点所需要的时间。因为人员疏散是一个复杂的过程，因此必需安全疏散时间不仅取决于人员身体和心理特征，还取决于建筑布局。

人员安全疏散的性能化判定标准为可用安全疏散时间 *ASET* 必须大于必需安全疏散时间 *RSET*，即：

$$RSET < ASET \tag{5-11}$$

在（超）高层建筑内，火灾中所有人员均疏散至室外是不现实的，因此应急疏散预案往往是分阶段疏散，即先疏散着火层、着火层的上层及着火层的下层，再疏散其他楼层人员，所有人员疏散完毕需要较长时间，多达 1～2 小时。在这种情况下，所有人员必须在建筑坍塌之前疏散至室外。因此在疏散过程中，若建筑存在坍塌的危险，要保证人员安全，还要同时满足下面的条件：

$$RSET < \min(T_{fr}, T_f) \tag{5-12}$$

式中　$T_{fr}$——结构的耐火极限，min；

　　　$T_f$——在可能最不利火灾条件下结构的失效时间，min。

(2) 人员安全疏散的性能化评估步骤　基于现行规范的处方式设计疏散评估方法是将设计方案与规范规定的条文逐一核对，而性能化评估方法较处方式评估方法要复杂得多，其评估步骤如图 5-13 所示。

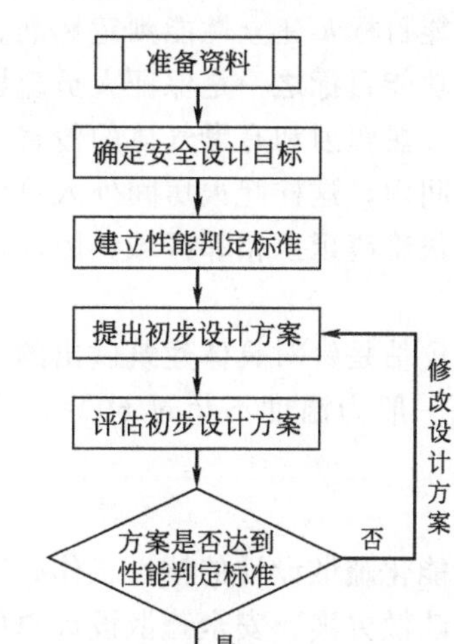


图 5-13 性能化评估步骤

① 准备评估资料

主要包括两方面的资料：一是工程详细情况，包括建筑的主要使用功能、需要的空间条件、建筑内局部的主要用途及其分布、建筑环境等自然条件和建筑投资、业主的期望。二是法规的要求，包括建筑设计规范对评估工程的具体要求，工程无法解决的消防技术问题，相关规定对性能化评估的要求，目前只有具有下列情形之一的工程项目可采用性能化设计评估方法：(a) 超出现行国家消防技术标准适用范围的；(b) 按照现行国家消防技术标准进行防火分隔、防烟排烟、安全疏散、建筑构件耐火等设计时，难以满足工程项目特殊使用功能的。

② 确定安全设计目标

确定设计目标时，首先要明确消防法规的相关要求，建筑工程投资方的期望及使用者的安全需求。一般性能化设计（评估）的安全总目标包括：

a. 保证建筑内使用人员的生命安全及消防救援人员的人身安全；

b. 保证建筑结构在一定时间内不会发生整体倒塌，或者建筑会发生局部坍塌，但局部破坏不致引起连续性倒塌；

c. 保证建筑物内财产安全，除起火处外，尽量减少火灾损失；

d. 保证建筑物发生火灾后对经营生产的连续运行不产生较大影响，保护环境。

对于具体工程而言，设计目标应包括上述目标的一条或多条，其中建筑内人员生命安全是所有建筑消防设计都必须满足的安全目标。

③ 建立性能判定标准

建筑安全设计总目标确定后，即保证建筑内人员生命安全，还需要逐步分解，依次设定功能目标、性能目标及建立性能判定标准。如为达到保证起火区域外人员生命安全的目标，其功能目标之一是保证人员疏散至安全区域之前不受火灾危害，及保护人员不受热、热辐射和有毒气体的侵害。为此，性能目标之一可设定为将火灾限制在起火房间内，这样起火房间外人员将不受热辐射影响。一般起火房间不发生轰燃，火灾很难蔓延至相邻区域，因此性能判定标准可设定为烟气层温度不超过 500℃。

虽然，建筑疏散性能化评估是针对具体建筑做出的，但不同建筑工程的性能判定标准却可以基本相同，一般为温度不超过 60℃，能见度保持在 10m 以上，CO 浓度不超过 500ppm 等。

④ 提出初步设计方案

建立疏散设计方案是性能化疏散设计的核心工作，工程技术人员可为建筑工程设计个性化的一个或多个疏散方案。安全疏散设计总的原则是安全可靠、路线简明、设施适当和节约投资。与处方式设计不同，设计人员满足安全目标的选择具有较大的灵活性。如为达到安全疏散的目的，即可增加疏散出口宽度，也可以缩短疏散距离，或者增大排烟量，当然也可以设置更加可靠的控火措施。

⑤ 进行方案评估

完成疏散设计方案后，即可对初步设计方案按照建立的性能判据进行评估。评估时分别采用经验公式或计算模型计算可用疏散时间和必需疏散时间，计算完毕后依据式(5-11) 进行判断，若满足式(5-11) 说明初步设计方案达到性能判定标准，这时可确定最优设计设计方案并编制评估设计文件。若所有设计方案均不能满足式(5-11) 要求，须要对设计方案进行修改并重新评估，直至满足性能判据。

### 5.2.3 人员安全疏散的性能判定标准

在疏散性能化评估过程中，性能判定标准是确定可用安全疏散时间的依据。建立性能判定标准是将安全目标定量化的重要手段，是消防安全工程学在疏散评估中的主要应用形式。建立性能判定标准需要对影响人员安全疏散的影响因素进行详细分析，着重分析火灾产生的热及毒性气体对人员心理及行为的影响，据此判断火灾发展到何种程度即达到人员的耐受极限。火灾时影响人员疏散的主要因素包括：烟气层高度、烟气层温度、能见度、对人体的热辐射、对流热及烟气毒性。这些影响因素中的烟气层高度、烟气层温度及人体可接受的热流可统一考虑，疏散性能化评估时性能判定标准可定为：

(1) 地板以上 2m 处的温度不超过 60℃；

(2) 地板以上 2m 处的能见度不小于 10m；

(3) 地板以上 2m 处的 CO 浓度不超过 500ppm。

若地板高度为 0，则火灾模拟场景文件的输出命令为：

```
&SLCF PBZ=2.0,QUANTITY='TEMPERATURE'/
&SLCF PBZ=2.0,QUANTITY='VISIBILITY'/
&SLCF PBZ=2.0,QUANTITY='VOLUME FRACTION'
      SPEC_ID  ='CARBON MONOXIDE'/
```

## 5.3 燃气泄漏火灾自熄原因的数值模拟研究

随着信息技术的发展，计算机模拟和可视化技术在火灾科学研究的各个方面都得到了广泛的应用，尤其在全尺寸试验条件受限或火灾不可重现的情况下，计算机模拟和可视化技术可以直观地再现真实火灾的发展过程，称为火场重构技术。技术人员通过比对多种火灾场景下火灾发展过程，辅助确定点火源位置以及研究火灾的发展规律，进而分析人员伤亡原因。

### 5.3.1 案例介绍

2008 年 11 月 27 日 20 点左右，河北省廊坊市消防指挥中心接到报警，某小区一居民室内发生燃气泄漏火灾，在无人扑救的情况下自行熄灭。经现场勘查、现场询问表明此次火灾原因系厨房碗柜与西墙的夹缝内，燃气灶进气口与胶皮管连接处喉箍松动造成可燃气体泄漏，飘入采暖炉中，如图 5-14 所示。采暖炉为间歇运行，即水温高于设定值时停止运行，水温低于设定值时启动运行。泄漏燃气遇采暖炉启动时的电火花或燃气炉运行时的明火发生燃烧，火焰延燃至燃气灶

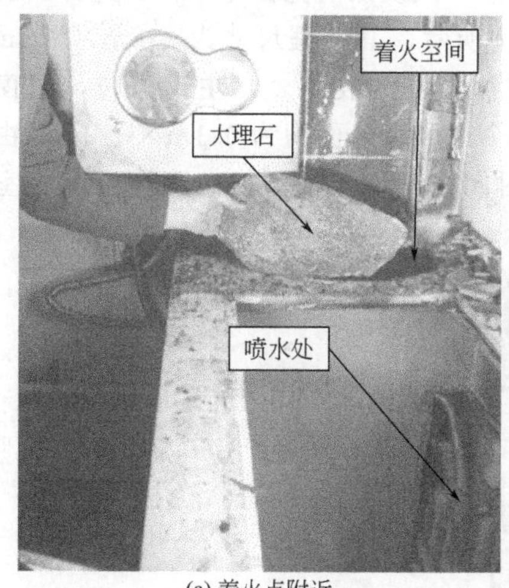

(a) 着火点附近

(b) 喷水处局部放大

图 5-14 厨房火灾现场

供气口处，引起燃烧。由于燃气灶供气口处燃气持续泄漏，但泄漏量不大，在夹缝和大理石台面所构成的空间形成“焊枪”式燃烧，稳定燃烧的火焰持续烘烤采暖炉管道进口处上方的大理石台面，大理石台面受热炸裂后跌落砸在水管上，将水管接口拉断，大量自来水喷溅出来，形成“自动水喷淋灭火系统”。

火调人员分析认为，此次火灾不扑自熄的原因有 4 种可能。

(1) 火灾发生时燃气泄漏量不大，燃烧火焰较小，水管水量足够大，“自动水喷淋灭火系统”可将火焰直接浇灭。

(2) 火灾发生时燃烧火焰较大，燃气持续泄漏，火焰持续燃烧，造成封闭的室内氧气浓度过低，燃烧因室内供氧不足（小于 12%）而自行熄灭。

(3) 火灾发生时燃烧火焰较大，水管水量不足以将火焰浇灭，火焰燃烧可燃物形成的烟气遇水凝结成水蒸气弥漫于室内，燃烧因室内水蒸气浓度过高（大于 35%）而自行熄灭。

(4) 火灾发生时燃烧火焰较大，燃气持续泄漏，火焰持续燃烧，造成封闭的室内二氧化碳浓度过高（大于 30%～35%）而自行熄灭。

为了探究此次火灾自熄的根本原因，利用 FDS 对这起家庭燃气泄漏火灾进行了数值重建，以辅助分析火灾熄灭的原因。

### 5.3.2 数值重建

(1) 物理模型的建立　根据现场勘验提供的主要尺寸，建立该住宅的三维模型和厨房物品分布图，如图 5-15、图 5-16 所示。勘验表明只有厨房有明显过火痕迹，其余房间只是墙壁和天花板上有烟熏和水蒸气凝结后形成的流淌痕迹；为了更清晰更真实地模拟厨房火灾发生过程，本次模拟简化住宅结构，选择厨房和与厨房相邻的客厅为研究对象，如图 5-17 所示。其物理尺寸为 2.8m×5.5m×2.8m，网格划分均为 0.1m。由于火灾发生时正处初冬，户主离家时，门窗紧闭，所以模拟区域内只有抽油烟机管道一个通风口，面积为 0.1m×0.2m。由于 11 月份室内暖气已开通，且场所基本为封闭空间，本模型初始环境温度为室温

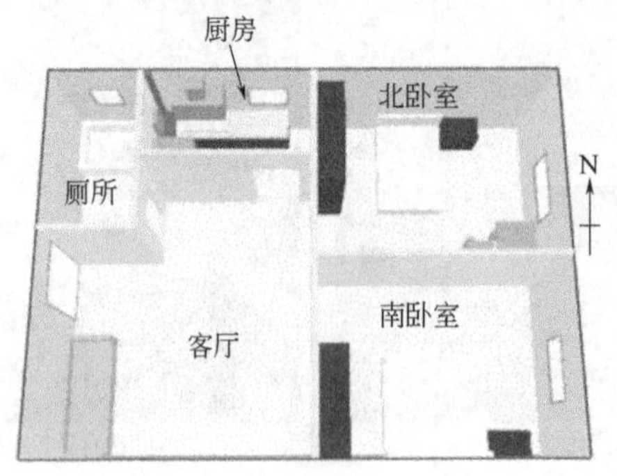


图 5-15　房屋结构图

20℃，压力为101325Pa，不考虑外界风对火灾的影响。模拟时间为1200s。

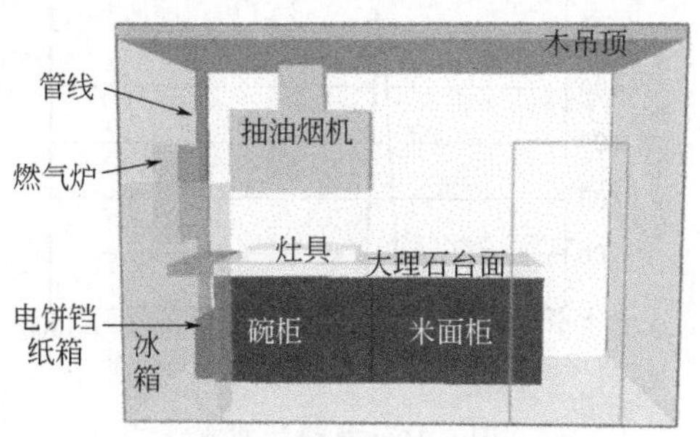


图 5-16 厨房物品分布图

图 5-17 模型图

此次火灾由燃气泄漏引起，查阅资料得知城市天然气流速为不大于3m/s，因而火源设为燃料喷射燃烧，流速取56.52L/min。对于大理石台面炸裂落地过程，通过设置，使达到特定温度时，上部大理石台面自动消失，地面大理石出现，同时启动水喷淋系统，模拟水管断裂。由于家用自来水管流速为38L/min，因而自动水喷淋模拟流速设为38L/min。本次模拟按照现场收集资料和查阅相关文献，分别详细设置了厨房内木吊顶、混凝土墙壁、瓦楞纸纸箱、大理石台面、UV板外壳碗柜、铁质外壳冰箱、不锈钢外壳抽油烟机、燃气灶和燃气炉等物体的相关物理及热学参数；由于客厅没有过火痕迹，模拟时将客厅内物品简化省略。

模拟过程中以火源为球心，半径为0.1m的球面上选取了3个不同方位的采样点，分别探测火源附近温度变化以及空气中不同气体浓度变化，共计15个探测点。

(2) 模拟结果及分析

① 火灾热释放速率曲线 火灾热释放速率是衡量火灾规模的重要指标。图5-18为模拟得到的热释放速率曲线，由图可知，火灾初期热释放速率基本稳定，310s开始显著增大，360s时达到峰值1082kW，随后快速下降，460s时降至5kW以下，最后趋于稳定，维持在0.5kW左右。

模拟得到的热释放速率曲线比较符合火灾实际情况，初始燃气泄漏，缓慢燃

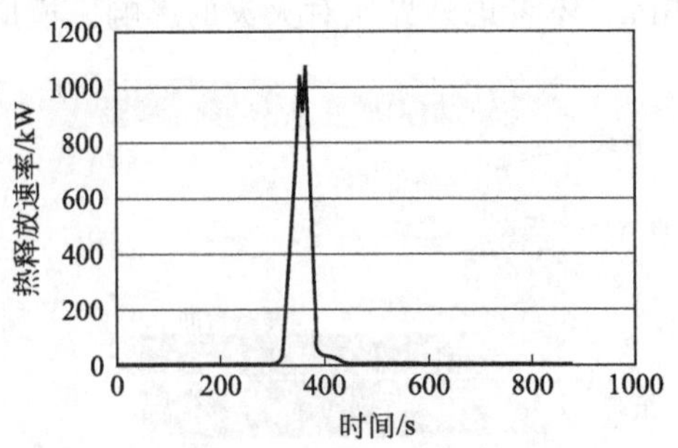


图 5-18 热释放速率

烧，直至引燃周边电饼铛纸箱，随后蔓延至木吊顶，火势达最大，当大理石砸裂水管，一方面由于水喷出灭火；另一方面，此时由燃料控制转为通风控制，厨房相对封闭，所以火势迅速减小，最后趋于稳定直至熄灭。

② 火场温度变化 图 5-19 为起火点处竖向截面不同时刻温度变化云图，可以看出，310s 时火源附近温度显著增大，随后整个厨房温度迅速升高，360s 达到最高温度之后下降，最后除起火点外其他区域温度维持在室温 20℃左右。

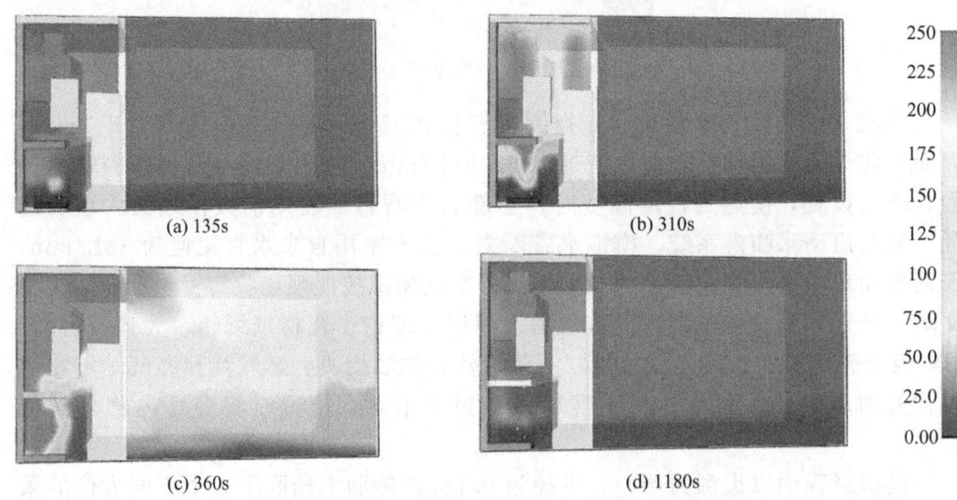


图 5-19 起火点处竖向截面不同时刻温度变化云图

图 5-20 为木吊顶附近截面温度云图，330s 时厨房木吊顶西侧温度（420℃）明显高于东侧（260℃）。图 5-21 为木吊顶烧损痕迹，对比火灾现场照片，西侧吊顶比东侧烧毁严重，说明本次模拟结果较准确的展现了火的蔓延过程。

③ 探测点数据分析 图 5-22 为火源附近 3 个采样点温度随时间变化曲线，该曲线与火场热释放速率曲线的变化趋势非常符合，较好的反应火场温度变化情况。

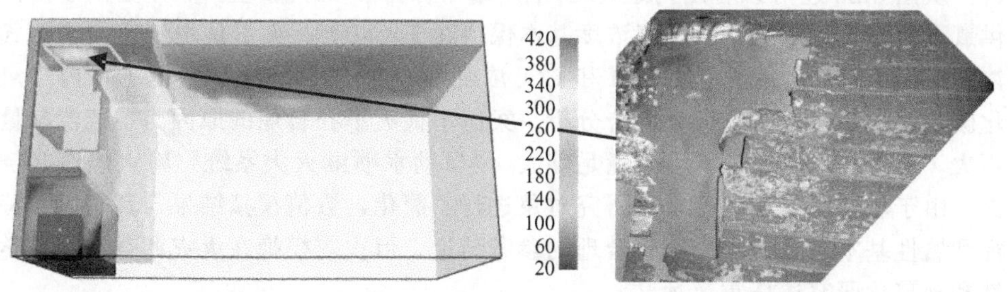


图 5-20 吊顶截面 330s 时刻温度分布图　　图 5-21 木吊顶烧损痕迹

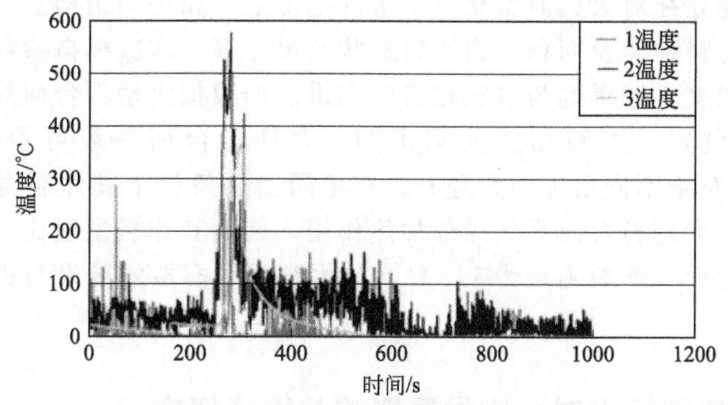


图 5-22 火源附近温度随时间变化曲线

模拟得知，由于距火源和喷溅水源的距离不同，3 个采样点测得火源附近氧气、水蒸气、一氧化碳、二氧化碳浓度的数据有细微差别，但总体变化趋势和最终数值基本一致，现以 2 号采样点为例对模拟结果进行分析说明，如图 5-23 所示。

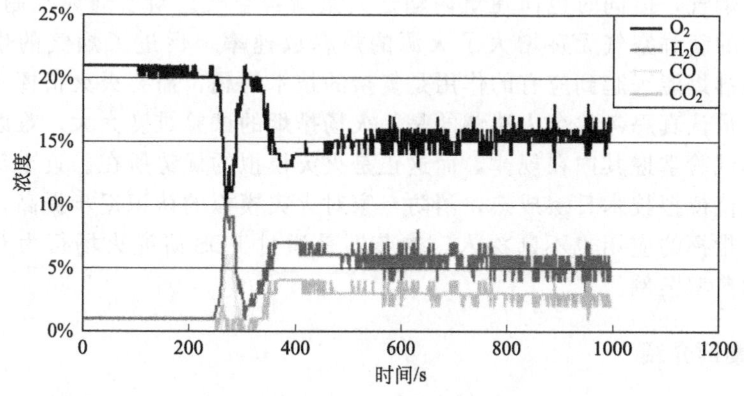


图 5-23 火源附近燃烧产物随时间变化曲线

从图 5-23 还可以看出，最终 $O_2$浓度基本保持在 13%以上，火不是由于室内供氧不足而自行熄灭；水蒸气浓度基本保持在 5%以上，火不是由于室内水蒸气浓度过高而自行熄灭；最终 CO 和 $CO_2$浓度都小于 30%，火不是由于室内二氧化碳浓度过高而自行熄灭。综合分析，案例中火灾不扑自熄的原因为燃气泄漏量不大，燃烧火焰较小，水管水量足够大，“自动水喷淋灭火系统”将火焰直接浇灭。由于软件的限制，本文将研究对象进行了简化，数值模拟结果与真实火灾特征和属性基本一致，得出了较合理的参考结论，但火灾模拟在火灾调查中的科学性和规范化研究还任重道远。

火场重建可以重现火灾的发展过程，有助于火灾调查人员分析火灾现场。但是，这要建立在对火灾原型充分了解的基础上，如房间结构及尺寸、内衬材料热惯性、燃料种类及面积、通风口形状及尺寸等。本次模拟参数设定经过了近二十次的调整，才得到与事实相符的结果。如模拟大理石台面炸裂时，对其炸裂温度的设定。查阅相关文献可知，大理石台面一般可承受的温度为 130℃，但是对于不同质地的大理石，在不同受热条件下其炸裂温度没有确定值。本案例中大理石台面受到局部加热作用，因而其炸裂温度比一般值低，在模拟了多次之后其炸裂确定为 115℃，在此温度下模拟的结果与火灾发展过程相一致。

## 5.4 灭火救援行为对火灾发展影响的模拟研究

火灾发展初期是人员疏散和灭火救援的最佳时期，同时这一时期也是火灾有可能发生突变（括轰燃、回燃及爆燃等）的时期，而火灾突变现象容易造成人员伤亡。火灾扑救时，为疏散救人、寻找起火点以及排除室内热烟气，常对着火区域进行破拆或机械火场排烟。这些行为具有双重作用，一方面能排出室内的高温烟气，但同时也向建筑内输送大量新鲜空气。对于通风控制型火灾，进入室内的新鲜空气无疑增大了火源的热释放速率，促进了烟气的生成。因此，火场排烟能否起到应有的作用是复杂的技术问题，需要灭火指挥专家和消防研究人员认真思考。令人遗憾的是，火场排烟的试验难度太大，难以通过有限次实体试验掌握其内在规律，而这正是火灾模拟的优势所在。近十年间，随着火灾数值模拟技术日臻成熟，消防专家对火灾模拟的认识逐步提高，火灾模拟在灭火指挥的应用也不断深入。本节即是通过 FDS 研究火场行为对火灾发展影响的典型案例。

### 5.4.1 案例介绍

2000 年 2 月 14 日 4 点左右，美国德克萨斯州一座带有木质闷顶的单层饭店因办公室电线短路引发火灾。饭店平面布局如图 5-24 所示，饭店内的吊顶由石膏板制成，闷顶内密布木质桁架。当消防队接到报警赶到现场后迅速派出两名消防战士从饭店西侧入口进入火场侦查火情，并在入口处设置正压送风排烟系统对火场进行排烟，此时已有明火从饭店屋顶窜出，如图 5-25 所示。在侦查火情过程中为确定闷顶内火势，消防员打开西侧入口上方的一块吊顶石膏板，几分钟后饭店屋顶突然发生坍塌，造成两名消防员牺牲。

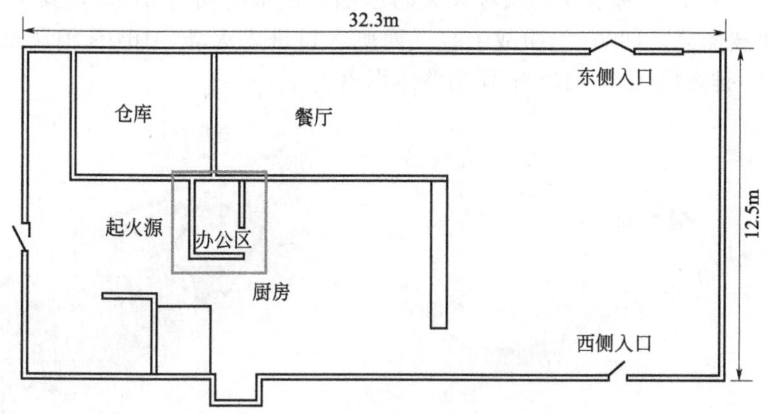


图 5-24 饭店平面布局

图 5-25 消防员到场后火灾现场

事后美国国家职业安全与健康研究所对这次火灾进行事故调查，但是通过现场勘察、现场询问等方法，仍然无法认定造成消防员牺牲的根本原因。为帮助美国国家职业安全与健康研究所完成调查工作，NIST 利用 FDS2.0 对这起火灾进行数值重建，从以下三方面进行研究：

(1) 当消防员到达火场时，饭店闷顶内处于何种状态；

(2) 正压送风排烟系统工作是否对火焰强度有影响；

(3) 消防员在勘察闷顶火势时是否可以打开吊顶石灰板。

### 5.4.2 数值重建

(1) 模型的建立　根据现场勘查提供的建筑尺寸，建立该饭店的三维模型，如图 5-26 所示。其物理尺寸为 35m×13.5m×5m，网格划分为 0.1m×0.1m×0.1m。单块吊顶石膏板尺寸为 0.25m×0.25m。模拟初始条件为室内温度 20℃，压力 101325Pa，不考虑外界风对火灾的影响。模拟时间为 2100s，其中 900s 办公区吊顶被烧穿，1620s 消防战士打开西侧入口进入火场，1640s 消防员打开吊顶，1740s 排烟机工作，1860s 顶棚整体塌落。

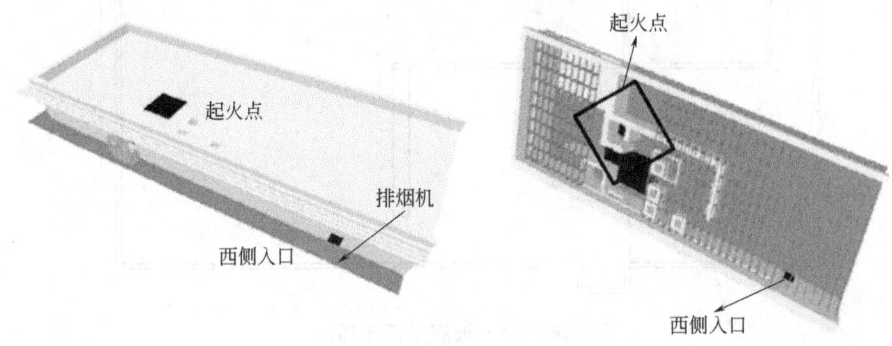


图 5-26　饭店三维模型

本次模拟按照现场收集的资料和查阅相关文献，分别详细设置了吊顶、木质桁架、外墙、内墙及办公室内家具等物体的热物理参数，如表 5-4 所示。

表 5-4　材料物理和热学参数

| 材料 | 厚度 /m | 着火温度 /℃ | 热释放速率 /(kW/m²) | 导热系数 /[W/(m·K)] | 热扩散系数 /(m²/s) |
|---|---|---|---|---|---|
| 石膏板 | 0.013 | 400 | 100 | 0.48 | 4.1E−7 |
| 松木(内衬) | 0.013 | 390 | 200 | 0.14 | 8.3E−8 |
| 松木(桁架) | 0.038 | 390 | 200 | 0.14 | 8.3E−8 |
| 聚乙烯吊顶 | 0.013 | 400 | 130 | 0.48 | 4.1E−7 |
| 耐火吊顶 | 0.020 | 400 | 10 | 0.04 | 8.6E−8 |

初始火源面积 2.8$m^2$，距离地面高度 0.5m，热释放速率如图 5-27 所示。着火后保持线性增长，300s 时达到峰值 6MW，400s 逐渐下降到 1.6MW。由于在屋顶倒塌前，只有办公室和闷顶内存在明火，所以模拟时对其他区域内物品简化省略。正压送风排烟机排烟口面积为 0.75m×0.75m，风速设置为 13m/s，设置于西侧入口处。

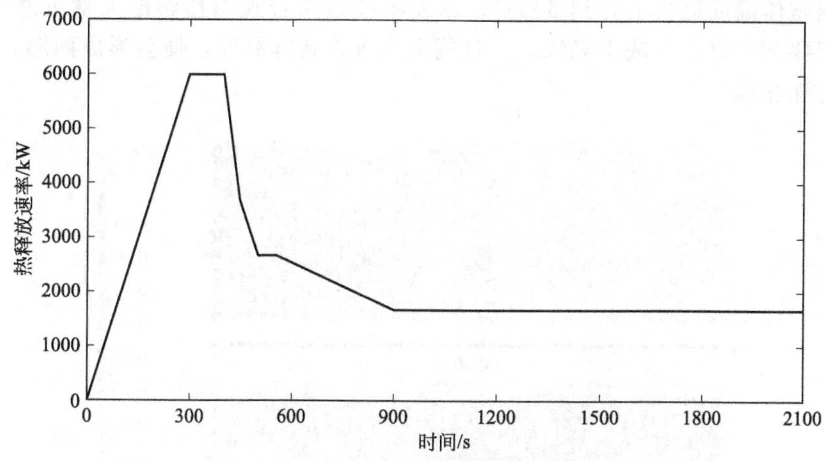


图 5-27 初始火源热释放速率

(2) 模拟结果及分析

① 闷顶内温度、氧含量变化 图 5-28 为闷顶内不同时刻温度云图，可以看出 300s 时，起火点上方闷顶内温度为 400℃，1500s 时升至 1000℃，此时闷顶其他区域温度达到 500℃。

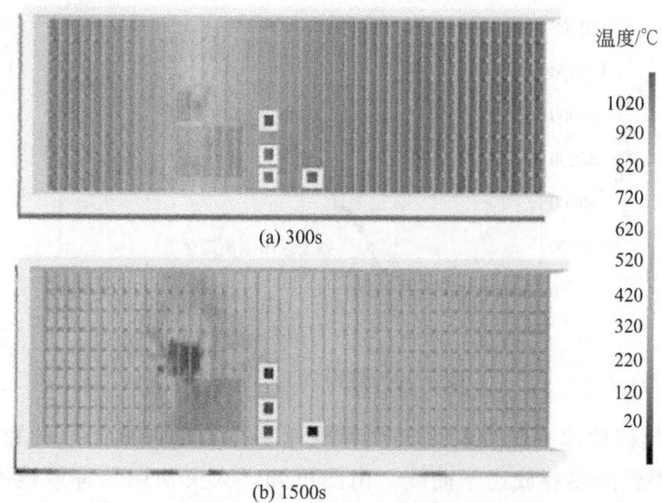


图 5-28 闷顶内不同时刻温度云图

图 5-29 为闷顶内不同时刻 $O_2$ 含量变化云图。300s 时，起火点上方闷顶内 $O_2$ 含量为 10%，其余区域为 18%，1500s 闷顶内 $O_2$ 含量均为 0。

由闷顶内温度、$O_2$ 含量变化可知，当消防员进入火场时，闷顶内已经处于极度危险状态。900s 时办公区吊顶被烧穿后，燃烧消耗掉了闷顶内的全部空气，闷顶内整体温度逐步上升到 500℃，木质桁架虽未着火但热解出大量可燃气体，火灾三要素中目前只缺少氧气，一旦闷顶内进入新鲜氧气，便会形成回燃，造成火势急速蔓延。

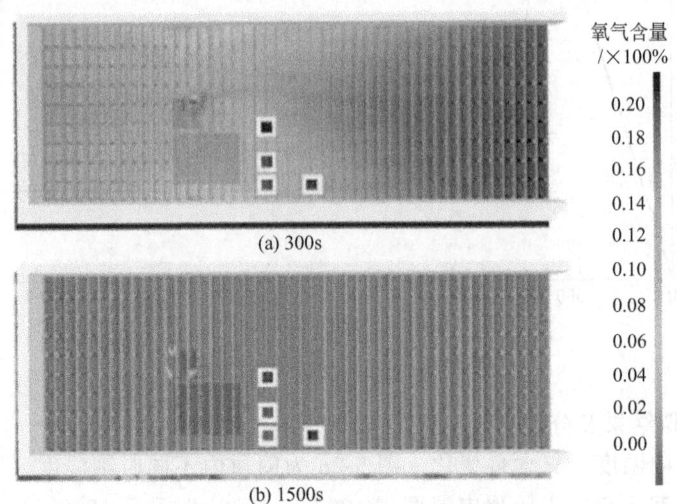


图 5-29　闷顶内不同时刻 $O_2$ 含量变化云图

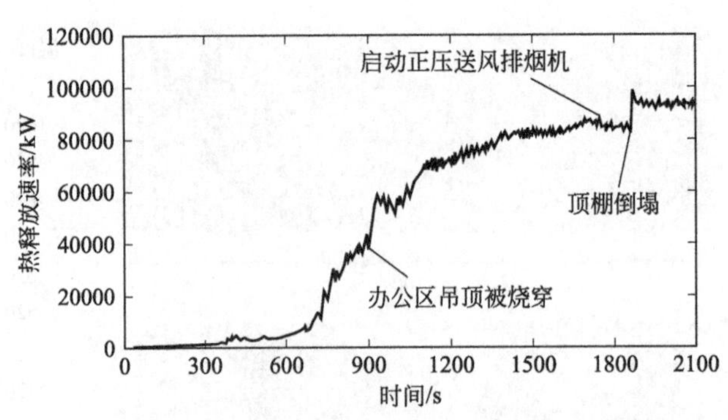


图 5-30　热释放速率曲线

② 火灾热释放速率曲线　火灾热释放速率是衡量火灾规模的重要指标，图 5-30 为模拟得到的热释放速率曲线。由图可知，火灾初期热释放速率基本稳定，600s 开始增大，900s 起火源上方吊顶被烧穿后骤升并保持增长趋势，1740s 正压送风排烟机启动，热释放速率没有明显变化，1860s 顶棚倒塌达到峰值。

模拟得到的热释放速率曲线比较符合实际情况，火灾初期，火焰缓慢燃烧，直至火焰烧穿起火源处吊顶，闷顶内存在的少许空气补入火源，火势增大。正压送风排烟机启动后，热释放速率并未发生明显变化，顶棚倒塌时外界大量空气进入着火区，热释放速率出现骤升现象，火势达到最大状态。

根据热释放速率曲线可以得知，正压送风排烟系统工作时，虽然将大量空气送入火场，但并未对火焰强度造成影响。

③ 闷顶内火势蔓延分析 图 5-31 为打开检测口时火焰蔓延过程。1620s 时消防员进入火场，1640s 时打开吊顶侦查吊顶内火情，此时检测口已出现明火，但是实际情况中细微明火被燃烧产生的大量烟气遮蔽，1685s 闷顶内除火源、检测口的其他区域也出现大量明火。

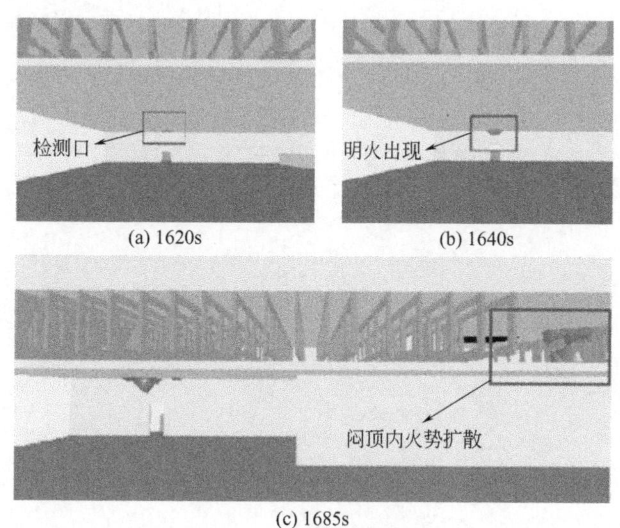


(a) 1620s (b) 1640s

(c) 1685s

图 5-31 火焰蔓延过程

消防员为侦查闷顶内火势，贸然打开入口处一块吊顶板，使得闷顶内迅速进入大量新鲜氧气，检测口立即出现明火。但实际情况中，由于烟气的遮蔽作用，消防员极有可能未注意到检查口处出现的火焰，继续在饭店内进行侦查工作。此时，闷顶内火势迅速扩大蔓延，形成整体燃烧，桁架截面面积随燃烧逐渐减少，最终导致桁架难以支撑顶棚重量，顶棚发生倒塌。所以，两名消防员在侦查火情时的错误行为，是造成消防员牺牲的直接原因。

### 5.4.3 结论

此次模拟参数设定经过了多次调整，才得到与实际情况相符的结果，得出较合理的结论。

(1) 当消防员到达火场时，闷顶内已经处于极度危险状态。办公区吊顶被烧穿，闷顶内整体温度到达 500℃，桁架虽未燃烧，但热解出大量可燃气体，一旦闷顶内进入新鲜空气便会形成剧烈燃烧。

(2) 正压送风排烟机工作后，大量空气进入火场，但是热释放速率并未发生明显变化，所以在这次事故中正压送风排烟系统并未对火焰强度造成明显影响。

（3）当消防员进入火场勘察火情时，如果不能确定闷顶内的情况，不要轻易打开吊顶，以免造成闷顶内火势蔓延，威胁人身安全。

在全尺寸试验条件受限制时，FDS软件能较好地模拟灭火救援行为对火灾发展的影响，重现火灾发展过程，帮助调查人员进行事故认定。

# 附录1 FDS常用输出变量

| 序号 | 变量 | 含义 | 单位 | 命令 |
|---|---|---|---|---|
| 1 | CONVECTIVE HEAT FLUX | 固体表面的对流热流 | $kW/m^2$ | B,D |
| 2 | EXTINCTION COEFFICIENT | 消光系数 | 1/m | D,I,P,S |
| 3 | FED | 有效剂量分数 | | D |
| 4 | HEAT FLOW | 通过某一平面的热量 | kJ/s | D |
| 5 | HRR | 热释放速率 | kW | D |
| 6 | HRRPUV | 单位体积的热释放速率 | $kW/m^3$ | D,I,P,S |
| 7 | LAYER HEIGHT | 烟气层高度 | m | D |
| 8 | LOWER TEMPERATURE | 冷空气层平均温度 | ℃ | D |
| 9 | MASS FLOW | 通过某一平面的气体质量 | kg/s | D |
| 10 | MASS FRACTION * | 气体的质量分数 | kg/kg | D,I,P,S |
| 11 | MIXTURE FRACTION | 混合分数 $Z$ | kg/kg | D,I,P,S |
| 12 | NET HEAT FLUX | 固体表面的对流热流与辐射热流之和 | $kW/m^2$ | B,D |
| 13 | RADIATIVE HEAT FLUX | 固体表面的辐射热流 | $kW/m^2$ | B,D |
| 14 | TEMPERATURE | 温度 | ℃ | D,I,P,S |
| 15 | UPPER TEMPERATURE | 热烟气层平均温度 | ℃ | D |
| 16 | U-VELOCITY | 气流 $x$ 方向速度 | m/s | D,I,P,S |
| 17 | VELOCITY | 气流速度 | m/s | D,I,P,S |
| 18 | VISIBILITY | 能见度 | m | D,I,P,S |
| 19 | VOLUME FLOW | 通过某一平面的气体体积 | $m^3/s$ | D |
| 20 | VOLUME FRACTION * | 气体的体积分数 | mol/mol | D,I,P,S |
| 21 | V-VELOCITY | 气流 $y$ 方向速度 | m/s | D,I,P,S |
| 22 | WALL TEMPERATURE | 固体表面温度 | ℃ | B,D |
| 23 | W-VELOCITY | 气流 $z$ 方向速度 | m/s | D,I,P,S |

注：1. 命令一列中的B表示BNDF，D表示DEVC，I表示ISOF，P用于Plot3D，S表示SLCF；

2. 带 * 的变量需用SPEC _ ID参数指明气体种类，包括OXYGEN、NITROGEN、WATER VAPOR和CARBON DIOXIDE。若在REAC命令定义了SOOT _ YIELD和CO _ YIELD，气体种类还包括SOOT和CARBON MONOXIDE；

3. 其他非常用变量请参考《Fire Dynamics Simulator User’s Guide》。

# 附录 2 常用材料的热物理性质

| 名称 | 密度 $\rho$ /(kg/m³) | 导热系数 $\lambda$ /[W/(m·K)] | 比热容 $c$ /[kJ/(kg·K)] | 备注 |
|---|---|---|---|---|
| 空气 | 1.395 | 228 | 1.009 | −20℃ |
| 空气 | 1.205 | 259 | 1.005 | 20℃ |
| 空气 | 1.060 | 290 | 1.005 | 60℃ |
| 空气 | 0.746 | 393 | 1.026 | 200℃ |
| 空气 | 0.456 | 574 | 1.093 | 500℃ |
| 空气 | 0.277 | 807 | 1.185 | 1000℃ |
| 汽油 | 900 | 0.137 | 1.842 | 50℃ |
| 柴油 | 908 | 0.128 | 1.838 | 20℃ |
| 润滑油 | 876 | 0.144 | 1.955 | 40℃ |
| 变压器油 | 866 | 0.124 | 1.892 | 20℃ |
| 铸铁 0.4%C | 7272 | 52 | 0.42 | 20℃ |
| 钢 0.5%C | 7833 | 54 | 0.465 | 20℃ |
| 镍铬钢 | 7817 | 16.3 | 0.46 | 20℃ |
| 纯铜 | 8954 | 398 | 0.384 | 20℃ |
| 纯铝 | 2702 | 237 | 0.903 | 27℃ |
| 银 | 10524 | 411 | 0.236 | 20℃ |
| 混凝土 | 2200 | 1.45 | 0.836 | 20℃ |
| 钢筋混凝土 | 2400 | 1.543 | 0.836 | 20℃ |
| 黏土砖 | 1800 | 0.812 | 0.878 | 20℃ |
| 空心砖 | 1300 | 0.522 | 0.873 | 20℃ |
| 石棉水泥板 | 1900 | 0.348 | 0.836 | 20℃ |
| 石膏板 | 1100 | 0.406 | 0.836 | 20℃ |
| 水泥砂浆 | 1800 | 0.928 | 0.836 | 20℃ |
| 混合砂浆 | 1700 | 0.87 | 0.836 | 20℃ |
| 石灰砂浆 | 1600 | 0.812 | 0.836 | 20℃ |
| 平板玻璃 | 2500 | 0.76 | 0.84 | 20℃ |
| 有机玻璃 | 1190 | 0.19 | 1.42 | |
| 聚苯乙烯塑料 | 1040 | 0.1～0.16 | 1.35 | 20℃ |
| 聚氯乙烯塑料 | 1600 | 0.16 | | 25℃ |
| 聚乙烯泡沫塑料 | 80～120 | 0.035～0.038 | 2.26 | 20℃ |
| 聚氨酯泡沫 | 20 | 0.034 | 1.4 | |
| 聚氨酯硬质泡沫塑料 | 45 | 0.02～0.035 | 1.72 | 20℃ |
| 聚苯乙烯硬质泡沫塑料 | 50 | 0.02～0.035 | 2.1 | 20℃ |
| 硬橡胶 | 1200 | 0.15 | 2.01 | 0℃ |
| 棉花 | 50 | 0.027～0.064 | 0.88～1.84 | 20℃ |
| 厚纸板 | 700 | 0.17 | 1.47 | |
| 黄松 | 640 | 0.14 | 2.85 | |
| 软木 | 230 | 0.057 | 1.84 | |
| 刨花(压实) | 300 | 0.12 | 2.5 | |
| 油毛毡 | 600 | 0.17 | 1.47 | 20℃ |

# 参考文献


[1] 陶文铨．数值传热学．西安：西安交通大学出版社，2001.

[2] 田瑞峰，刘平安．传热与流体流动的数值计算．哈尔滨：哈尔滨工业大学出版社，2015.

[3] 刘京．建筑环境计算流体力学及其应用．哈尔滨：哈尔滨工业大学出版社，2017.

[4] H. C. Hottel. Stimulation of Fire Research in the United States After 1940. Combustion Science and Technology，1984，39：1-10.

[5] 李国强，蒋首超，林桂祥．钢结构抗火计算与设计．北京：中国建筑工业出版社，1999.

[6] 李国强，韩林海，楼国彪等．钢结构及钢—混凝土组合结构抗火设计．北京：中国建筑工业出版社，2006.

[7] R. D. Peacock，K. B. McGrattan，G. P. Forney，and P. A. Reneke. CFAST-Consolidated Fire And Smoke Transport （Version 7） Volume 1：Technical Reference Guide. Technical Note 1889v1. National Institute of Standards and Technology. Gaithersburg，Maryland，November，2015.

[8] 李胜利．火灾数值模拟．廊坊：武警学院研究生试用教材，2016.

[9] Kevin McGrattan，Simo Hostikka，Jason Floyd. Fire Dynamics Simulator Useŕ s Guide. National Institute of Standards and Technology，2018.

[10] Kevin McGrattan，Simo Hostikka，Jason Floyd. Fire Dynamics Simulator Technical Reference Guide. National Institute of Standards and Technology，2018.

[11] Emanuele Gissi. An introduction to Fire Simulation with FDS and Smokeview. 2010.

[12] 霍然，胡源，李元洲．建筑火灾安全工程导论．合肥：中国科学技术大学出版社，2009.

[13] 杜文锋．消防燃烧学．北京：中国人民公安大学出版社，2006.

[14] 章熙民，任泽霈，梅飞鸣．传热学．北京：中国建筑工业出版社，2007.

[15] Friedman，Raymond. An International Survey of Computer Models for Fire and Smoke. SFPE Journal of Fire Protection Engineering，4（3），p. 81-92，1992.

[16] HONG-ZENG YU，JAMES L. LEE and HSIANG-CHENG KUNG. Suppression of Rack-Storage Fires by Water. Proc. 4th Int. Sym. On Fire Satety Science，p. 901-912，1994.

[17] A. Hamins and K. B. McGrattan. Reduced-Scale Experiments to Characterize the Suppression of Rack Storage Commodity Fires. Technical Report NIST Internal Report （NISTIR 6439），NIST，Gaithersburg，Maryland 20899，1999.

[18] 吴龙标，袁宏永，疏学明．火灾探测与控制工程．合肥：中国科学技术大学出版社，2013.

[19] Robert L. Vettori，Daniel Madrzykowski，William D. Walton. Simulation of the Dynamics of a Fire in a One-Story Restaurant. NIST，2000.

[20] 陈颖，李思成，李胜利．基于烟气沉降的地下车库火灾排烟量计算．消防科学与技术，2011，6.

[21] 邓莉．一起燃气泄漏火灾的数值重建．武警学院研究生学刊，2012，（1）.

[22] PyroSim User Manual. Thunderhead Engineering，2018.

[23] 李引擎．建筑防火性能化设计．北京：化学工业出版社，2005.

[24] 李胜利，屈立军．建筑结构与耐火设计．北京：中国人民公安大学出版社，2015.

# 参考文献


[1] [illegible]，2018.

[2] [illegible]，2015.

[3] [illegible]

[4] [illegible] Simulation of [illegible] the United [illegible] and Computation [illegible] and Technology, 1991, 3 (1).

[5] [illegible]，1984.

[6] [illegible]

[7] [illegible] K. B. McGrattan, [illegible] and P. A. Reneke, [illegible] (Version 7) Volume [illegible] Technical Reference Guide. Technical Note [illegible] National Institute of Standards and Technology, Gaithersburg, Maryland, November, [illegible].

[8] [illegible]

[9] [illegible] User's Guide. National Institute of Standards and Technology, [illegible].

[10] Kevin McGrattan, [illegible] Fire Dynamics Simulator Technical Reference Guide. National Institute of Standards and Technology, [illegible].

[11] [illegible] Introduction to Fire Simulation with FDS and Smokeview, 2010.

[12] [illegible]

[13] [illegible]

[14] [illegible]

[15] Friedman, [illegible] International Survey of Computer Models for Fire and Smoke [J]. Journal of Fire Protection Engineering, 4 (3), [illegible] 1992.

[16] [illegible]

[17] [illegible] Scale Experiments [illegible] Technical Report [illegible] Gaithersburg, Maryland 20899, [illegible].

[18] [illegible]

[19] [illegible] Daniel Madrzykowski [illegible] in a One-Story [illegible]

[20] [illegible]

[21] [illegible]

[22] [illegible] Engineering, [illegible].

[23] [illegible]

[24] [illegible]